普通高等教育"十三五"规划教材·通识类课程系列

茶文化概论

吴 澎　黄晓琴 ◎主编

化学工业出版社

·北京·

《茶文化概论》较全面地介绍了茶文化知识，包括饮茶起源、茶文化的形成与发展、茶叶分类、中国名茶、茶叶选择和储存、科学饮茶常识、茶具茶水的鉴赏选择、名泉传说故事、古代茶书、中外饮茶习俗、茶与文学艺术、茶艺表演基本知识以及茶文化精神的内涵，还介绍了中国各民族茶俗及世界各国的茶道。

　　《茶文化概论》可作为高等院校茶文化课程教材、旅游职业院校饭店服务与管理专业的教学用书，也可用于职业院校旅游服务与管理专业、饭店服务与管理专业的教学辅导用书、饭店服务员的岗位培训用书和旅游从业人员的自学用书，还可作为茶艺师培训教材，是一本可以供茶文化爱好者作为修身养性的茶文化概论全书。

图书在版编目（CIP）数据

　　茶文化概论/吴澎，黄晓琴主编. —北京：化学工业出版社，2015.7（2023.2重印）
　　普通高等教育"十三五"规划教材·通识类课程系列
　　ISBN 978-7-122-24139-9

　　Ⅰ.①茶…　Ⅱ.①吴…②黄…　Ⅲ.①茶叶-文化-中国
Ⅳ.①TS971

　　中国版本图书馆 CIP 数据核字（2015）第 115228 号

责任编辑：尤彩霞　　　　　　　　　　　装帧设计：韩　飞
责任校对：边　涛

出版发行：化学工业出版社（北京市东城区青年湖南街 13 号　邮政编码 100011）
印　　装：北京科印技术咨询服务有限公司数码印刷分部
787mm×1092mm　1/16　印张 12¾　字数 321 千字　2023 年 2 月北京第 1 版第 10 次印刷

购书咨询：010-64518888　　　　　　　售后服务：010-64518899
网　　址：http://www.cip.com.cn
凡购买本书，如有缺损质量问题，本社销售中心负责调换。

定　　价：36.00 元

本书编写人员名单

主　编：吴　澎　黄晓琴　周　涛

副主编：陈　军　刘玉茜　夏远志

编　委：(按姓名拼音排序)

崔婷婷　付　帅　韩晓阳　江　湖

李　昌　李　智　亓燕然　单长松

张月娟　赵子彤

前言

中国是茶的故乡，也是茶文化的发源地，中国茶的发现和利用已有四五千年历史，且长盛不衰，传遍全球。茶文化是中国具有代表性的传统文化，在其发展过程中，融合了儒、释、道诸家文化的精华，是东方哲学和智慧的化身。

茶文化不仅在中国覆盖全民，甚至影响到整个社会，并且古老的中国传统茶文化同各国的历史、文化、经济及人文相结合，演变成英国茶文化、日本茶文化、韩国茶文化、俄罗斯茶文化及摩洛哥茶文化等。茶文化可以把全世界不同国界、种族和信仰的茶人联系起来。全世界有一百多个国家和地区的居民都喜爱品茗，有的地方把饮茶品茗作为一种艺术享受来推广。各国的饮茶方法不同，饮茶文化各有千秋。

当前，国际社会掀起了研究中国文化的热潮，国人也日益重视国学的兴盛，茶文化作为中国国学不可或缺的重要组成部分，受到了社会各阶层人士的喜爱，也促进了各高校公共选修课的提出与开设。茶文化成为众多高校学生的热选课程之一。如何与当前国际茶文化的研究发展接轨，完善普及中国茶文化成了顺应形势下的高校茶学教师面临的迫切任务。

本书由相关高校具有长期授课经验的专业教师联合编写，总结了编者多年教学与实践的精华内容，同时也紧跟时代发展，注重新内容的引入与整理，在编写过程中注重文化知识的普及和生活实用性。通过介绍国内外茶艺知识，比较中外茶文化的异同，拓宽学生的视野，增加知识性、趣味性和实用性。

本书可作为高等院校茶文化课程教材以及职业院校酒店服务与管理专业、旅游服务与管理专业的教学辅导用书，也可作为酒店服务员的岗位培训用书和旅游从业人员的自学用书，还可作为茶艺师培训教材，是一本可以供茶文化爱好者修身养性的参考书。

由于编者水平及篇幅所限，书中难免有些不足或疏漏，敬请读者批评指正，以便我们进一步提高和完善。

编　者
2015 年 6 月

目录

第一章 绪论

第一节 文化及茶文化的定义 …………………… 1
第二节 茶文化的功能 …………………………… 4

第二章 茶文化发展史

第一节 饮茶溯源——茶的起源 ………………… 11
第二节 茶文化的形成与发展 …………………… 16
第三节 茶文化的对外传播 ……………………… 28

第三章 茶叶基础知识

第一节 茶叶的命名及分类 ……………………… 32
第二节 中国名茶 ………………………………… 36
第三节 茶的选购与储藏 ………………………… 48

第四章 茶与健康

第一节 茶叶中的生化成分及保健功能 ………… 53
第二节 科学饮茶常识 …………………………… 59
第三节 茶食品及花草茶、水果茶 ……………… 61
第四节 名人与茶 ………………………………… 69

第五章 茶具茶水鉴赏选择

第一节 茶具的种类及选择 ……………………… 80
第二节 紫砂壶的选用和保养 …………………… 85
第三节 泡茶用水的选择 ………………………… 93

第四节 天下名泉及传说故事 ·················· 96

第六章 茶书典籍及文学艺术

第一节 茶书典籍 ·················· 103
第二节 茶与文学艺术 ·················· 117

第七章 饮茶习俗

第一节 中国的饮茶习俗 ·················· 132
第二节 外国的饮茶习俗 ·················· 146

第八章 茶艺基础知识

第一节 习茶基本要求 ·················· 153
第二节 冲泡技巧 ·················· 158
第三节 茶席设计 ·················· 164

第九章 茶道

第一节 自然之道与茶 ·················· 168
第二节 中和思想与茶 ·················· 173
第三节 禅宗思想与茶 ·················· 177
第四节 各国茶道 ·················· 181

参考文献

参考文献 ·················· 194

第一章 绪 论

第一节 文化及茶文化的定义

一、文化的概念

文化的定义有广义和狭义之分，广义的文化是指在人类社会实践中产生的并可以继承、延续、发展的一切物质与精神的优秀创造物，是人类社会历史实践过程中所创造的物质财富和精神财富的总和。而狭义的文化仅指人们的精神生活领域，即社会意识形态，如文学、艺术、哲学等，同时也包括社会制度和组织机构。根据文化自身发展的内在逻辑层次，文化又可分为物态文化、制度文化、行为文化和心态文化四大形态。

1. 物态文化

物态文化指的是人类物质生产活动方式和产品的总和，是可触知的具有物质实体的文化事物。物态文化以满足人类生存发展所需的衣、食、住、行多种条件为目标，直接反映人与自然的关系，反映人类对自然的认识、利用和改造的程度与结果，反映社会生产力的发展水平。这是一种可以感知的具有物态实体的文化事物，是人类从事一切文化创造的基础。

2. 制度文化

制度文化是指人类在社会实践中建立的各种社会规范和社会组织，如经济制度、家庭婚姻制度、政治法律制度及家庭、民族、国家、宗教社团、教育、科技、艺术等各种组织。

3. 行为文化

行为文化是人类在长期的社会实践和复杂的人际交往中约定俗成的习惯性定势，是以民风和民俗形态出现、见之于日常生活中的、具有鲜明的民族特性和地域特性的行为模式。

4. 心态文化

心态文化又称精神文化，是人类在长期的社会实践活动和意识形态活动中氤氲升华出来的价值观念、知识系统、审美情趣和思维方式等的总和。心态文化又可具体分为社会心理和社会意识形态两个部分。社会心理是指人们的日常精神状态和思想面貌，是尚未经过理论加工和艺术升华的流行的大众心态，包括人们的情绪、愿望和要求等；社会意识形态是经过系统加工的社会意识，往往是由文化专家对社会心理进行逻辑整理、理论归纳、艺术升华，并以著作或作品等物化形态固定下来，流行传播，垂于后世。

二、文化的作用

1. 文化的化人作用

马克思主义认为，文化是人类在劳动中创造的，是人类认识世界、改造世界的产物。反过来文化使人类与动物告别，成为"完全形成的人"，在人成其为人后，"化人"便是素质的提高，人类社会文明的层次不断更新向上。通过文化，人类达到自我规范和自我调控的目的，成为更高素质的人。

2. 文化的传承作用

文化的发展是循序渐进的，它连绵不断并逐渐由低级向高级发展，不管人类遭受多么大的灾难，文化也不会因此而丧失殆尽。它通过血缘传承、地缘传承、师缘传承和社会传承等方式来延续人类文明。

3. 文化对社会发展的导向作用

文化从开始产生就有导向作用，只是当时它的导向辐射面相当狭小。随着文化的发展、科技的进步、信息传媒的现代化，文化的导向作用越来越明显。"它不仅指导和控制人们的心理、情绪，而且为人们提供价值观念、思维方式、行为规范，从而使人们按照一定的文化体系导向去生活、行动，达到社会控制的目的。"（帕森斯）。

4. 文化维系群体的作用

文化是人类社会世世代代创业的积淀，不同的民族与地区有不同的文化，在不同的文化圈内，人们可通过观念风俗、民族精神等维系在一起。如同一道德观规范着人际关系准则和交往方式，同一宗法观规范着对同一家族或民族祖先的崇拜及其礼仪形式等。民族精神是一个民族同一取向、同一意志、同一行为的前提。

三、茶文化的概念

茶文化是中国传统文化中的一朵奇葩，它植根于悠久的中华民族传统文化之中，在形成和发展的过程中逐渐由物质文化上升到精神文化的范畴，是融自然科学、社会科学、人文科学于一体的文化体系。

有关茶文化的概念与定义有多种，有人认为茶文化的定义应从大文化的角度定义，广义的茶文化是指人类在社会历史发展过程中所创造的有关茶的物质财富和精神财富的总和。它以物质为载体，反映出明确的精神内容，是物质文明与精神文明高度和谐统一的产物，是一种对茶事认知集合形态的人类现象。相应地也分为四个层次，即物态文化、心态文化、行为文化和制度文化。物态文化是指人们从事茶叶生产的活动方式和产品的总和，即有关茶叶的栽培、制造、加工、保存、化学成分及疗效研究等，也包括品茶时所用的茶叶、水、茶具以及桌椅、茶室等看得见摸得着的物品和建筑。心态文化是指人们在应用茶叶的过程中所孕育出来的价值观念、审美情趣、思维方式等。如人们在品饮茶汤时所追求的审美情趣，人们将饮茶与人生处世哲学相结合，上升至哲理的高度所形成的茶德、茶道等。行为文化是指人们在茶叶生产和消费过程中约定俗成的行为模式，通常是以茶礼、茶俗等形式表现出来。如以茶待客、以茶示礼、以茶为媒、以茶祭祀等。制度文化是指人们在从事茶叶生产和消费过程中所形成的社会行为规范，如茶政、茶法等。而一些专家与学者认为研究茶文化，不是研究茶的生长、培植、制作、化学成分等自然现象，也不是简单地把茶叶学加上茶叶考古和茶的发展史，而是研究茶在备用过程中所产生的文化和社会现象，即通过茶所表达的人与自然以及人与人之间的各种理念、信仰、思想感情等。

四、中华茶文化体系

1. 茶史学

茶的起源、发现和利用，茶文化的形成、发展、演变、特点及表现形式。

2. 茶文化社会学

对社会各方面的影响，社会发展与进步对茶文化的作用和社会各阶层与茶文化的关系。

3. 饮茶民俗学

历史和现代各个地区和民族、城市和农村的饮茶习俗。

4. 茶的美学

茶的造型、命名，茶具、茶馆设计，茶叶包装，茶艺美学等。

5. 茶文化交流学

茶文化的对外传播及国内国际交流。

6. 茶文化功能学

茶文化对茶业经济、社会生活及精神文明建设的作用。

五、茶文化的特点

1. 物质与精神的结合

茶文化是一种中介文化，是物质文化与精神文化的完美结合。茶作为一种物质，它的形和体是异常丰富的，其造型千姿百态，命名丰富多彩，其滋味、色泽、香气各具特色，形成了极其丰富的产品文化。而茶不单单具有物质上的文化色彩，而且具有精神上的内涵，人们通过茶表敬意、显礼仪、明志向等，将精神的东西揉进茶中，成为精神文明的象征。

2. 高雅与通俗的结合

茶文化是雅俗共赏的文化，在发展过程中一直表现出高雅和通俗两个方面。"琴棋书画诗酒茶"的提法表明茶是与琴棋书画等高雅之物并列的，代表高雅生活的一个方面；而"柴米油盐酱醋茶"的说法又显示茶也是老百姓居家过日子的一种平常之物，是世俗生活不可缺少的东西。历史上，宫廷贵族的茶宴、僧侣士大夫的斗茶、大家闺秀的分茶、文人骚客的品茶，都是上层社会的高雅文化。由此派生的诗词、歌舞、戏曲、书画、雕塑，又具有很高的艺术性，这是茶文化高雅性的体现。而民间的饮茶习俗，又是非常大众化和通俗化的，老少皆宜，贴近生活，贴近社会，并由此产生有关茶的民间故事、传说、谚语等，又表现出茶文化的通俗性。

3. 功能与审美的结合

茶具有利生性，它首先是作为药用和食物进入人们的视野的，而后又向医疗保健和商贸往来方面发展，具有多种实用功能。但茶又不像一般的农产品那样仅局限于物质功能，还具有审美功能。清香扑鼻的茶类、造型优美的茶具、优美动人的茶艺都能给人以美的享受。

4.实用与娱乐的结合

茶具实用价值，喝了可以解渴，品之可以怡情养性，以它入药还可治病，用于生产化妆品还可使人青春长驻。但茶文化又是一种怡情文化，人们可以以茶自娱，放松身心。如观看茶艺表演，可以在表演者的一举一动中领略和谐之美；在茶馆喝茶，可以在茶馆的特定氛围中细啜慢饮，聆听着悠扬的音乐，放松身心，放飞心情。在茶文化旅游的过程中，可以享受到大自然的美丽，享受久违的乡土气息。如此种种，使人们得到了欢乐，愉悦了心情，增长了见识。

第二节　茶文化的功能

茶文化作为文化的一种表现形式，它具有文化的一般功能，如文化所具有的认识功能、教育功能、审美功能、媒介功能等。在这里着重探讨一下茶文化的教育功能和审美功能。

茶文化的教育功能主要体现在茶文化对人的教化作用，影响着人们的思想道德和行为规范。茶文化中包含着真、善、美的东西，茶被称为"礼貌和纯洁的化身"，是"灵魂之饮"。茶文化中包含秩序、仁爱、敬意、友谊的规范，人们借茶表敬意，以茶明伦理，以茶和睦氛围等。茶又被认为是"君子之饮"，认为茶品常与人品相连，会品茶的人一般说明他的道德修养也达到了一定的高度。茶也是清廉的象征，古人以茶作为"素业"倡导廉俭，今人也以"清茶一杯"来倡导社会风气的好转。茶文化的审美功能在于茶文化是一种应用审美文化，茶文化随着时代的变迁，人们对它认识的加深，其美的内涵也在不断变化、不断丰富。"茶通六艺"，茶与音乐、诗歌、绘画等艺术相通、相连，更增添了美的内涵。其次，茶叶本身也是美的化身。茶叶的形、香、色、味颇具魅力，其造型多姿、其色彩丰富、其香气怡人、其味耐人回味。茶叶命名优美动听，颇具诗情画意。由于茶文化具有良好的教育功能和审美功能等，茶文化对个人生活和社会生活都产生了巨大的作用。

一、茶对个人生活的作用

1.生理需求

版画家赵延年曾说："三伏天，双抢日，烈日猛晒，田水烫脚，汗成串地滴下，此时若能到荫凉处一坐，拜会起大壶茶，咕咚咕咚地喝个饱，其畅快之感，是雅人们再也体会不到的。"当唇焦舌干之时，茶是解渴释燥的佳物。茶在生理上能满足人们解渴、提神、消食的需要，因此有人说："中国人的生活离不开茶，只要有一壶茶，中国人到哪都是快乐的。"

2.礼仪表达

"客来敬茶"是我国一项传统礼仪。作家艾煊说过："茶为内功，无喧嚣之形，无激扬之态。一盏浅注，清气馥郁。友情缓缓流动，谈兴徐徐舒张。渐入友朋知己间性灵的深相映照。"南宋诗人杜耒也曾作诗云："寒夜客来茶当酒，竹炉汤沸火初红"。以茶待客，以茶会友，是人们生活中常见的礼节。

3.感觉享受

茶，不仅是解渴润喉之物，还能给人带来精神的愉悦和情操的陶冶。饮茶进入到一定境界，能知茶之"味"，得茶之"趣"，陶冶性情，升华性灵，使身心合道，缓解日常生活中的烦恼。饮茶可以放松精神和解决生理问题，饮茶从开始泡茶、品茶的过程，逐渐进入到"得味""得道"的意境，能启动平时休闲的味觉、嗅觉神经系统，成为紧张繁忙生活中的修身养性的方式，达到精神上的享受和思想境界的提高。

4. 参悟人生哲理

在茶中，融合了许多人生的哲理。如白族的三道茶：一苦、二甜、三回味，寓意人的一生应先吃苦，然后才会品尝到生活的甘甜，到老年时也才能好好地回味人生。还有将茶饮后回甘的特质比喻成"茶味人生"：茶味先苦涩而后回甘，恰如人生之壮美，它启示我们恪守这样的人生信条："人生之旅，不是一帆风顺，总会有风浪与挫折相伴。人生如茶，有淡淡的愁苦，亦有咀嚼不尽的温馨甘甜，茶味不管有过怎样浓郁的甘甜或苦涩，最终都会归于平淡，正如同人生无论有过怎样的辉煌，最终总不失质朴与平凡的本真。"

二、茶文化对当今社会生活的作用

（一）弘扬传统文化，提高人文素养

1. 茶文化传统性的体现

茶文化是传统文化的一个分支，主要是因为儒、释、道的哲学思想介入茶文化。因为历代儒家都把品茶纳入宣传自己思想的介体之中，借茶明志、以茶养廉以及表达积极入世的思想；佛家则体味茶的苦寂，以茶助禅、明心见性；道家则把空灵自然的观点贯彻其中。

（1）儒家思想与茶文化　儒家思想是在中国历史中占统治地位的思想，其核心思想是讲究中庸和谐，追求人格完善，重视道德教化和人格理想的建设。历代儒家都把"修身齐家治国平天下"作为人生的奋斗目标，在生活中严格要求自己，道德的建立先从自己做起，然后去影响他人，影响社会。茶是文人士大夫生活中不可或缺之物。由于茶叶具有高洁、恬淡、高雅的品性，因此茶就成了儒家思想在人们日常生活中的一个理想的载体。儒家茶人在饮茶的过程中将具有灵性的茶叶与人们的道德修养联系起来，认为通过品茗过程会促进人格修养的完善，整个品茗过程就是自我反省、陶冶心志、修炼品性和完善人格的过程。如明代朱权就在《茶谱》中写道："予法举白眼而望青天，汲清泉而烹活火，自谓与天语以扩心志之大，符水火以副内炼之功，得非游心于茶灶，又将有裨于修养之道矣"。在两晋时期，文人清谈时借茶助兴、表达济世匡国之理想；政治家借茶养廉、以茶倡俭。在唐宋时期文人士大夫以茶入诗、入词、入画，托茶言志、借茶抒情，表达自己的道德理想与人格追求。

（2）道家思想与茶文化　道家的核心思想是"虚静自然""无为而治"，其最高境界是"道法自然"。老子说"道大、天大、地大、人亦大。域中有四大，而人居其一焉。人法地，地法天，天法道，道法自然。"即认为人是自然的一部分，人要服从自然，如果人要在自然中"长生久视"就必须修道，修道的途径是"回归自然""顺应自然"。而茶正是吸取了天地之精气的自然之物，符合道家"天道自然""天人合一"的基本原则。茶开始进入道家的生活，是因为饮之可以"轻身换骨、羽化成仙"。道家很注重修养之道，要"养气""养神""养形"，达到"虚静无欲""专气至柔"的状态，如果人们能够以虚静空灵的心态去沟通天地万物，就可达到物我两忘、天人合一的境界，也就是"天乐"的境界。茶的自然本性中含有"静、虚、清、淡"的一面，因此成为道家的修身养性之物，也与道家的精神相结合起来。

（3）佛家思想与茶文化　佛家倡导"静虑"，通过静虑达到"顿悟"，佛家一般是通过静坐来参禅悟道，在静坐时去体味自我的本心、本性，在把握本心、本性的基础上去克服主体与客体、有限与无限、短暂与永恒的关系，从而超越烦恼、痛苦、生死，以建立精神家园。"静"是佛家参禅悟道时必须保持的心境，而饮茶之后能使人涤烦去燥，达到内心宁静的境界，因此茶事成为佛门的重要活动之一，并被列入佛门清规，形成整套庄严的茶礼仪式，成

为禅事活动中不可分割的部分。如"吃茶去"三字成为了禅林法语，"茶禅一味"成为修炼的一种境界。

2. 优秀传统文化是当代精神文明建设不可缺少的内容

当代社会处于一个各种文化相互碰撞与交融的时期，西方文化对我国社会民众的思想、信念、心态产生了一定的影响。如追求个人自由而无视个体利益和社会群体利益的协调，带来了自由主义的泛滥；过分强调物质享受带来了拜金主义和病态的"消费主义"，给社会带来了负面影响。所以应提倡本土文化，弘扬本土文化，树立民族自信心。我国传统文化博大精深，其深邃的思想内涵、积极的人文精神有利于现代精神文明的建设。茶文化是我国优秀传统文化的一部分，是"儒、道、佛"诸家精神的载体。茶文化中包含着无私奉献、坚忍不拔、谦虚礼貌、勤奋节俭和相敬互让等传统美德，有利于促进精神文明建设。如上海市一直将弘扬茶文化、提高市民素质为己任，从 1994 年起几乎每年都举办一次国际茶文化节，让广大市民参加，并将茶文化引入社区，让广大市民接受传统文化的熏陶，丰富了市民精神文化生活。还积极推广少儿茶艺，运用茶文化知识，对广大青少年进行爱国主义、传统文化和德育教育。

（二）调整人们的社会关系，促进社会交往

1. 茶文化与人们的礼俗生活紧密联系，茶被赋予礼仪功能且具象征意义

（1）客来敬茶，以茶传情

早在唐代，刘贞亮在茶之十德里就提出了可"以茶表敬意"。南宋诗人杜耒也曾作诗曰："寒夜客来茶当酒"，看来"客来敬茶"已成为当时社会一种普遍的风尚，"客来则置茶，客去则设汤"成为一种通用的待客礼仪。经过历代的发展，客来敬茶已成了我国的一个传统礼节，不论是上层社会精英还是下层平民百姓，不论是商务往来还是平常交际，人们都将茶作为主要应酬品，"敬茶"成为待客最简易、最普遍的方式。在民间，以茶待客是一种基本的礼俗，在江西有些地区甚至流行这样的俗谚"来客不上茶，不是好人家"，以茶待客成为我国民俗生活中的一项重要内容。据考察，过去在我国民间有敬三道茶的礼仪：第一道不饮，只用来迎客与敬客；第二道为深谈、畅饮；第三道茶上来则表示主人送客之意，这体现了以敬茶来进行人际交往的方式。

我国是礼仪之邦，人们交往之间十分注重礼节，借"礼"来深化人们之间的感情，促进人们之间的交往。俗话说"千里送鹅毛，礼轻情意重"。古时文人喜饮茶，然而自己又常常不种茶，因此每当产新茶时，一些与文人交好的茶农便将新茶寄给文人，文人收到了新茶，也相互馈赠，以茶联谊。如唐代诗人白居易收到了蜀中萧员外寄来的新茶品尝之后挥笔写道："蜀茶寄到但惊新，渭水煎来始觉珍。满瓯似乳堪持玩，况是春深酒渴人。"表达了收到新茶后的兴奋和珍惜之情。寄茶习俗作为一种联谊活动代代相传，在我国的产茶区，每年新茶上市时，人们都会给远方的亲朋好友寄上一包新茶。

（2）婚姻礼俗中的用茶

婚姻茶俗在中国已有数千年的历史，千百年来，人们在恋爱、定亲、嫁娶等方面都把茶当作媒介物和吉祥如意之灵物。茶与婚礼联姻是因古代女子出嫁用茶作嫁妆而起。公元 641年文成公主远嫁吐蕃就带去了茶，从而将汉族饮茶的习惯带到了边疆地区。古时浙江一带的女子出嫁时娘家要准备咸茶，带去分给男方的亲朋、邻里，俗称"大接家茶"。新娘用这种"礼"进入男方的社会关系。后来茶礼便成为嫁娶中不可缺少的东西，旧时江南汉族地区干脆把从订婚到完婚的礼仪称为"三茶礼"，即订婚时的"下茶"，结婚时的"定茶"，同房时的"合茶"。

（3）丧葬礼仪和祭祀礼仪中的用茶

茶用于祭神祀祖，是茶文化萌芽时的一种体现，在两晋南北朝时期，南朝齐世祖武皇帝的遗诏中已提到要用茶祭祀他。此后，在我国民间也流传许多用茶敬奉神仙与佛祖的故事与传说。如《神异记》里描写了浙江余姚人虞洪每日给茶仙丹丘子敬供茶水而天天能采到大茗的故事。用茶作为随葬品也是我国流传已久的风俗，如长沙马王堆出土的汉代女尸其随葬品中就有茶叶。这一习俗在我国的一些产茶区现在还在沿用，如湘中有些地区丧者死后要枕茶枕，安徽有些地区丧者手中要拿茶叶包等。

2.现代社会中茶的交际功能

（1）茶有良好的、健康的交际功能

茶与酒是人们交际中常要用到的应酬物，然而茶与酒却有迥然不同的品性。首先茶性清淡柔和，而酒性则热辣刚烈。一杯清茶饮下去，能使人神清气爽，心旷神怡，思维清晰；而一杯酒下肚，使人兴奋激动，心意烦躁，酒喝多了还会扰乱思想，以至言语失度，仪态失检。以茶代酒进行交际能形成一种良好的氛围，待人以茶常被视为高雅之举，也表示友善与尊敬他人之意，因而在无形之中融洽了交际的氛围。现代人们常在茶馆中进行商务洽谈、朋友往来，正是看中了茶馆高雅幽静、充满文化气息的良好氛围。其次，茶是一种健康的、文明的饮品，茶叶内含有多种对人体有益的成分，而饮酒过多则会损害人的身体。因而现在的外事往来、招商引资、联络乡情、亲友聚会，无不借助茶文化以增强会晤的和睦氛围。

（2）茶馆，以茶交际的场所，人们在此交流信息、加强了解、增进友谊与感情

茶馆是一个社会化的空间，老舍先生曾写道："茶馆是个三教九流会面之处，可以容纳各色人物，一个大茶馆就是一个小社会。"在古代，既有文人士大夫期朋约友于茶馆，也有商贾老板谈生意于茶楼，更多的中下层平民将茶馆作为聚集的公共场所。在近代，茶馆更是成为平民百姓生活中不可缺少的一个公共场所。人们通过茶馆或聚会聊天，或休闲娱乐，或了解信息，或调解纠纷，或进行商业活动。如近代江南的乡间茶馆则承担了商业交易场所的角色，乡民在这里可以猎取商业信息，当时的米业、蚕业、丝绸业的经济信息都可以在茶馆打听得到。其次还可在茶馆直接进行商贸洽谈或现场交易。调解纠纷也是近代茶馆经营的一项重要内容，当民间发生纠纷时，往往到茶馆，由地方头面人物主持，边喝茶边谈判，称为"吃讲茶"，茶资由输的一方支付。20世纪80年代，茶馆又一次在中国大地上兴起，茶馆成为人们休闲、会友、洽谈商务的场所，甚至茶馆还成为接待国外来宾的重要场所。广州的茶馆很有名，主要是源自人们借茶馆而进行社会交往的功能。广州商人谈生意到茶楼；年轻人会友谈情去茶楼；亲朋往来，不说请吃饭，而说"请饮茶"。茶馆也成为国际交往的舞台，如江泽民曾在上海城隍庙湖心亭茶楼请英国女王品茶听曲；1998年克林顿访华期间，广西桂林的一家茶坊为其夫人和女儿表演了中国茶道。

（三）诗化人们生活，为人们提供高层次的精神享受

1.当代快节奏的生活使人们向往诗意的生活

对美的追求与向往是人类的天性，人类的这种天性随着社会经济的发展、生活质量的改善、文化修养水平的提高越来越显露在生活中。随着经济的发展，人们的生活节奏逐渐加快，为了缓解因此而带来的心理上的压力，人们希望生活中多一些情趣高雅、欣赏性强的东西。而茶文化正是一种高雅脱俗、使人放松身心的一种文化。多姿多彩的茶类，优美动人的茶艺表演，幽静安宁的茶馆，碧绿无边的茶园都可使人忘却烦恼，身处诗情画意的境界。

2.茶文化是一种高雅文化，能使人脱俗近雅，平添几分诗意

茶文化是一种高雅文化，茶是与琴、棋、书、画、诗、酒相并列的高雅民族文化，茶文化在形成发展过程中的一个显著特征是"文人雅士入茶来"，从而产生了与其他艺术相结合的契机，成为一种高雅文化。文人饮茶对环境、氛围、意境、情趣都有很高的追求，如陆羽曾主张饮茶可伴明月、花香、琴韵，还可作诗。明代著名书画家、文学家徐渭也曾描写了这样的品茶氛围：茶"宜精舍，宜云林，宜磁瓶，宜竹灶，宜幽人雅士，宜衲子仙朋，宜永昼清谈，宜寒宵兀坐，宜松月下，宜花鸟间，宜清流白石，宜绿藓苍苔，宜素手汲泉，宜红妆扫雪，宜船头吹火，宜竹里飘烟"。（《徐文长秘集·致品》）文人和茶相互衬托着对方的高雅，饮茶让文人自觉高雅，而高雅的文人多饮茶，促使茶在人们心目中渐渐成了雅人的标志。的确"美感尽在品茗中，雅趣亦从盏中出"，茶文化的高雅脱俗可以净化人们心灵，使人脱俗近雅，平添几分诗意。

（1）中国茶类众多，茶的造型多姿多彩，茶的命名富含诗情画意

中国茶类经过长期的发展创新，形成了绿、黄、红、白、黑、青茶六大茶类，其滋味或清淡或浓郁，或浓烈或柔和，或鲜爽或甘甜；其香气闻之令人神清气爽，有的幽雅如兰，有的香如栀子，有的清香宜人，尝之闻之令人心神舒坦、妙不可言。而各种茶的造型也千姿百态，据统计中国茶的造型达26种之多。其形状有的扁平挺直似碗钉，有的纤嫩如雀舌，有的含苞似玉兰，有的浑圆似珠宝，有的碎屑似梅花，真是千变万化，令人目不暇接。中国茶的命名也优美动人，古今茶名，累计起来可能已超过了千种。陆羽的《茶经》中曾写道："其名一曰茶、二曰槚、三曰蔎、四曰茗、五曰荈。"还有"余甘氏""不夜侯"等雅称。综合起来茶的命名主要依据两点：一是根据其色香味形而命名，名字生动形象，给人以美感。形状如眉毛的叫"秀眉""珍眉""凤眉"等，形似针状称"银针""松针"，还有叫"莲心""雀舌""蟠毫""瓜片"的等。二是命名与名山大川、古迹胜地相联系，看到名字，使人仿佛置身名山胜水之间，优美风景悄然浮上心头。如"西湖龙井""洞庭碧螺春""君山银针"等名字让人不由地想到美丽似西子的西湖、烟波浩渺的太湖以及被喻为"白银盘里一青螺"的君山的优美风光。而"黄山毛峰""庐山云雾""蒙顶甘露"等茶名又使人依稀看到秀美挺拔、气势万千的山岳风景。

（2）茶的消费场所——茶馆，从命名、设计、装修都给人以美的享受

茶馆是茶文化充分发展之下的产物，是茶文化成为大众文化的标志。茶馆自唐代出现，在宋代得到充分的发展，在当今社会茶馆又一次得到发展与弘扬，成为人们放松身心、享受宁静的又一场所。

当代茶馆风格大致可分为五种类型，有仿古式、园林式、仿日式、西洋式、露天式几种，能满足不同消费者审美情趣的需要。仿古式的茶馆能满足人们访古思幽之情，园林式的茶馆具有情调美感，仿日式、西洋式茶馆又能满足人们追求异域风情的审美要求，而露天式则给人们带来一种随意之美。茶馆的整体布局一般遵循"风格统一、基调典雅、布局疏朗、点缀合度、功能全面、舒适适用"的原则。茶馆的名字中一般有"坊""肆""轩""楼""居""阁""苑"等字，也有现代意义的"吧"，或古或今。茶馆内部装修或以传统文化为基调，或以现代气息、西洋风情为主题，并点缀插花、盆景、字画、民俗风物、西洋油画、工艺饰品等，使人享受到文化、艺术、情调、时代等不同的美感。

（3）茶的品饮艺术——茶艺表演，将品茶形象化、艺术化地再现出来，给人美感

茶艺表演是指将品茶过程艺术化、形象化地表现出来，茶艺之美是一种综合的美、整体之美，包含有视觉的美、嗅觉的美、味觉的美、听觉的美和感觉的美，它使人的感官得到快

感，进而达到精神的全面满足。茶艺表演要具备四要点，即精茶、真水、活火、妙器。茶要选择形、色、香、味俱佳的好茶，水要以清、活、甘、冽为佳，火以活火为上，器具要根据不同的茶类配备相应的茶具，如泡绿茶宜用玻璃杯，而泡乌龙茶则应选择紫砂壶器具。茶艺表演包括四大艺，即为"挂画、插花、焚香、点茶"，挂的一般是淡雅的文人画；插花则根据季节、情景随时而变，焚香则是为了纪念茶神陆羽，也是使观众和表演者闻香而静虑；点茶即表演者泡茶的技能，娴熟的表演者能动静结合，刚柔相济，不但能冲泡出一杯好茶，操作过程还要给人以美感。整个过程，茶艺表演者以超凡脱俗的气质、优雅的动作、富含哲理寓意的解说词和炉火纯青的泡茶技艺，并配之雅乐，使品饮者在环境氛围与茶性的高度融合中得到心灵的洗礼和升华。茶艺表演者的表演、现场各种道具的设置，以及品饮者的虔诚参与，这就是茶与生活的艺术化，是艺术化的茶与生活。

（四）提倡清廉俭德，倡导社会风气的好转

1.茶文化所体现的价值观

文化的作用之一就是"化人"的作用，即变化人、陶冶人，茶文化作为优秀传统文化的分支，它具有"教化"功能。茶圣陆羽在《茶经》的第一章就写明茶之为用，最宜精行俭德之人，意思是饮茶对自重操行和崇尚清廉俭德之人最为适宜。在西晋时期，陆纳将饮茶看作自己的"素业"，以茶来倡导廉洁，以对抗当时社会上的奢侈之风。唐代诗人韦应物赞颂茶"洁性不可污"，表明茶又具有高洁的品质。茶又是君子之饮，司马光曾把茶比作君子："茶欲白，墨欲黑；茶欲重，墨欲轻；茶欲新，墨欲陈，予（苏轼）曰，二物之质诚然矣，然亦有同者。公曰何谓？予曰，奇茶妙墨皆香是其德同也，皆坚是其操同也，譬如贤人君子妍丑黔晳之不同，其德操蕴藏实无以异。公（司马光）笑以为是。"（《东坡志林》）人们借茶抒情、以茶阐理，以茶为主体陶冶化育人的意识形态，表达价值取向。在当代不管是中国茶德所提倡的"廉、美、和、敬"，还是日本茶道的"和、敬、清、寂"以及韩国茶礼的"和、敬、怡、真"，所体现的是"重义轻利""存天理去人欲""以德服人""德治教化"等价值观。日常生活中人们也常用"粗茶淡饭""清茶一杯"来表示节俭、廉洁之意。"水能性淡为吾友，竹解心虚即我师"，以茶（水）为友，能使人淡泊名利、在平淡中找到人生的价值。

2.当代人浮躁、功利的心理

由于发展社会主义市场经济，提倡追求财富和利益最大化以及其他多方面的原因，一些人在精神层面和社会心态层面出现了另一个极端性倾向，这就是用功利去衡量一切现象、去评判一切事物的"泛功利化"倾向。所谓"泛功利化"倾向，是指人们在社会认知、社会心态、个人情感等方面的一种价值取向，这一倾向往往简单地把功利泛化到一切物质和精神领域，把是否得到功利作为考察、评判、衡量一切事物和行为优劣、好坏、善恶、美丑的标准，把功利推向极致，从而形成了极端个人主义、拜金主义和享乐主义。在思想领域里，表现在对金钱的执著和追求，拜金主义、享乐主义成为人生的信条，传统的义利观被抛到了脑后。

（五）以茶为媒，扩大对外交流

1.茶文化具国际性

茶文化是我国优秀的传统文化，具有民族性，但同时它又在世界各国广为流传，因此又具有国际性。在日本，每逢喜庆、迎送或宾主之间叙事时，都要举行茶道仪式。在韩国具有典雅的茶礼，在新加坡、马来西亚等地区也有茶文化的踪迹。茶文化不光在亚洲范围内广泛

流传，也传到了世界其他各大洲，与当地的生活方式、风土人情相结合，形成了各具特色的饮茶习俗。

2. 历史上茶文化曾是海内外文化经济交流的重要渠道

茶叶曾被英国科学家李约瑟称为是中国四大发明之后的第五大发明，我国是茶文化的源头，其他各国的饮茶风习都是由我国直接或间接传播过去的。在我国历史上曾存在着一条茶叶之路，将饮茶文化传播到世界各国。"茶叶之路"可与"丝绸之路"相媲美，在我国对外经济文化交流史上起着重要作用。

茶叶曾是我国对外贸易的重要商品，起着联系各国经贸往来的作用。据说我国饮茶之风很早就传到世界各国，由于各国人们对茶叶的喜爱，因此茶叶也像丝绸、瓷器一样成为我国早期的出口商品之一。17 世纪我国茶叶贸易已经由亚洲地区向西方等国家辐射，如葡萄牙、西班牙、荷兰、英国、俄国等都直接或间接从我国进口茶叶。18 世纪我国茶叶出口贸易进一步发展，我国茶叶出口在世界茶叶贸易中逐渐占主导地位，出口的国家也进一步增多。到了 19 世纪初，我国茶叶已占世界茶叶消费量的 96%，在国际市场上占绝对统治地位，茶叶成为当时中西贸易的核心商品。

茶叶同时也是当时文化交流的重要媒介，如茶曾在中日两国相互交往中起了重要作用。日本自公元 600 年开始派遣特使访问隋朝，此后中日政治、文化、经济交往便日益频繁。日本曾派出了许多僧侣来华学习，我国皇帝便会举行茶仪式，将茶粉赐给日本僧侣。日本僧侣回国时，还会馈赠一些茶叶让日本僧侣带回本国。茶叶成了两国友好往来的重要中介。

3. 当代茶文化活动已成为超越国界、种族、流派的活动，将为促进世界和平做出更大贡献

在当代，茶文化也已成为国际交流的重要媒介。表现之一是国际茶文化交流活动频繁，当代茶人相聚一起，共同探讨茶文化的历史与现状，并展望茶文化的未来，在交流中相互学习，相互了解，增进友谊。如 1998 年 9 月在美国洛杉矶召开了"走向 21 世纪中华茶文化国际学术研讨会"，不但为各国茶文化专家和茶文化爱好者提供了一个专门探讨和研究中国茶文化的论坛，也为美国人提供一次了解中国茶文化的良好机会，同时也是两国人民增进互相了解的一次机会。又如每年"国际茶文化节"的举办，每次都有来自韩国、日本、新加坡、马来西亚等国家和地区的茶人参加。表现之二是茶文化出现在国际交往的舞台上，如南昌女子职业学校的茶艺表演队在 2002 年为庆贺足球世界杯的成功举办做表演。杭州茶叶博物馆曾接待了不同外国元首的访问参观，上海湖心亭茶楼也成为重要的外事活动基地。日本茶道里千家青年代表团 2001 年 6 月 28 日第一百次访华，时任主席江泽民会见时说，世界各国的文化是相互交流的，茶道虽源于中国，但在日本也得到了很大发展，并成为两国人民之间的友好纽带。2001 年 10 月在上海举行的 APEC 年会也有茶文化交流和表演项目，年会结束后馈赠给各成员领导人的专用礼品是一把传统工艺、西洋花色的茶壶。2003 年博鳌论坛和杭州市政府一起于 5 月 21 日至 22 日在杭州共同举办博鳌西湖国际茶文化节。作为博鳌亚洲论坛专题讨论会之一，博鳌西湖茶文化节就是"借题发挥"，通过这样一个亚洲各国共通的载体，增进大家的了解，以茶交友，以茶会友，深化亚洲各国的经济合作。2008 年北京奥运会开幕式上，在长长的画轴上，一个大大的"茶"字突显出茶文化是中国传统文化的优秀代表，是世界人们沟通的桥梁。2010 年在上海举办的世博会上，不但设立了专门的茶展览馆，还举办了许多茶事活动，成为世界各国人们交流茶文化的一个窗口。

茶文化发展史

第二章

◆◆ **第一节　饮茶溯源——茶的起源** ◆◆

一、中国是茶的故乡，茶树起源于我国

陆羽在《茶经·六之饮》写道："茶之为饮，发乎神农氏，闻于鲁周公"。这句话的意思是早在神农时代人们就采茶树叶作饮料，到了周朝已经有了记载。神农是生活在距今5000～7000年前的一个历史人物，推算起来，我国发现和利用茶的历史已有5000多年。又据东晋常璩所著《华阳国志·巴志》中记载："武王既克殷，以其宗姬封于巴，爵之以子，古者，远国虽大，爵不过子。故吴、楚及巴皆曰子……土植五谷，牲具六畜。桑、蚕、麻、苎、鱼、盐、铜、铁、丹、漆、茶、蜜……皆纳贡之。"这一史料表明在春秋战国以前的周武王时期，我国巴蜀一带已用所产茶叶作为贡品了。在《华阳国志·巴志》还有"园有芳蒻香茗""南安（今四川乐山市）、武阳（今四川眉山市彭山区），皆出名茶"的记载。这两句话表明当时已有人工种植的茶园，而且已有名茶的生产。书中明确指出，进贡的"芳蒻、香茗"不是采之野生，而是种之园林。芳蒻是一种香草，香茗指茶。此说法表明，生活在陕西南部的古代巴人是中国最早用茶、种茶的民族，至少已有3000余年的用茶、种茶历史。相关资料表明，中国是世界上最早发现和利用茶树的国家，以下四个方面的材料和证据，都证明了中国是茶树的原产地。

（一）茶的发现与利用

在《神农本草经》中记载："神农尝百草，日遇七十二毒，得（茶）而解之。"据说，当时神农氏给人治病，不但需要亲自爬山越岭采集草药，而且还要对这些草药进行熬煎试服，以亲身体会、鉴别药剂的性能，神农在采集尝试草药的过程中发现了茶。这个故事在我国长江流域一带广为流传，神农是三皇之一的炎帝，实际是古代先民的典型化身，这一传说表明，我国祖先在很早的时候就发现了茶这种植物可被利用。

（二）野生大茶树的发现

在云南千家寨发现的野生古茶树群落，是目前全世界所发现的面积最大、最原始、最完整、以茶树为优势树种的植物群落，古茶树群落总面积达28747.5亩（1亩＝667平方米，全书同）。在云南普洱市镇沅县千家寨还发现了树龄2700年的野生古茶树，获上海大世界吉尼斯总部授予的最大的古茶树"大世界基尼斯之最"的称号。在云南勐海县的大黑山原始森林中，发现 1700 年前的野生大茶树（原树高 32.12 米，胸径 1.03 米，树冠 2.9 米）。在广西，也发现千亩野生大茶树。在广西德峨乡境内发现的野生大茶树为大叶群体种群，主要分布在德峨乡八科村、田坝村，面积约 2000 亩。在湖南境内也发现野生古茶树群落。湖南茶陵县沁江乡青呈村发现了大面积野生古茶树群落，最大的树龄达八百年之久，树围有 2 尺多长，高达 3 米多，这些古茶树大多生长在岩壁上。此外，在贵州、四川、广东等地也都先后发现高度在 10 米以上的野生大茶树，加上湖北、江西、福建及海南共在 10 个省份 198 处地方发现野生大茶树。中国已发现的野生大茶树树体之大、数量之多、分布之广，堪称世界之最！

（三）茶树的自然分布

茶树属于山茶科山茶属茶树种植物，全世界的山茶科植物有 23 属 380 余种。而在我国就发现有 15 属 260 余种，且大部分分布在云南、贵州和四川一带。已发现的山茶属植物有 100 多种，云贵高原就有 60 多种，其中以茶树种占最重要的地位。从植物学的角度来看，许多属的起源中心在某一个地区集中，即表明该地区是这一植物区系的发源中心。

（四）世界各国对茶的称谓

世界各国，古不产茶。最先饮用的茶叶都是先后直接或者间接从我国传过去的。各国语言中与茶相等的字都是我国茶字的译音。我国商人正式经营茶叶出口贸易，最先是广东人，然后是厦门人。因此，各国茶字的译音都是由广东语和厦门语演变而来，可以分为两大系统。其中英语、法语、德语、意大利语、拉丁语中茶的发音近似于我国福建等沿海地区的 te 和 ti 音。日语、波斯语、泰国语、阿拉伯语中茶的发音近似于我国广东、华北的 cha 音（图 2-1-1）。

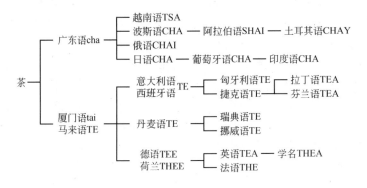

图 2-1-1　主要外国语茶字来源系统表

二、"茶"字的由来及茶的别名

（一）"茶"字的由来

在古代史料中，茶的名称很多，秦之前茶无统一的名字，汉代开始借用"荼"字。用"荼"字指茶，在其后的古文献中常有所见。三国时就有把"荼"念成 cha 的记载。《汉书·地理志》中"荼陵"的"荼"字，据颜师古注："虽已转为茶音，而未敢辄易字文。""荼"字是多音多义字，表示茶叶是其中的一项。陆羽在《茶经·一之源》注中说："从草，当作'荼'，其字出《开元文字音义》；从木，当作'榛'，其字出《本草》；草木并，作'荼'，其字出《尔雅》。"即茶字最早出现于《开元文字音义》。该书为唐玄宗撰，成书于 735 年，现

已失传。到9世纪，由于茶叶生产的发展，饮茶的普及程度越来越高，为了将茶的意义表达得更加清楚、直观，陆羽撰写茶经时将"荼"去掉一画，成为"茶"字。正如清初顾炎武在《唐韵正》里说的"此字变于中唐以下也"。

（二）"茶"的别名

历史上"茶"字的字形、字音、字义变化多端，有很多异名、别称、雅号，如"荼""槚""荈""茗""不夜侯""清友""涤烦子""余甘氏""消毒臣""清风使""酪奴""森伯""苦口师""水厄"等。陆羽《茶经》也写道："其名一曰茶、二曰槚、三曰蔎、四曰茗、五曰荈。"还有其他的一些称呼如"荈诧"，见于西汉司马相如《凡将篇》，"皋芦"见于东晋裴渊《广州记》，"蔎"见于西汉扬雄《方言》，"槚"见于《尔雅》，"（木）茶"见于《本草》，"瓜芦木"见于东汉《桐君录》，"荈"见于南朝刘宋时代山谦之所撰《吴兴记》等。

三、茶业发展史

（一）我国饮茶方式和习俗的发展和演变

1. 春秋以前，最初茶叶作为药用而受到关注

古代人类直接含嚼茶树鲜叶汲取茶汁而感到芳香、清口并富有收敛性快感，久而久之，茶的含嚼成为人们的一种嗜好。该阶段可以说是茶之为饮的前奏。随着人类生活的进化，生嚼茶叶的习惯转变为煎服。即鲜叶洗净后，置陶罐中加水煮熟，连汤带叶服用。煎煮而成的茶，虽苦涩，然而滋味浓郁，风味与功效均胜几筹，日久，自然养成煮煎品饮的习惯，这是茶作为饮料的开端。

2. 秦汉时期，茶叶的简单加工已经开始出现

用木棒将鲜叶捣成饼状茶团，再晒干或烘干以存放，饮用时，先将茶团捣碎放入壶中，注入开水并加上葱姜和橘子调味。此时茶叶不仅是日常生活之解毒药品，且成为待客之食品。另，由于秦统一了巴蜀（我国较早传播饮茶的地区），促进了饮茶知识与风俗向东延伸。西汉时，茶已是宫廷及官宦人家的一种高雅消遣，王褒《僮约》已有"武阳买茶"的记载。三国时期，崇茶之风进一步发展，人们开始注意到茶的烹煮方法，此时出现"以茶当酒"的习俗（见《三国志·吴书·韦曜传》），说明华中地区当时饮茶已比较普遍。到了两晋、南北朝，茶叶从原来珍贵的奢侈品逐渐成为普通饮料。

3. 隋唐时，茶叶多加工成饼茶

饮用时，加调味品烹煮汤饮。随着茶事的兴旺，贡茶的出现加速了茶叶栽培和加工技术的发展，涌现了许多名茶，品饮之法也有较大的改进。尤其到了唐代，饮茶蔚然成风，饮茶方式有较大进步。此时，为改善茶叶苦涩味，开始加入薄荷、盐、红枣调味。此外，已使用专门烹茶器具，论茶之专著已出现。陆羽《茶经》三篇（上、中、下），备言茶事，更对茶之饮之煮有详细的论述。此时，对茶和水的选择、烹煮方式以及饮茶环境和茶的质量也越来越讲究，逐渐形成了茶道。由唐前之"吃茗粥"到唐时人视茶为"越众而独高"，是我国茶叶文化的一大飞跃。

4. 宋代时，制茶方法出现改变，给饮茶方式带来深远影响

"茶兴于唐而盛于宋"，宋初茶叶多制成团茶、饼茶，饮用时碾碎，加调味品烹煮，也有不加的。随着茶品的日益丰富与品茶的日益考究，人们逐渐重视茶叶原有的色香味，调味品

逐渐减少。同时，出现了用蒸青法制成的散茶，且不断增多，茶类生产由团饼为主趋向以散茶为主。此时烹饮程序逐渐简化，传统的烹饮习惯正是由宋开始而至明清，出现了巨大变更。

5.明代后，由于制茶工艺的革新，团茶、饼茶已较多改为散茶，烹茶方法由原来的煎煮为主逐渐向冲泡为主发展

茶叶冲以开水，然后细品缓啜，清正、袭人的茶香，甘洌、酽醇的茶味以及清澈的茶汤，更能领略茶天然之色香味品性。明清之后，随着茶类的不断增加，饮茶方式出现两大特点：一是品茶方法日臻完善而讲究，茶壶茶杯要用开水先洗涤，干布擦干，茶渣先倒掉，再斟，器皿也"以紫砂为上，盖不夺香，又无熟汤气"；二是出现了六大茶类，品饮方式也随茶类不同而有很大变化。同时，由于风俗不同，各地开始选用不同茶类。如两广喜好红茶，福建多饮乌龙茶、江浙则好绿茶，北方人喜花茶或绿茶，边疆少数民族多用黑茶、砖茶。

纵观饮茶风习的演变，尽管千姿百态，但是若以茶与佐料、饮茶环境等为基点，则当今茶之饮主要可区分为以下三种类型。

一是讲究清雅怡和的饮茶习俗：茶叶冲以煮沸的水（或沸水稍凉后），顺乎自然，清饮雅尝，寻求茶之原味，重在意境，与我国古老的"清净"传统思想相吻合，这是茶的清饮之特点。我国江南的绿茶、北方花茶、西南普洱茶、闽粤一带的乌龙茶以及日本的蒸青茶均属此列。

二是讲求兼有佐料风味的饮茶习俗：其特点是烹茶时添加各种佐料。如边陲的酥油茶、盐巴茶、奶茶以及侗族的打油茶、土家族的擂茶，又如欧美的牛乳红茶、柠檬红茶、多味茶、香料茶等，均兼有佐料的特殊风味。

三是讲求多种享受的饮茶风俗：即指饮茶者除品茶外，还备以美味点心，伴以歌舞、音乐、书画、戏曲等。如北京的"老舍茶馆"。

（二）我国制茶历史的演变

1.从生煮羹饮到晒干收藏

茶之为用，最早从咀嚼茶树的鲜叶开始，发展到生煮羹饮。生煮者，类似现代的煮菜汤。如云南基诺族至今仍有吃"凉拌茶"习俗，鲜叶揉碎放碗中，加入少许黄果叶、大蒜、辣椒和盐等作配料，再加入泉水拌匀；茶作羹饮，有《晋书》记"吴人采茶煮之，曰茗粥"，甚至到了唐代，仍有吃茗粥的习惯。三国时，魏朝已出现了茶叶的简单加工，采来的叶子先做成饼，晒干或烘干，这是制茶工艺的萌芽。

2.从蒸青造型到龙团凤饼

初步加工的饼茶仍有很浓的青草味，人们经反复实践，发明了蒸青制茶。即将茶的鲜叶蒸后碎制，饼茶穿孔，贯串烘干，去其青气。但仍有苦涩味，于是又通过洗涤鲜叶，蒸青压榨，去汁制饼，使茶叶苦涩味大大降低。自唐至宋，贡茶兴起，成立了贡茶院，即制茶厂，组织官员研究制茶技术，从而促使茶叶生产不断改革。唐代蒸青作饼已经逐渐完善，陆羽《茶经·三之造》记述："晴，采之，蒸之，捣之，拍之，焙之，穿之，封之，茶之干矣。"即此时完整的蒸青茶饼制作工序为蒸茶、解块、捣茶、装模、拍压、出模、列茶晾干、穿孔、烘焙、成穿、封茶。宋代，制茶技术发展很快，新品不断涌现。北宋年间，做成团片状的龙凤团茶盛行。宋代《宣和北苑贡茶录》记述"（宋）太平兴国初，特置龙凤模，遣使即北苑造团茶，以别庶饮，龙凤茶盖始于此"。龙凤团茶的制造工艺，据宋代赵汝砺《北苑别录》记述，有六道工序：拣茶、蒸茶、榨茶、研茶、造茶、过黄。茶芽采回后，先浸泡水

中，挑选匀整芽叶进行蒸青，蒸后冷水清洗，然后小榨去水，大榨去茶汁，去汁后置瓦盆内兑水研细，再入龙凤模压饼、烘干。龙凤团茶的工序中，冷水快冲可保持绿色，提高了茶叶质量，而水浸和榨汁的做法，由于夺走真味，茶香极大损失，且整个制作过程耗时费工，这些均促使了蒸青散茶的出现。

3. 从团饼茶到散叶茶

在蒸青团茶的生产中，为了改善苦味难除、香味不正的缺点，逐渐采取蒸后不揉不压，直接烘干的做法，将蒸青团茶改造为蒸青散茶，保持茶的香味，同时还出现了对散茶的鉴赏方法和品质要求。这种改革出现在宋代。《宋史·食货志》载："茶有两类，曰片茶，曰散茶"，片茶即饼茶。元代王祯在《农书》卷十《百谷谱》中，对当时制蒸青散茶工序有详细记载："采讫，以甑微蒸，生熟得所（生则味涩，熟则味减）。蒸已，用筐箔薄摊，乘湿略揉之，入焙，匀布，火烘令干，勿使焦"。由宋至元，饼茶、龙凤团茶和散茶同时并存，到了明代，由于明太祖朱元璋于1391年下诏，废龙团、兴散茶，使得蒸青散茶大为盛行。

4. 从蒸青到炒青

相比于饼茶和团茶，茶叶的香味在蒸青散茶中得到了更好的保留，然而，使用蒸青方法，依然存在香味不够浓郁的缺点。于是出现了利用干热发挥茶叶优良香气的炒青技术，炒青绿茶自唐代已始而有之。唐刘禹锡《西山兰若试茶歌》中言道："山僧后檐茶数丛……斯须炒成满室香"，又有"自摘至煎俄顷余"之句，说明嫩叶经过炒制而满室生香，且炒制时间不长，这是至今发现的关于炒青绿茶最早的文字记载。经唐、宋、元代的进一步发展，炒青茶逐渐增多，到了明代，炒青制法日趋完善，在《茶录》《茶疏》《茶解》中均有详细记载。其制法大体为高温杀青、揉捻、复炒、烘焙至干，这种工艺与现代炒青绿茶制法非常相似。

5. 从绿茶发展至其他茶类

在制茶的过程中，由于注重确保茶叶香气和滋味的探讨，通过不同加工方法，从不发酵、半发酵到全发酵一系列不同发酵程序所引起茶叶内质的变化，探索到了一些规律，从而使茶叶从鲜叶到用料，通过不同的制造工艺，制成各类色、香、味、形品质特征不同的六大茶类，即绿茶、黄茶、黑茶、白茶、红茶、青茶。

（1）黄茶的产生

绿茶的基本工艺是杀青、揉捻、干燥，当绿茶炒制工艺掌握不当，如炒青杀青温度低，蒸青杀青时间长，或杀青后未及时摊晾、及时揉捻，或揉捻后未及时烘干炒干，堆积过久，使叶子变黄，产生黄叶黄汤，类似后来出现的黄茶。因此，黄茶的产生可能是从绿茶制法不当演变而来。明代许次纾《茶疏》（1597年）记载了这种演变历史。

（2）黑茶的出现

绿茶杀青时叶量过多火温低，使叶色变为近似黑色的深褐绿色，或以绿毛茶堆积后发酵，渥成黑色，这是产生黑茶的过程。黑茶的制造始于明代中叶。明御史陈讲奏疏中记载了黑茶的生产（1524年）："商茶低伪，悉征黑茶，地产有限……"。

（3）白茶的由来和演变

唐、宋时所谓的白茶，是指偶然发现的白叶茶树采摘而成的茶，与后来发展起来的不炒不揉而成的白茶不同。到了明代，出现了类似现在的白茶。明代田艺蘅《煮泉小品》记载："芽茶以火作者为次，生晒者为上，亦更近自然……青翠鲜明，尤为可爱"。现代白茶是从宋代绿茶三色细芽、银丝水芽开始逐渐演变而来的。最初是指干茶表面密布白色茸毫、色泽银白的"白毫银针"，后来经发展又产生了白牡丹、贡眉、寿眉等其他花色。

（4）红茶的产生和发展

红茶起源于16世纪。在茶叶制造发展过程中，发现日晒代替杀青，揉捻后叶色红变而产生了红茶。最早的红茶生产从福建崇安的小种红茶开始。清代刘靖《片刻余闲集》中记述，"山之第九曲尽处有星村镇，为行家萃聚。外有本省邵武、江西广信等处所产之茶，黑色红汤，土名江西乌，皆私售于星村各行"。自星村小种红茶出现后，逐渐演变产生了工夫红茶。后20世纪20年代，印度等国发明了将茶叶切碎加工的红碎茶，我国于20世纪50年代也开始试制红碎茶。

（5）青茶的起源

青茶介于绿茶、红茶之间，先绿茶制法，再红茶制法，从而悟出了青茶制法。关于青茶的起源，学术界尚有争议，有的推论出现在北宋，有的推定起源于清咸丰年间，但都认为最早在福建创制。清初王草堂《茶说》："武夷茶……茶采后，以竹筐匀铺，架于风日中，名曰晒青，俟其青色渐收，然后再加炒焙……烹出之时，半青半红，青者乃炒色，红者乃焙色。"现福建武夷岩茶的制法仍保留了这种传统工艺的特点。

6. 从素茶到花香茶

茶加香料或香花的做法已有很久的历史。宋代蔡襄《茶录》提到加香料茶"茶有真香，而入贡者微以龙脑和膏，欲助其香"。南宋已有茉莉花焙茶的记载，施岳《步月·茉莉》词注："茉莉岭表所产……古人用此花焙茶。"到了明代，窨花制茶技术日益完善，且可用于制茶的花品种繁多，据顾元庆《茶谱》记载，有桂花、茉莉、玫瑰、蔷薇、兰蕙、橘花、栀子、木香、梅花九种之多。现代窨制花茶，除了上述花种外，还有白兰、玳玳、珠兰等。由于制茶技术不断改革，各类制茶机械相继出现，先是小规模手工作业，接着出现各道工序机械化。除了少数名贵茶仍由手工加工外，绝大多数茶叶的加工均采用了机械化生产。

◆◇◆ 第二节　茶文化的形成与发展 ◇◆◇

一、茶文化的萌芽

茶首先是人们生活中一种普通的饮料，它以文化面貌的出现是在人们发现了它对人脑有益神、清思的特殊作用才开始的。秦汉时期，巴蜀地区的人们已开始饮茶，文人已与茶结缘，"客来敬茶"，三国魏晋时有文字记载曰："吴主礼贤，方闻置茗；晋臣爱客，才有分茶。"即认为在社交活动中以茶待客始于三国时代，而礼仪化、程式化的饮茶——分茶确立于晋代。在晋代茶已成为人们的日常饮料，人们在饮用过程中开始赋予茶叶超出物质意义以外的品性。

（一）茶文化萌芽的动因

茶的饮用在三国时期还主要流行于宫廷和望族之家，到了两晋南北朝时期，茶成为寻常人家的待客之物，饮茶和以茶待客已约定俗成。此时，东晋社会贵族聚敛成风，一般官吏乃至士人皆以夸豪斗富为美，形成一股奢靡之风。为了对抗这种风气，一些有识之士便提出"养廉"的问题，而茶则成了他们标榜俭朴的一种标志。著名的有陆纳和桓温以茶倡俭朴的故事。《晋中书兴》记载："陆纳为吴兴太守时，卫将军谢安尝欲诣纳。纳兄子俶怪纳无所备，不敢问之，乃私蓄十数人馔。安既至，纳所设唯茶果而已。俶遂陈盛馔，珍馐毕具。及安去，纳杖楸四十，云：汝既不能光益叔父，奈何秽吾素业?"意思是陆纳准备用茶果招待卫将军，以示俭朴，而其侄子却摆出珍馐美味出来，反而损害了他的名誉。桓温也常以简朴示人，"每宴惟下七奠拌茶果而已"。其次，茶文化得以萌芽还与当时文人崇尚清谈有关，魏晋以来，天下骚乱，文人们无以匡世，便兴起了清谈之风，即文人们坐在一起，以茶助兴，辨析名理，坐而论道。如《世说新语》载：清谈家王濛好饮茶，每有客至必以茶待客。《中国风俗史》将魏晋清谈之风分为四个时期，认为前两个时期的清谈家好酒，而后两个时期的清谈家喜饮茶，认为以茶相伴，茶助谈兴，能使思维保持长时间的活跃。清谈家们终日饮茶，体会到了饮茶的好处，因而把饮茶当作了精神现象来对待，从而使茶文化萌动起来。其重要表现是茶与文学开始结缘，西晋杜育的《荈赋》便是专门吟咏茶事的文学作品，《荈赋》曰："灵山惟岳，奇产所钟……厥生荈草，弥谷被岗。承丰壤之滋润，受甘霖之霄降。月惟初秋，农功少休，结偶同旅，是采是求。水则岷方之注，挹彼清流；器择陶简，出自东瓯；酌之以匏，取式公刘。惟兹初成，沫沈华浮。焕如积雪，晔若春敷。"这篇赋依次描述了茶叶生长的情况，茶农采茶的情景以及煮茶用水、用器的情况，最后描绘了茶叶煎成之后"焕如积雪，晔若春敷"的美妙情形以及饮后的感受，体现了相当完整的品茗艺术的诸要素。

（二）茶文化萌芽时的状态

1. 以茶倡俭朴

以茶倡俭朴是茶文化萌芽的原因也是其表现形式之一，以茶作为俭朴的标志，使茶脱离了单纯的饮用功能，上升到文化的高度。

2. 以茶为礼俗

在南北朝时期，茶已用作祭祀礼仪用，齐武帝在他的遗诏中写道："灵座上勿以牲为祭，但设饼干、茶饭、干饮、酒脯而已。天下贵贱，咸同此制。"从此以后，以茶为祭祀被广泛应用。

3. 以茶悦志

两晋以来，人们越来越多地认识到饮茶的功效，茶叶由药用过渡到广泛的饮用，当时许多文献都谈到茶："令人有力悦志""益意思""久复羽化"以及"调神活内，倦解慵除"等。

4. 以茶设摊

茶馆的最初形态——茶摊晋代时已出现了，《广陵耆老传》记载："晋元帝时，有老姥每旦独提一器茗往市鬻之，市人竞买。自旦至夕，其器不减。茗所得钱，散路旁孤贫人。人或异之，执而系之狱。夜擎所卖茗器，自牖飞去。"尽管带有神仙色彩，但至少说明当时市场上已有茶叶买卖，而且生意很好，买饮者很多。

二、茶文化的形成与发展

唐朝是茶文化历史变迁的一个划时代的时期，茶史专家朱自振写道："在唐代，茶去一划，始有茶字；陆羽作经，才出现茶学；茶始收税，才建立茶政；茶始边销，才开始有茶的贸易和边销"，总而言之，是在唐代，茶叶生产才发展壮大，茶文化也才真正形成。

（一）唐代茶文化形成的生产条件

孙洪升博士的研究表明，在唐代茶叶生产已转向了商品生产，主要是因为以下几点：

1. 农业生产的发展

在古代农业生产中，粮食生产占主要地位，茶叶等经济作物的种植与发展取决于粮食作物的生产情况。在唐代，农业生产技术有了很大的进步，首先是农业生产工具制造技术有了进步，种类增加数量增多了，使用了钢刃熟铁农具。其次是兴修水利与治水，水利的兴修改善了农田的灌溉条件，也扩大了农田面积。更具进步意义的是出现了综合性与专业性的农书如《四时纂要》《耒耜经》等。这些条件都大大促进了农业生产的发展，粮食产量的提高，推动了粮食的商品化，大量粮食投放市场，可以满足茶农的需要，对茶叶生产的发展很有利。

2. 劳动力资源充足，从业者众多

茶业是劳动密集型产业，需要较多的劳动力。而当时农业经济的发展正好解决了这个问题。因为当时粮食产量的提高增强了社会对人口的供养能力，刺激了人口的增长，反过来人口的增长又促进了农业生产的发展，因为在古代社会中农业属劳动密集型产业，劳动力的数量与农业生产的发展密切相关。

3. 自然条件适宜

隋唐时期，我国气候开始变暖，茶树的生长期比现在长 10 天以上，因此茶树的自然生长界限得以向北推移。据《茶经》记载，山南道的金州（今陕西安康）、梁州（今陕西汉中）、淮南道的光州（今河南光山、潢川）、申州（今河南信阳）等靠近北方的地方都产茶。

4. 农民经营的独立性增强

在唐代中后期，随着商品经济的发展，均田制、租庸调制随之瓦解崩溃，统治者实行了两税法，它根据财产多寡征收货币，在实际操作中也允许以实物折纳，而且它不再干预农民的具体经营，农民可以根据当地的自然条件选择合适的作物进行生产，从而为茶叶这种经济作物在各地的广泛种植创造了条件。

（二）唐代茶文化形成的社会原因

唐代在我国历史上是一个政治、经济较为发达的时期，此时国富民强，天下安宁，形成了有利于各种文化发展的条件。此时，由于种茶业的发展，饮茶风尚也从南方扩大到北方，从宫廷、士人阶层普及到了社会各阶层，成为"比屋之饮"。特别是茶圣陆羽撰写了人类文明史上第一部茶学专著《茶经》，使"天下益知饮茶"，大大推动了茶文化的传播。陆羽撰写的《茶经》一书从茶的起源、加工茶叶的工具、茶叶制作的过程、饮茶的器具、烹茶技艺、鉴赏的方法及当时产茶盛地等方面进行了阐述，重要的是在《茶经》里饮茶首次被当作一种艺术过程来看待，创造了从烤茶、选水、煮茗、列具、品饮成一体系的中国茶艺，并强调饮茶的意境。此外，还把儒、道、佛的思想文化与饮茶过程融为一体，使茶文化上升到精神的高度，标志着茶文化的真正形成。茶文化得以盛行还与以下社会原因有关：

1. 佛教的大发展

唐代封演《封氏闻见记》中记载道："开元中，泰山灵岩寺有降魔大师，大兴禅宗。学禅务于不寐，又不夕食，皆许其饮茶。人自怀挟，到处煮饮，从此转相仿效，遂成风俗。起自邹、齐、沧，渐至京邑，城市多开店铺，煎茶卖之。"其中记述表明，当时饮茶风气的形成是由于大兴禅宗而引起的。

2. 科举制度的形成

唐代采取严格的科举制度，考试严格且时日长，而且学子们来自四面八方，因此每当会试的时候，应考的举子以及值班的监考都觉终日劳乏、疲惫难捱。于是朝廷特命以茶果送到

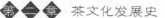

试场，以解举子、监考翰林的疲乏之苦，有记载为证，"元和时，馆客汤饮待学士者，煎麒麟草"（《凤翔退耕传》），其中的"麒麟草"就是指茶。由于朝廷的提倡，饮茶之风在学子士人当中传效更快。

3.唐代诗风大盛

唐代科举考试将作诗列为主要考试科目，因而当时的文人、士子便吟诗、写诗成风，然而，诗人要激发文思还得有提神助兴之物，而茶正好具清思、提神的功能，所以卢仝写道："三碗搜枯肠，唯有文字五千卷。"饮茶必有好水，好水连着好山，诗人们游历山水，品茶作诗，茶与山水自然、文学艺术联系起来，茶之艺术化成为必然。

4.唐代贡茶的兴起

在社会饮茶风气的影响下，我国宫廷用茶数量也日益增加，因此统治者认为有必要设立一个专门生产宫廷用茶的地方，因此在常州义兴和湖州长兴交接的地方出现了我国历史上第一个生产贡茶的地方，此地生产的顾渚紫笋成为统治者的专用茶，同时皇帝也将贡茶赏赐重臣和勋亲，成为皇帝以示恩信的一种习惯和制度。

5.中唐以后施行禁酒措施

饮酒的习惯在我国人民的生活中早就形成了，但在唐代后期，由于安史之乱造成国家动荡，农民无心种田，因此酿酒的粮食紧缺，于是统治者实行民间禁酒措施，而且此时酒价也高，文人无提神之物，而茶又有益健康，不喜喝茶的人也转为喝茶，饮茶风俗又得以广泛传播。

（三）唐代茶文化的表现形式

1.《茶经》——最早的茶文化专著

《茶经》为茶圣陆羽所作，全书共七千多字，分三卷十节，卷上：一之源，谈茶的性状、名称和品质；二之具，讲采制茶叶的用具；三之造，谈茶的种类和采制方法。卷中：四之器，介绍烹饮茶叶的器具。卷下：五之煮，论述烹茶的方法和水的品质；六之饮，谈饮茶的风俗；七之事，汇录有关茶的记载、故事和效用；八之出，列举全国重要茶叶产地；九之略，即讲述哪些茶具可以省略；十之图，即教人用绢帛抄《茶经》张挂。确立了一个非常完整的茶文化体系。

2.茶文化的核心——茶道形成

最早提出"茶道"概念的是唐代诗僧皎然，在其诗作《饮茶歌·诮崔石使君》中首次出现了"茶道"一词，其原文为"越人遗我剡溪茗，采得金牙金鼎。素瓷雪色缥沫香，何似诸仙琼蕊浆。一饮涤昏寐，情来朗爽满天地。再饮清我神，忽如飞雨洒轻尘。三饮便得道，何须苦心破烦恼。此物清高世莫知，世人饮酒多自欺。愁看毕卓瓮间夜，笑向陶潜篱下时。崔侯啜之意不已，狂歌一曲惊人耳。孰知茶道全尔真，唯有丹丘得如此。"皎然将茶汤比喻为"诸仙琼蕊浆"，视茶为清高之物，且品茶能悟道，是一种精神享受。陆羽也在《茶经》中写道："茶之为用，最宜精行俭德之人"，"精行俭德"即为陆羽所倡导的茶道精神。其后卢仝的《七碗茶》（或称《走笔谢孟谏议寄新茶》）又更进一步概述了茶道精神，"一碗喉吻润，两碗破孤闷。三碗搜枯肠，唯有文字五千卷。四碗发轻汗，平生不平事，尽向毛孔散。五碗肌骨清，六碗通仙灵。七碗吃不得也，唯觉两腋习习清风生。"表明饮茶一可解决生理上的需要，二可助文思，三可解烦恼，最后便可破除烦闷，达到明心悟道的境界。晚唐时期刘贞亮对茶道精神进行了全面的概括，认为"以茶散闷气，以茶驱腥气，以茶养生气，以茶除疠气，以茶利礼仁，以茶表敬意，以茶尝滋味，以茶养身体，以茶可雅志，以茶可行道。"其中的"利礼仁""表敬意""可雅志""可行道"是属于精神范畴，这里所说的可行道是指道德教化的意思，他认为饮茶的功德之一就是可以有助于社会道德风尚的培育，以明确的理性语言将茶的功能提升到最高层次。

3. 宫廷茶文化及其他茶俗的形成

由于贡茶的增多，皇帝便将多余的贡茶用来赏赐重臣和勋亲以示恩信，成为统治者维护和巩固其统治的一种策略。唐代颁赐茶叶的主要对象是近臣，但高僧名儒、戍边将士和其他各色人等，也都可因各种原因而获赏赐。因此，颁赐茶叶之风便成为唐代上层社会的一种隆重礼遇。在这种风气的影响下，在民间，人们之间也相互之间互赠茶叶以表礼仪。文人、道士之间相互馈赠茶叶，增加友谊已是一种很常见的现象，文人之间互赠茶叶之后往往要写诗答谢，如有李白的《答族侄僧中孚赠玉泉仙人掌茶》，白居易的《萧员外寄新蜀茶》《谢李六郎中寄新蜀茶》，柳宗元的《巽上人以竹间自采新茶见赠酬之以诗》等答谢寄茶人的诗作。

（四）茶文化形成对唐代社会的影响

唐代宫廷重茶、僧侣嗜茶、文人颂茶、百姓恋茶，饮茶风俗已经形成，因而其在社会生活中也起了重要作用。主要表现在以下几个方面：

1. 是统治者表示恩威，以茶治边的物质基础

唐代宫廷茶礼已形成，赏赐贡茶给大臣已成为皇帝的一种隆重的奖励方式。皇帝借这种奖励方式笼络近臣，巩固其统治地位。唐代时期已出现了茶马交易，统治者以茶易马，不但使边疆少数民族的生活得到改善，而且有利于民族的团结。

2. 茶叶商品化且成为赋税的重要来源

由于饮茶习俗的形成，社会对茶叶需求量增加，茶叶成为市场上流通之物，茶叶贸易发展起来。唐代白居易的《琵琶行》中所说的"前月浮梁买茶去"表明当时的浮梁（今江西景德镇）是一个茶叶交易的市场，说明茶叶贸易已较发达。由于茶叶经济的发展，唐代已形成了八大产茶区，且各产区的茶叶形成了各自的特点和销区。在唐代后期，统治者便制定了茶的赋税制度，茶税成为国家税收的重要来源。

3. 人们之间互相赠送的礼品，促进人们的社会交往

统治者赏赐茶叶给近臣以示恩信，老百姓也相仿效，相互赠茶、增进友谊、联络感情，如前所述的文人之间、茶农与文人之间、普通老百姓之间都互赠新茶，以表礼仪，从而促进了人们的社会交往。

三、茶文化的鼎盛时期

史籍记载："茶兴于唐，盛于宋"，宋代我国茶文化的发展达到了"盛造其极"的境界。当时茶叶生产技术进一步提高、茶区不断扩大、茶的种类也逐渐增多，在宋朝名茶的数量达到了 200 种左右。饮茶风俗在宫廷贵族和文人之间更为流行，而且也深入到平民百姓的生活当中，成为人们日常生活中不可缺少的东西。王安石《议茶法》记载："茶之为民用，等于米盐，不可一日无。"茶成为宋代社会普遍接受的饮料，因而与社会生活的诸多方面发生了联系，出现了不少与茶有关的社会现象、习俗或观念，使茶文化的内容更为丰满。

（一）宋代我国茶文化达到鼎盛的原因

1.产茶区扩展，产量提高，制茶技术革新

宋代的茶叶生产在唐代的基础上得到了很大的发展。表现在产茶区得到扩展，唐代有八大产茶区，而在宋代，东南一带的茶叶生产得到发展，产茶区增加了二十几个州。在茶区扩大的基础上，宋代茶叶的产量也得到了很大的提高。据统计宋代茶叶的单产量已合今天的182.7斤/亩（1斤＝500克，全书同）。其次宋代茶叶制作技术也得到革新，出现了散茶的生产，但同时团茶的制作也达到了顶峰。宋代有名的北苑贡茶生产的工艺精益求精，达到了炉火纯青的境界，但散茶的生产也日兴一日，在北宋中期后，赞颂散茶的文献也多起来了，如欧阳修曾赞颂当时的散茶"双井白芽"为"草茶第一"。《岳阳风土记》"白鹤茶，味极甘香，非他处草茶可比也"称赞的是当地生产的散茶澠湖含膏（今君山银针）。散茶的出现为茶叶走向民间成为广大人民日常享用提供了物质基础。

2.皇室贵族的大力提倡

在宋代以前，社会饮茶习俗的形成主要依赖于文人、道士的提倡，宫廷虽有饮茶的习惯，且皇帝也将赐茶作为一种很高的奖赏，但没给人以很深的文化意味。而宋代不同，上层达官贵族饮茶成癖，对茶品花样的追求、对饮茶程式的琢磨都胜于唐朝。宋徽宗还专门撰写茶著《大观茶论》，详细地描述了茶的采制过程和烹煮品饮方法以及民间的斗茶之风，还描绘了茶酒合宴的情景。皇帝亲自撰写茶书，可见当时宫廷贵族对饮茶风气的形成起了很大的推动作用。

3.饮茶风俗深入平常百姓家

在宋代，饮茶不再是文人雅士的专好，饮茶之风吹向了广大的平民阶层，成为"富贵贫贱靡不用"之物。吴自牧在《梦粱录》里描绘南宋临安当时的情形是："人家每日不可阙者，柴、米、油、盐、酱、醋、茶。"茶成为了日常必需品。由于百姓饮茶风气的形成，茶馆也在社会上兴盛起来，在北宋的京城汴梁（今河南开封）以及南宋京城临安（今杭州），茶坊比比皆是，不但有专为上流社会服务的茶馆，而且出现了更多面向平民百姓的茶馆。如当时称为"市头"的茶馆就专为当时做工的苦力、佣人开设的。还有一种称为"人情茶坊"的茶馆是为解决邻里之间、行业之间的纠纷而设立。这些都标志着饮茶风俗已深入寻常百姓家，从而使茶文化更普及地传播开来。

（二）表现形态

1.饮茶技艺的高度发达

在唐代，宫廷贵族和文人道士已对饮茶的意境、方法、程式有了一定的讲究，发展到宋代，由于皇室贵族、士大夫的倡导，对饮茶技艺的追求达到了历史的高峰。在唐代，只有煎饮之法，到了宋代不但有煎茶法和泡茶法，还有点茶、分茶等饮茶技艺。宋蔡襄的《茶录》和宋徽宗的《大观茶论》都对点茶法做了较为详细的论述。点茶即斗茶，点茶技艺的基本过程为碾茶，即先将茶饼碾成粉末，但要注意碾的时间不能太长，以保持茶的颜色。碾茶若是得法此时就可品味茶的清香了；罗茶即将碾好的茶末放入茶罗中筛细，以确保点茶时使用的茶末极细，这样才能"入汤轻泛，粥面光凝，尽茶色"（《大观茶论·罗碾》）；候汤包括选水和烧水两个方面，即对水质的讲究和对水开程度的把握；熁盏是指先用开水冲涤茶盏，可使茶盏预热，以发茶香；点茶先是将茶粉加入少量开水调成膏状，然后用茶筅击拂，使汤花显现，以汤花色泽鲜白、茶面细碎均匀为佳，而且汤花与盏咬紧，保持时间长为胜。整个过程深入细致、适情适意、注重人的感官享受和审美情趣。分茶出现在点茶之后，但受到人们的高度重视，在当时被视为一种特别的专门技能。分茶的主要特点是在注汤过程中，用茶匙或茶笔击拂拨弄，使激发在茶汤表面的茶沫幻化成各种文字形状，以及山水、草木、花鸟、虫鱼等图案。

2. 茶馆文化的形成

在宋代以前，茶还主要为上层社会所享用，而在宋代饮茶风气日盛，成为"富贵贫贱靡不用"之物，深入到平常百姓生活中，因此在大城市与小城镇都出现了不少的茶肆、茶坊，而且茶馆为了吸引消费者，其装饰布置上颇具文化意味，如《梦粱录》记载："汴京熟食店，张挂名画，所以勾引观者，留连食客；今杭城茶肆亦如之，插四时花，挂名人画，装点店面。"茶坊成了市民休息、娱乐、交往的场所，有供士大夫、读书人聚会的"车儿茶肆"，有供商人谈交易的"市头"，还有供晨开晓歇和夜游的特殊茶馆。能为当时社会的各阶层提供不同的文化娱乐服务，可以是文人聚会的场所，也可以是商人谈生意之处，还可以是三教九流平头百姓的休闲娱乐场所，形成了茶馆文化。

3. 客来敬茶的礼俗

"客来敬茶，客去点汤"是宋代待客的一种风俗，《萍洲可谈》记载："今世俗客至则啜茶，去则啜汤。汤取药材甘香者屑之，或温或凉，未有不用甘草者。此俗遍天下。"说的就是当时社会上以茶待客已蔚然成风。

4. 婚丧嫁娶中用茶

宋朝饮茶风俗大盛之后，茶仪开始进入了婚姻礼仪，在相亲、定亲、婚礼中都要用到茶。相亲称"吃茶"，而男方下聘礼时，要包括羊酒、缎匹、茶饼等物。

5. 茶书的繁荣

唐代陆羽写了第一部茶叶专著《茶经》标志着茶文化体系的形成，但此时专门有关茶的论著不多，据统计有十二本左右。到了宋代有关茶的书籍不断增多，两宋的茶书统计起来约有三十本，内容也比唐代的更为广泛，有记述采茶制茶的（如《北苑茶录》），有论述茶的品质与品饮方法的（如《茶录》《品茶要录》《大观茶论》），有专门描写宜茶之水的（如《述煮茶泉品》），还有众多的关于茶业经济法规的书籍。

（三）对当时社会的作用

1. 对茶业经济的影响

宋代是继唐朝之后我国茶叶商品经济第二次兴盛时期。茶叶的消费向着成熟、稳定的方向发展，茶成了人们日常生活的消费品，饮茶已成为一种普遍的社会现象。在宫廷中，王公贵族大力提倡饮茶，对茶的种类、品质不断提出新的要求，从而促进了茶叶生产的发展，也同时由于宫廷的提倡，人们饮茶风气日盛。在民间，以茶待客已成为一种不可缺少的礼俗，"宾主设礼非茶不交"正是这种情况的真实写照。饮茶风气的兴盛也促进了茶馆的兴起，在当时南宋的都城临安，茶坊到处林立，人们投钱取饮，成为茶叶消费的一大场所。这些都促进了茶叶经济的发展。

2. 对政治生活的影响

贡茶自唐代已出现，宋代贡茶的惯例被沿袭下来，且得到了很好的发展，贡茶的品类与规模都日趋扩大。在宋代有专门的官员监制贡茶，其制作工艺也精益求精，"龙凤团饼"成为皇帝身份的象征。赐茶也成为宫廷中一种特殊的礼仪，成为统治阶级用来协调其内部关

系、维护封建等级秩序的一种手段。皇帝赐茶予大臣将士、僧道庶民、周边少数民族，既协调了统治阶级的内部关系，又团结了少数民族。通过对宋代茶书的统计我们可以看到，宋代有关茶的经济法规增多，茶成了政府财政收入的重要源泉。

3.对社会生活的影响

茶在宋代已成为人们日常生活中不可或缺的东西，上至王公贵族、达官贵人，下至平民百姓无不以茶为好，因此茶与社会生活联系紧密起来，对社会生活产生了深刻的影响。"客来敬茶"已成为宋代人们生活中的一个日常礼节，成为人们相互交往的一个重要手段。茶馆文化的形成也更促进了人们之间相互交往，在茶馆，三教九流、凡夫俗子、雅士高人都可以找到交流的对象，给人们带来了多姿多彩的生活。由于茶具清醒的作用，茶也成了佛教徒日常生活中的重要物品，坐禅借茶破除睡功、静心悟道，祭祀时茶又可成为供品之一，在与文人士大夫交往时，茶也是一种重要的媒介。对文人士大夫来说，茶不仅可以怡情养性，还可托物言志，成为其诗词中的一种重要意象。陆游是宋代著名的爱国诗人，他一生写了九千多首诗，其中吟咏茶的就有三百多处。陆游所处的年代是南宋遭金兵入侵之时，因此也常借咏茶表达其忧国忧民的心情。

四、鼎盛之后的曲折发展

元代，蒙古人入主中原成为朝廷的统治者，北方民族虽然嗜茶，但无心像宋代那样追求茶品的精致，程式的烦琐。因而，茶文化在上层社会那里得不到倡导。宋代的文人由于国亡家破的状况也无心茶事，因此在元代，茶文化也无从发展。

到了明代，朱元璋下诏废团茶，改生产散茶，从而"开千古茗饮之风"，使茶的品饮方式发生了历史性的转折，也使茶文化的发展趋向于自然与简约，从此茶文化真正消融于社会生活当中。明代茶人品饮方式从简，摆脱了以前的烦琐程序，追求清饮之风。从朱权著的《茶谱》里我们可以略知当时的饮茶风尚，对茶品的要求是"味清甘而香，久而回味，能爽神者为上"，而茶如果"杂以诸香"必然"失其自然之性，夺其真味"，追求茶品之原味。使用的器具，反对"雕镂藻饰，尚于华丽"，主张用石、瓷、竹等制器，讲究天然，而且所用的器具也比前人的少得多，只保留必不可少的物件。对品饮环境是"或会于泉石之间，或处于松竹之下，或对皓月清风，或坐明窗净牍"，讲究环境的清幽安静。在这一时期，许多的文人雅士都参与其中，品茶论道。从茶的产地、采摘、品种、冲泡技巧、品茗环境、品茗人物都有论述，但共同点是讲究自然、简朴，追求茶之真味，而且也把文人雅士引入茶事当中，将品茗与歌舞、书画、弈棋、作诗结合起来，拓展了茶文化的范围。在清代，茶文化更加深入民间，消融于百姓生活当中。对茶艺、茶品都不是那么讲究了，走向了人们的伦常日用。清朝后期，由于外国侵略者的侵入，中国受到帝国主义的摧残，茶文化也无从发展，走向了坎坷之途。

五、茶文化的兴盛

新中国成立后，在前30年，茶业经济是处于恢复和发展阶段。改革开放以后，茶业经济也发展起来了，人们将目光又投向了茶文化，在各界人士的努力下，茶文化重又登上了历史的舞台，焕发出生机与活力。

（一）当代茶文化的蓬勃兴起及其体现

1.茶文化研究机构的兴建

随着茶文化热潮的兴起，催生了全国性的、地方性的茶文化研究机构和团体的兴建。自

20 世纪 80 年代以来，兴建的全国性的茶文化研究机构与组织有：中国国际茶文化研究会、中华茶人联谊会、华侨茶业发展研究基金会、吴觉农茶学思想研究会等，最近在香港还成立了世界茶文化交流协会。在各大高校里也兴建了有关茶文化的研究中心，诸如北京大学成立了东方茶文化研究中心，湖南医科大学也成立了茶文化研究中心。安徽农业大学、西南大学、浙江大学、福建农林大学等有茶学专业的高校都相继设立了茶文化研究中心。其次在各主要产（销）茶省也成立了以专门研究和繁荣茶文化为己任的研究机构和团体，如江西省社科院成立的中国茶文化研究中心、浙江湖州的陆羽茶文化研究会、广州茶文化促进会、云南昆明民族茶文化促进会等。

2. 茶文化研讨会的召开

自 1990 年起，每隔两年举行一次的"国际茶文化研讨会"迄今为止已举办了 16 届。国际茶文化研讨会不但在国内城市举办，还分别在韩国的首尔、马来西亚的吉隆坡举行过。每届都有日本、韩国、新加坡以及我国港台地区的茶文化工作者参加。此外，北京、云南的昆明和思茅、福建的福州和安溪、陕西的西安、浙江的湖州和杭州、河南的信阳、山西的五台山、广州以及港台地区都举行过大型的学术讨论会，从各方面研究茶文化的内涵、功能，也扩大了茶文化的影响。

3. 茶博览会、文化节的举办

在上海、杭州两个茶文化氛围浓厚的城市，茶文化节、博览会的活动举行得如火如荼。上海自 1994 年开始举行的国际茶文化节，每年举办一次，到 2021 年已举办了 28 届。杭州的西湖国际茶会也举办了 16 届。此外已举办过几届的茶文化节有杭州国际茶博览交易会、国际无我茶会、中国信阳茶叶节、中国溧阳茶叶节、中国普洱茶叶节、福建武夷岩茶节、湖北英山茶叶节等。在许多不是茶叶主产区的地方为了满足人们的需要也相继举行了茶文化节、茶博览会，如山东济南的茶叶博览会。

4. 茶艺师职业的国家认证及培训学校的开设

随着茶文化活动的开展，茶艺表演成为不可缺少的一部分，茶艺师也成了一门职业。2000 年，国家劳动部修订、颁布的《中华人民共和国职业大典》已正式将茶艺师确认为一种职业，分为 5 级：初级茶艺师、中级茶艺师、高级茶艺师、茶艺技师、高级茶艺技师，其中高级茶艺技师属于高级职称。至今，劳动部在各地联合有关单位设立了茶艺师培训与考核的定点单位。如江西社会科学院职业技能鉴定站，已进行了几批全国高、中级茶艺师的评审，产生了较大的社会反响。目前，一些职业技术学校已经设立了茶艺专业，其中北京外事学校及江西南昌女子职业学校的茶艺专业已为茶馆、茶叶博物馆等单位输送了高质量的茶艺人才。

5. 茶文化书籍、影视的繁荣

茶文化蓬勃兴起还体现在茶文化书籍、影视的繁荣。自 20 世纪 80 年代以来，有关茶文化的书籍不断出版。内容涉及茶的历史、品茗艺术、茶与儒释道的关系、茶的文学艺术、茶具等方面。据不完全统计，近 20 年新出版的有关茶文化的专著较多。其次，还有数量众多的茶文化论文发表在报纸、期刊上面，在维普数据库中，键入"茶文化"三个字，就可搜索到 1 万余篇有关茶文化的论文（1989—2021 年）。专门的茶文化网站有七十多个。专门的茶文化刊物有杭州的《茶博览》、广州的《茶文化》、上海的《茶报》《农业考古》杂志的《中国茶文化专号》。在影视方面，中央电视台 1993 年就播出了 8 集专题片《中华茶文化》，随后王旭烽茶文化小说的《南方有嘉木》被改编为电视剧播出。以茶为题材的电视剧，《绿茶》《月香》《茶色飘香》《茶马古道》等都已相继拍摄上映。

（二）茶文化在当今社会的发展

1. 茶道、茶德精神的新发展

"茶道"二字最早出现于唐皎然和尚的诗中"孰知茶道全尔真，唯有丹丘得如此"。认为饮茶有道，古代的佛教徒在饮茶中静心自悟，体会茶禅一味的真谛。唐代日本僧人来中国留学，将佛门茶事学了回去，由于统治阶级对茶道的重视，因而，茶道在日本发展起来。1977年，谷川澈三先生在《茶道的美学》一书中，将茶道定义为：以身体动作作为媒介而演出的艺术。它包含了艺术的因素、社交因素、礼仪因素和修行因素等四个因素。久松真一先生则认为：茶道文化是以吃茶为契机的综合文化体系，它具有综合性、统一性、包容性。其中有艺术、道德、哲学、宗教以及文化的各个方面，其内核是禅。仓泽行洋先生则主张：茶道是以深远的哲理为思想背景，综合生活文化，是东方文化之精华。他还认为："道是通向彻悟人生之路，茶道是至心之路，又是心至茶之路。"滕军博士在《日本茶道文化概论》中也写道："茶道被称为是应用化了的哲学，艺术化了的生活"。在日本，茶道被提到很高的地位。我国茶人也对新时代茶道的内容进行了阐述，吴觉农先生在《茶经述评》中认为茶道是"把茶视为珍贵、高尚的饮料，饮茶是一种精神上的享受，是一种艺术，或是一种修身养性的手段"。庄晚芳先生认为："茶道就是一种通过饮茶的方式，对人们进行礼法教育、道德修养的一种仪式"。丁文先生专门撰文《中国茶道》，认为："茶道是一门以饮茶为内容的文化艺能，是茶事与传统文化的完美结合，是社交礼仪、修身养性和道德教化的手段。"陈香白先生提出了茶道的具体内容，认为茶道包括"七义一心"，"七义"包括"茶艺、茶德、茶礼、茶理、茶情、茶学说、茶导引"，"一心"即茶道的核心是"和"，完整系统地阐述了茶道的内涵。

"茶德"即为茶道精神，也有人认为是茶道的内涵。陆羽在《茶经》中认为茶最宜精行俭德之人，后来刘贞亮对茶德进行了概括，认为茶有十德。日本人认为茶道精神是"和、敬、清、寂"，"和"即强调主人对客人要和气，客人与茶事活动也要和谐。"敬"表示相互承认，相互尊重，并做到上下有别，有礼有节。"清"是要求人、茶具、环境都必须清洁、清爽、清楚，不能有丝毫的马虎。"寂"是指整个的茶事活动要安静、神情要庄重、主人与客人都是怀着严肃的态度，不苟言笑地完成整个茶事活动。韩国也提出了"和、敬、俭、真"的茶道精神。台湾学者提出茶道精神可用"清、敬、怡、真"概括。"清"是指"清洁""清廉""清静""清寂"。茶艺的真谛不仅要求事物外表之清，更需要心境清寂、宁静、明廉、知耻。"敬"是万物之本，敬乃尊重他人，对己谨慎。"怡"是欢乐怡悦。"真"是真理之真，真知之真。饮茶的真谛在于启发智慧与良知，启发诗人生活的淡泊明志、俭德行事并臻于真、善、美的境界。茶学大师庄晚芳先生认为茶德可以概括为"廉、美、和、敬"，并对这四字进行了解释，廉即廉俭育德，美为美真康乐，和即和诚处世，敬为敬爱为人。程启坤先生认为中国茶德是"理、敬、清、融"。茶界著名学者、上海茶叶学会理事长钱梁先生从茶的周而复始，尽情抽发出新芽的现象概括出更高层次的"茶人"应有的情操和精神风貌："默默无私的奉献精神，有博大的胸怀，为人类造福。"

2. 饮茶技艺——茶艺的创新与发展

饮茶讲究茶品、器具、火候、水质，因此需要经验和技术，而操作的过程技巧性很强，本身又是一门艺术，因此称为茶艺。在唐代，茶人已经很讲究饮茶的学问了。陆羽《茶经》六之饮写道："茶有九难，一曰造，二曰别，三曰器，四曰火，五曰水，六曰炙，七曰末，八曰煮，九曰饮"，认为品茶应善于鉴茗、品水、看火、辨器。从陕西法门寺出土的唐代宫廷茶具也证明了当时饮茶器具之多，对茶具精美、奢华的追求。到了宋代饮茶风气日盛，对茶艺的追求也更为精致。首先对茶品的追求达到了极致，当时制造的贡茶"龙团凤饼"对原料、工艺都很讲究，而且上面还要雕上龙凤图案。其次对茶技有很高的要求，当时斗茶之风盛行，分茶法要求在泡好的茶汤上面要幻化出各种图案来。欧阳修曾倡导品茶必须茶新、水甘、器洁，再加上天朗、客嘉五美具备方为品茶之真趣。明代由于散茶制造大为发展，饮茶方式也向清净、愉悦、闲适方向发展，朱权的《茶录》对此进行了描述，对饮茶之人、品茗环境、饮茶方法、饮茶礼仪进行了详尽的描绘。

在当代，一些社会学家和茶叶界人士对"茶艺"的概念进行了界定，台湾茶文化专家范增平先生在 1987 年对茶艺的概念进行了广狭义的解释，指出："广义的茶艺是研究茶叶的生产、制造、经营、饮用的方法和探讨茶业原理、原则，以达到物质和精神全面满足的学问。"而狭义的解说是："研究如何泡好一壶茶的技艺和如何享受一杯茶的艺术。"（《台湾茶文化论》，台湾碧山岩出版公司 1992 年出版）。另一台湾茶艺专家蔡荣章先生在 1992 年提出茶艺应是强调有形的动作部分，认为茶叶的冲泡过程不只是把茶叶的品质完美发挥的技能，本身也是一种发展个性的表演艺术（《现代茶艺》，台湾中视文化事业股份有限公司 1984 年出版）。王玲教授在《中国茶文化》（1992 年由中国书店正式出版）一书中写道："茶艺和茶道精神是茶文化的核心。我们这里说的'艺'是指制茶、烹茶、品茶等艺茶之术；我们这里所说的'道'是指艺茶过程中所贯彻的精神。"作家丁文在《中国茶道》（1992 年由陕西旅游出版社出版）一书中认为："茶艺是指制茶、烹茶、饮茶的技术，技术达到炉火纯青便成一门艺术。"陈香白先生认为："茶艺就是泡茶的技艺和品茶的艺术。其中又以泡茶的技艺为主体，因为只有泡好茶后才谈得上品茶。"著名茶文化专家陈文华先生也认为茶艺应是"专指泡茶的技艺和品茶的艺术而言，是茶道的载体，具有独立存在的价值。"

陈文华先生对当前社会上的茶艺表演进行了归类，认为目前国内茶艺表演分为三种类型：即传统茶艺、加工整理和仿古创新三大类型。传统茶艺是指在我国民间最流行的茶叶冲泡技艺，主要包括四川及北方地区的盖碗茶（以冲泡花茶为主，也有冲泡绿茶的）；其次是闽广港台地区的小壶小杯的功夫茶，专泡乌龙茶；再次是江浙地区的玻璃杯冲泡名优绿茶。加工整理型是指对民间自发状态的传统茶艺进行艺术化、规范化的整理，如"台湾功夫茶艺"就是对潮汕功夫茶艺的改良与提高。仿古创新型的茶艺，仿古类主要是根据文献和考古资料复原古人的品茗活动。创新类则是根据一定主题编创反映现实生活的茶艺活动，主要有江西的文士茶、福建的惠安女茶俗、湖南的洞庭茶俗、上海乔木森先生创制的"太极茶道"、杭州的"龙井问茶"等复古或创新的茶艺。安徽农业大学茶文化研究中心的丁以寿教授也对当前的茶艺进行了归类整理，认为根据中国饮茶历史以及习茶法，茶艺可分为煎茶茶艺、点茶茶艺、泡茶茶艺三大类，而根据泡茶的器具不同可归类为：工夫茶艺、壶泡茶艺、盖杯泡茶艺、玻璃杯泡茶艺、工夫法茶艺（指当代茶人借鉴茶具和泡法冲泡非青茶类的茶）五大类。也有人将现代茶艺分为两种类型，即为休闲型和表演型，休闲型茶艺主要在茶艺馆表演。表演型的茶艺又包括民族型、宫廷型、地方型、文士型、寺院型、少儿型、科普型。寇丹先生（曾任茶文化研究会名誉副会长）提出了"主题茶艺"的概念，认为自唐代以来的茶会、茶宴都是有主题的，茶艺的主题能体现人与茶结合的形式和内容，以及这种结合对人对社会产生的影响。

3. 茶馆文化的新发展

茶馆文化是指以茶馆为中心并向外延伸，围绕茶馆所进行的茶事活动和与之相关的文化娱乐活动，还包括在这些文化活动基础上形成的一系列民俗文化的内容。它的内涵已超越了茶馆和茶这些物质载体，不再是一个简单的集体饮茶场所，而是演变成一种新兴的精神和文化领域。

茶馆萌芽于唐代，当时的茶馆也不是真正意义上的茶馆，只是饭庄或旅店附带经营的项目。到了宋代，茶馆才成为独立经营的主体，而且也讲究茶馆环境的设计和茶馆文化氛围的酿造，人们开始追求文化层次上的享受。在元明清时期饮茶风俗深入民间，成为大众文化，茶馆不但讲究文化装饰和环境优美，还具有了社会功能，既为文人雅士提供叙谈、会旧、吟咏、品茗、赏景提供场所，也是富商洽谈生意之地，还是下层人民聚会、寻找工作、打探经济信息、民事评理的地方。此时，说唱艺术进入茶馆，既增加了茶馆的艺术氛围，也能吸引不少茶客。在旧中国时期和新中国成立初期，由于社会的变革，政治的动荡，茶馆的发展呈现多样性和复杂性的特点，这时茶馆陈设布置日趋讲究，且洋式风味逐渐渗透，茶馆里摆上了西式沙发，挂上了西洋油画。茶馆的社会性能也进一步扩大，人们聚在茶馆，在此，文化艺术审美活动范围延伸，许多文化人去茶馆喝茶。此后，茶馆的发展一度处于停滞状态，直到 20 世纪 70 年代末 80 年代初又得到复苏，在近二十年来茶馆文化得到长足的发展，不但摒弃了陈旧落后的内容，还融入了新时代的精神内涵。

当代我国最具有代表性的茶馆是开设在北京的老舍茶馆，它融大众化的大碗茶文化和多种传统民族艺术形式于一体，被誉为"民间艺术的橱窗"，具有独特的魅力。此后，上海、福建、湖南、浙江、江西等地都相继开设高品位的茶艺馆，既充分展示我国传统文化又具新时代的内涵，呈现新时代的特征：①当代茶馆也是以品茗为主，并结合饮食文化，但特别强调文化氛围，不但注重外表装潢，更注重内在文化韵味。置名家字画，陈列民俗工艺品古玩、精品茶具和珍贵茶叶，并提供完整的茶艺知识。②茶馆除了洽公谈商、以茶会友等社会功能外，还强调形成一个着重精神层面的文化交流中心。一些茶馆会举行有关传统文化的展览，还有一些会举办文学沙龙、邀请文化名人讲座等。③茶馆还强调社会责任，不仅以盈利为目的，而且还努力建设成为有益社会的高雅场所，成为倡导国饮、弘扬祖国茶文化的场所，为精神文明建设做出一份贡献。

（三）茶文化兴盛的原因

1. 社会文化热潮的兴起以及人们对传统文化的重视

党的十一届三中全会后，我国实行了改革开放的政策，由于自身社会经济和政治条件的变化，以及由于置身于开放的环境中面对外来文化的冲击，我国在 20 世纪 80 年代开始出现了一股文化研究、文化反思的热潮。在这次文化研讨中，出现了不同的学说与主张，主要有"全盘西化论""西体中用论""儒学兴盛论"和"综合创造论"等，前两种对西方文化持崇信态度，主张大力引进、学习西方文化以补中国文化之缺、之陋。而后两种观点认为为了建立民族本位上的现代化，应从传统文化资源中发掘出某些具有现代意义的因素，根据中国社会主义现代化建设的实际需要，发扬民族的主体意识，经过辩证的综合，创造出一种既有民族特色又充分体现时代精神的高度发达的社会主义新中国文化。进入 20 世纪 90 年代后，传统文化越来越受到人们的重视，并形成了寻找和弘扬传统文化、传统道德的"国学热"。学者们通过对传统文化的吸收与整体评价，以及对中西方文化进行对比，承认中国文化与西方文化的差别确实存在，但并不等于中国文化的基本精神逊色于西方，指出西方文化并非完美无缺，它有显赫的成就，也有致命的弊端，它在造福人类的同时也给世界带来严重灾难，其精神素质与效应显然都是二重的，应对其做两面观。肯定中国文化在经济全球化、文化多元化的情况下，能为解决现代社会和经济发展所带来的种种弊端问题起到重要作用。茶文化作为传统文化的一个表现方面，自然应运而兴盛起来了。

2. 现代生活对茶文化的客观需要

现代生活有如下特征：一是经济飞速发展，人们物质财富增加。科学技术的发展，使得社会财富极大地增加，近半个世纪以来，物质产品增长率通常保持在年递增两到三个百分点。我国自实行改革开放后，国民经济一直持续快速健康地发展，前几年的年平均经济增长率都保持在7%左右，人民生活总体上已达小康水平，城乡居民的收入稳步增长，如1978年我国城镇居民家庭人均收入只有343.3元/年，而到1998年我国城镇居民家庭人均收入已达到了5425元/年，增长了14.8倍，人们有了相对充足的可支配收入。二是人们闲暇时间的增多。由于生产力的发展，劳动生产率大大提高，人们的工作时间也相应缩短。特别是我国自1999年颁布了实行双休日的规定，此后长假的实行，人们的闲暇时间增多了，现每年约有1/3的法定休息时间（114天）。三是人们需求观念的改变。马斯洛关于人需求层次表明，人在满足了基本的生存需求、安全需求和尊重需求后，还有社会需求和自我实现的需要。当代人比以往任何一个时代更注重个人生活质量的提高，更重视精神方面的满足感。如以往人们对一块手表的功能只要求它有计时的功能，而现在可能更注重的是手表的装饰功能。物质生活的丰富、闲暇时间的增多以及自我实现的需要，使人们对文化生活产生了渴求，人们愿意把更多的时间与金钱用于旅游、看电影、听音乐会、健身等活动。茶文化作为一种雅俗共赏的文化，既能满足一些所谓社会精英的风雅感，也能使一些平民百姓找寻到生活的滋润，因而茶文化找到了生存的土壤。

3. 文化促销茶叶的需要

20世纪80年代后，茶叶市场处于不景气状态，于是，一些茶叶界人士提出茶叶促销必须发扬光大茶文化内涵，呼吁茶叶企业界将传统茶文化与促进茶叶贸易结合起来。如庄晚芳先生曾在成立不久的"茶人之家"的"茶事咨询会"提出开办"茶人之家"的目的是加强茶文化与茶叶经济的联系，以促进茶叶的销售。在台湾茶文化的发展也是由于当时台湾经济快速发展，茶叶生产成本上涨，效益下降，外销竞争力削弱，迫使台湾茶叶由外销主导型转为内销主导型。为了促进岛内茶叶消费，台湾掀起了茶文化热潮，当时兴建了全省性社团组织陆羽茶艺中心、中华国际无我茶会推广协会、泡茶师联会、中华茶艺联谊总会等，在一些地区也举办了茶友会、茶道教室等。这些社团组织都积极开展以茶文化为内涵，大力宣传茶的保健功效，通过品茶艺术表演和培训，普及茶文化来促进茶消费。

第三节 茶文化的对外传播

目前全球共有160多个国家、30亿左右的人口饮茶，茶叶生产国有60多个。茶叶主产国际中国外还有印度、斯里兰卡、肯尼亚、日本、印度尼西亚、土耳其等。这些国家的茶树种质资源、茶树栽培管理技术、茶叶加工技术都是直接或间接地从我国传入的。

一、茶文化的传播媒介

（一）通过来华的僧侣，将茶叶带往周边的国家和地区

茶叶传到朝鲜半岛和日本都是随着佛教的传播而传过去的，尤其是中国茶文化传播到日本是以这种方式。日本在唐宋时期多次派遣使者来到中国，这些使者中很多是僧人，回国后成为寺庙的住持，从而把中国的茶及茶文化带回了他们国家。

（二）在互派使节过程中，茶成为随带的礼品或用品

古代，茶叶是一种珍贵的物品，被皇帝认为是"赐名臣，留上客"的珍品，因此，在国家交往过程中，茶叶则成为使节随身携带的礼品或用品。如茶传到朝鲜半岛就是通过这样的途径，唐文宗曾将茶籽赐予遣唐使金氏，使节带回去后，将茶籽种植在本国。

（三）通过贸易往来输送到国外

中国是世界茶叶原产地，在早期，是世界茶叶消费的唯一来源。早在南北朝时期，中国的茶叶便通过贸易方式传到土耳其等国家，1947年出版的《茶叶产销》一书提到："5世纪后期，土耳其人至蒙古边境，以物易茶，首肇其端"。后来日本、朝鲜、南洋等周边国家也从中国进口茶叶，但数量还很有限。16世纪，中国茶传入西方。17世纪真正"冲出亚洲，走向世界"，茶叶贸易因而一跃具有世界意义，茶叶成为中西交流的重要商品。18世纪以后茶叶贸易占贸易主导地位，输出量迅速发展。通过贸易往来将中国茶输送到世界各国是中国茶及茶文化对外传播的一个重要媒介。

二、传播路线

1. 海路

中国茶文化对外传播的一条重要线路是海路，有一条"海上茶路"。明朝初期，中国航海事业有了很大发展，为中国茶的向外传播提供了有利条件。当时，航海家郑和率领船队下西洋，就把茶叶等物品带到了东南亚和非洲的一些国家。此后，欧洲一些国家的商船来到中国开展贸易，除了购买中国的丝绸、瓷器之外，还有大量的茶叶。譬如，1745年1月11日，瑞典商船"哥德堡一号"携带了茶叶、瓷器、丝绸等700多吨重的物品，从广州起航回国，但不幸在返航过程中船头触礁沉没，事后人们从沉船上捞起了30吨茶叶、80匹丝绸和大量瓷器。外国商船通过宁波、广州、厦门、澳门等港口城市把中国茶运往东南亚、欧洲、美洲各国及澳大利亚，成为中国茶及茶文化对外传播的重要通道。

2. 陆路

通过陆路，中国的茶叶及饮茶文化传播到周边接壤的一些国家，如印度、缅甸、尼泊尔、俄罗斯等。其中著名的"丝绸之路"和"茶马古道"就承担着中国茶及茶文化对外传播的功能。以"茶马古道"为例，"茶马古道"分为"川藏道"和"滇藏道"，将云南普洱、四川雅安的藏茶转运到西藏，再通过西藏把中国的茶叶运销到周边的印度、缅甸、尼泊尔等国家。

三、传播历程

1. 茶入朝鲜半岛

公元4世纪末5世纪初，佛教由中国传入高丽国，茶叶亦随之传入朝鲜半岛。到公元12世纪，高丽国的松应寺和宝林寺等寺院大力倡导饮茶，饮茶风气遍及民间。

唐代，朝鲜半岛已开始种茶。《东国通鉴》"新罗（国）兴德王之时，遣唐大使金氏，蒙唐文宗赐予茶籽，始种于金罗道之智异山"。

2. 茶向日本的传播

中国茶及茶文化传入日本，主要是以浙江为通道，并以佛教传播为途径而实现的。浙江名刹大寺有天台山国清寺、天目山径山寺、宁波阿育王寺等。浙江地处东南沿海，是唐、宋、元各代重要的进出口岸。自唐至元代，日本使者和学问僧络绎不绝，来到浙江各佛教圣地修行求学，回国时，不但带去了茶的种植知识、煮泡技艺，还带去了中国传统的茶道精神，使茶道在日本发扬光大，并形成具有日本民族特色的艺术形式和精神内涵。据《日中文化交流史》统计，唐贞观四年（公元 630 年）—唐乾宁元年（公元 894 年），日本前后共任命过 19 次遣唐使，这些人物代表着国家形象，均通晓经史，长于文艺，或有一技之长，对唐代文化有着非常敏锐的洞察力和移植力。与茶文化传播有着较为直接关系的是都永忠和最澄两位高僧。都永忠曾在唐朝生活了 20 多年，最澄也在中国生活了一年左右。他们把茶种引入日本的同时，将茶饮引入了宫廷，得到了天皇的重视，深受日本皇室宠爱，并逐渐向民间传播。南宋时期，荣西和尚（1168 年，1187 年）曾两次来华留学，回国时带去很多茶籽，并在寺院中广为种植，大力宣传禅教和茶饮，并于公元 1211 年撰成了《吃茶养生记》一书，被誉为日本的陆羽。《吃茶养生记》中描写了茶的益人之处，称茶是"养生之仙茶、延龄之妙术"，并认为茶是"健心"之特殊茶。日本茶道中常用到的"天目茶碗"产于福建省泉州府德化县建安窑，主要特点是色彩沉着而调和，很适用于丛林寺院。由于日本僧人在天目山地区的径山寺、昭明寺等著名名刹延续修业近 20 年，而这些寺院中供奉之茶所用的茶碗均为这种茶碗，所以被称为"天目茶碗"。传至日本的主要有"曜变天目""油滴天目""禾天目"等名品。后来，日本的仿制品也冠以天目之名。如"濑户天目""白天目""黄天目""信乐天目""丹波天目"等。

3. 茶叶西传欧洲

16 世纪，葡萄牙人从中国带回茶叶，始传欧洲。葡萄牙公主凯瑟琳嗜好饮茶，1662 年嫁给英王查理二世，提倡王室饮茶，带动全国饮茶之风。1669 年英国的东印度公司首次派船到广东进口茶叶。此后的两个世纪，英国政府便把亚洲贸易重点放在进口中国茶叶上。后来还将茶叶转运至美洲殖民地，又运销到德意志、法国、瑞典、丹麦、西班牙、匈牙利等地，使饮茶之风席卷欧洲，还风行美国。

4. 茶叶传入美洲

英国人为获取暴利，在美大肆推广饮茶，1773 年，波士顿人民为抑制英国强行倾销东印度公司积存的滞销茶叶，发动了著名的"波士顿倾茶事件"。1783 年美利坚合众国正式宣告成立。1784 年美国的"中国皇后号"货船从纽约直航中国广州，顺利销完全部货物后，购入中国丝绸、瓷器与茶叶（茶叶金额占其回程货物总额的 92.10%）回国。到岸后一销而空，从此中国茶叶大量输入美国。

5. 茶叶北传俄罗斯

17 世纪初（1618），俄国使团从中国带回几箱茶叶赠送给俄国沙皇，茶叶始传俄国。1883 年后，俄罗斯派人多次引进中国茶籽，试图栽培茶树，1884 年，索洛沃佐夫从汉口运去茶苗 12000 株和成箱的茶籽，在俄查瓦克-巴统附近开辟一小茶园，从事茶树栽培和制茶。1888 年，俄国人波波夫来华，从宁波聘去了以刘峻周为首的茶技工 10 名，同时购买了不少茶籽和茶苗。

6. 茶叶南传印度

1780 年，印度首次引种中国茶籽。1834 年成立植茶问题委员会，派遣委员会秘书哥登到我国购买茶籽和茶苗，并访求栽茶和制茶的专家，带回茶籽栽植于大吉岭。1836 年哥登带去我国茶工，在阿萨姆的 C. A. Brace 厂中，按照我国制法试制样茶成功。

7. 传入印度尼西亚

1827 年由爪哇华侨第一次试制样茶成功，遂派荷属东印度公司的茶师杰克逊来我国学习研究，前后共计 6 次，在 1832 年杰克逊第 5 次来中国时，从广州带回制茶工人 12 名及各种制茶器具，传授制茶技术，1833 年爪哇茶面市。1858 年在巴达维亚设立制茶厂，1878 年改用机械制茶，提高品质。1894 年由我国茶工制成第一批苏门答腊茶。

8. 传入斯里兰卡

1824 年首次由荷兰人从中国输入茶籽试种，1839 年又从印度阿萨姆引种种植，1841 年再次从中国引入茶苗，并聘用技术工人，1867 年开始生产商品。

第三章
茶叶基础知识

中国是茶的故乡，茶的原产地，拥有辽阔的产茶区域、众多的茶树品种、丰富的采制经验，生产出了丰富多彩的茶叶产品。我国茶叶产品不仅有绿茶、黄茶、黑茶、红茶、白茶、青茶六大基本茶类，还有花茶、紧压茶等再加工茶品，茶饮料、速溶茶等则是茶叶深加工产品。琳琅满目的茶品中，一些茶由于生长在优越的自然条件下和精湛的采摘工艺及丰富的历史文化底蕴而成为知名度甚高的名茶，认识和了解这些茶叶产品是学茶者的基本功，此外，还需掌握科学合理的茶叶贮藏方式及相关的茶叶鉴别能力。

第一节　茶叶的命名及分类

一、茶叶的命名

中国茶类之齐全，茶叶品种之繁多，是世界上任何一个产茶国都无法相比的。茶叶的名称是根据什么命名的呢？名茶源于贡茶，起初并无茶名。到了唐代，陆羽在《茶经》中把茶叶分为"上、次、下、又下"四个等级，也尚无茶名。给茶命名，无从考证是否始于唐代，但唐人却匠心独运，视命名为艺术，赋予一定文化色彩。

唐代茶的命名主要有三种基本方式：一是以地名之，如著名的蒙顶茶，产于四川雅安蒙顶山，峨眉茶产于四川峨眉山，其他如青城山茶、武陵茶、泸溪茶、寿阳茶、径山茶、天竺茶、岭南茶、溪山茶等；二是以形名之，如著名的仙人掌茶，其形如仙人掌，产于荆州当阳（今湖北当阳）。其他如产于四川雅安蒙顶山的石花茶，蜀州（今崇州市）、眉州（今眉山市）产的蝉翼，蜀州产的片甲、麦颗、鸟嘴、横牙、雀舌，产于衡州（今衡阳市）的月团，产于潭州、邵州（今邵阳市）的薄片，产于吴地的金饼等；三是以形色名之，如著名的紫笋茶，色近紫，形如笋。其他如产于鄂州的团黄，产于蒙顶山的鹰嘴芽白茶，产于岳州（今岳阳市）的黄翎毛等。其他命名法，如蒙顶研膏茶、压膏露芽，压膏谷芽，包含着地名、外形和制作特点。瑞草魁、明月、雷鸣、瀑布仙茗其名富诗意。西山寺炒青以地名和最新制茶工艺名命。

而现今我国茶叶的花色品种已达上千种之多。在浩如烟海的茶叶品类中，它们又是如何命名的呢？依据也各不相同，有以形状命名的，如银针、松针、珠茶、雀舌；有以不同内质命名的，如黄芽、黄汤、舒城兰花、安溪香橼、江华苦茶；有以不同地名命名的，如西湖龙井、信阳毛尖；有以不同品种命名的，如以青茶类茶名为多，大红袍、铁观音、水仙；有以季节命名的，如春、夏、秋茶，明前茶、雨前茶；有以人名命名的，如熙春、大方；有以制法命名的，如烘青、炒青、速溶茶；有以销路命名的，如外销茶、内销茶、边销茶、侨销茶。

二、茶叶的分类

中国茶叶一般分为初加工茶、再加工茶和精加工茶。按照加工工艺及酚类物质氧化程度划分，主要有绿茶、黄茶、白茶、青茶（乌龙茶）、红茶、黑茶六大类。

1. 六大基本茶类

（1）绿茶

基本工艺：鲜叶——摊放——杀青——揉捻——干燥。

绿茶是鲜叶采摘后摊放在干净的器具上，当鲜叶含水量达到68％～70％时叶质变软、发出清香时，即可经高温（锅炒或蒸汽）杀青，揉捻后炒干或烘干或炒干加烘干加工而成。在绿茶加工过程中，由于高温湿热作用，破坏了茶叶中的酶的活性，阻止了茶叶中的主要成分——多酚类的酶促氧化，较多地保留了茶鲜叶中原有的各种化学成分，保持了"清汤绿叶"的品质风格。在一般情况下，绿茶的品质在杀青工序中已基本形成，以后的工序只不过在杀青的基础上进行造型、蒸发水分、发展香气。因此，杀青工序是绿茶品质形成的基础。绿茶的品质特征是清汤、绿叶，俗称三绿——干茶绿、茶汤绿、叶底绿。在内质上要求香气高爽、滋味鲜醇。但不同的花色品种，品质上仍有各自特色。产品代表有西湖龙井、碧螺春、安化松针、泰山绿茶、日照绿茶、安吉白茶等。

绿茶根据杀青和干燥方法的不同，可分为蒸青绿茶、炒青绿茶、烘青绿茶、晒青绿茶。

① 蒸青绿茶　唐代出现的蒸青散茶至今仍在不少地方保留着类似的制法。如湖北恩施玉露茶等。如日本生产的玉露茶、煎茶以及茶道惯用的"抹茶"等都是蒸青茶。蒸青茶的品质特点是：干茶呈棍棒形，色泽绿，茶汤浅绿明亮，叶底青绿，香气鲜爽，滋味醇和清鲜。

蒸青绿茶的制作工艺流程：鲜叶——摊放——蒸汽杀青——粗揉——中揉——精揉——干燥。

② 炒青绿茶　起始于明代。因成品的外形不同又分为：a. 长炒青。如江西婺源的婺绿炒青，安徽屯溪、休宁的屯绿炒青，浙江淳安、遂昌的遂绿炒青等。精制加工后的产品统称眉茶，主要作为外销。b. 圆炒青绿茶，即珠茶，是浙江特产。特点是外形浑圆紧结，香高味浓耐冲泡，主销西北非国家。c. 扁炒青绿茶。如龙井、大方等。产于浙江、安徽等省；d. 卷曲炒青绿茶。如碧螺春等。炒青类绿茶外形色泽绿润，呈条、圆、扁或卷曲。要求紧结匀整。内质栗香居多，也有清香型。要求香气持久、滋味浓醇爽口、汤色绿亮、叶底黄绿明亮。

炒青绿茶基本工艺：鲜叶——摊放——杀青——揉捻——炒干。

③ 烘青绿茶　通常直接饮用不多，常用作窨制花茶的茶坯。另外，也有一些采摘细嫩芽叶制成毛峰茶，如黄山毛峰、太平猴魁、华顶云雾、永川秀芽等，都属于此类。它的品质特点一般是条索细紧完整，显峰毫；色泽深绿油润，细嫩者茸毛特多；香气清香，滋味鲜醇；汤色清澈明亮；叶底匀整，嫩绿明亮。

烘青绿茶的基本制法：鲜叶——摊放——杀青——揉捻造型——烘干。

④ 晒青绿茶　主产于云南、四川、湖北、广西、陕西等省、自治区。除部分作散形茶饮用外，大部分晒青茶原料粗老，含芽、叶、梗，多用于制紧压茶，如青砖、康砖、沱茶等。晒青绿茶中，质量以云南大叶种所制的滇青为最好。滇青茶的品质特点：外形条索粗壮

肥硕，白毫显露，色泽深绿油润，香味浓醇，富有收敛性，耐冲泡，汤色黄绿明亮，叶底肥厚。

晒青绿茶（以滇青为例）制法：杀青——揉捻——晒干。

（2）黄茶

基本工艺：鲜叶——摊放——杀青——揉捻——闷黄——干燥。

黄茶也是中国特色茶类，属于轻微发酵茶。根据鲜叶原料和产品特性有芽型茶、芽叶型茶与大叶型茶之分。黄茶产于安徽霍山、四川蒙顶山、湖南岳阳、浙江莫干山等地。黄茶在绿茶加工工艺中加上"闷黄"的工序，形成"黄汤黄叶"的品质。黄茶共同的品质特点：黄汤黄叶，香气清悦，滋味醇厚。产品代表：君山银针、蒙顶黄芽、霍山黄芽。

（3）黑茶

基本工艺：鲜叶——摊放——杀青——揉捻——渥堆——干燥。

黑茶也是中国特色茶类，是一种后发酵茶。黑茶产制历史悠久，四川在11世纪时就用绿毛茶做色制成黑茶销往西非。现在黑茶产地有湖南的安化、新化、桃园、常德、汉寿、益阳、宁乡，湖北的咸宁、蒲圻、通山，四川的都江堰、彭县、崇州、汶川、安县、绵阳、北川，云南的凤庆、勐库、景东、景春、昌宁、临沧和下关以及广西苍梧等地。

黑茶一般原料成熟度高，分为散茶和紧压茶2类。散叶茶有天尖、贡尖、生尖和普洱散茶、六堡茶等；紧压茶是黑毛茶的再加工产品，有花卷、茯砖、黑砖、青砖、沱茶、七子饼茶等。黑毛茶的品质特点一般是色泽乌黑油润；滋味醇厚，香气持久；汤色黄褐或橙黄；条索粗卷欠紧结。产品代表：湖南安化黑茶、广西六堡茶、云南普洱茶。

（4）白茶

基本工艺：鲜叶——萎凋——干燥。

白茶也是中国特色茶类，产于中国的福建省，属于微发酵茶。最早是福建省的福鼎于1885年生产的银针。生产白牡丹的是福建省建阳的水吉。根据其鲜叶的采摘嫩度不同可分为芽茶和叶茶，共有4个花色品种。单芽制成称白毫银针，叶片制成称寿眉或贡眉，芽叶不分离的称白牡丹。白茶的品质特征以白牡丹为代表，外形芽叶连枝，叶态自然，叶背垂卷。两叶合抱心，绿叶夹银芽，形似牡丹花朵。由于白牡丹的芽呈银白色而芽毫显露，叶面是灰绿色，叶背满披白毫，故以"青天白地"来形容；白牡丹的外形要求芽叶完整连枝、肥壮，叶面波纹隆起；内质香气清鲜，毫香显，滋味鲜醇；汤色杏黄，清澈明亮；叶底嫩绿或淡绿，叶脉微红。

（5）红茶

基本工艺：鲜叶——萎凋——揉捻——发酵——干燥。

红茶属于全发酵茶类，是世界上生产和贸易的主要茶类。红茶的加工方法是在初制时，鲜叶先经萎凋，减重15％～20％，增强酶活性，然后再经揉捻或揉切、发酵和烘干，形成红茶红汤红叶、香味甜醇的品质特征。红茶有小种红茶、工夫红茶、红碎茶之分。产品代表：祁门工夫红茶、滇红、金骏眉、红碎茶。

① 小种红茶　是福建省特有的一种条形红茶，是红茶历史上最早出现的一个茶类，因制法特殊，在萎凋时用松木烟熏，烘干时采用松柴明火烘干，因此成茶具有松烟香味。著名的小种红茶有正山小种、外山小种和烟小种。正山小种产于福建武夷山桐木关、星村；外山小种产于武夷山以外的福建省坦洋、政和、屏南、古田等地；烟小种为工夫红茶的粗老茶，经烟熏加工而成。正山小种红茶的品质特征：外形叶色乌黑，条索紧直粗壮；内质香气高，微带松烟香；汤色红浓，滋味浓而爽口，甘醇，似桂圆汤味。源自于武夷山桐木关的正山小种为中国红芽的鼻祖，发展至今，产区内以无烟的小种红茶为主，有烟的占量稀少。

正山小种红茶的制法：鲜叶——萎凋（烟薰）——揉捻——发酵——烟焙。

② 工夫红茶　工夫红茶是细紧条形红茶，是中国传统出口红茶类，远销欧洲多个国家和地区。著名的工夫红茶有安徽的祁红、云南的滇红、广东的英红、福建的闽红、江西的宁红、湖北的宜红等。工夫红茶原料细嫩，制工精细，外形条索细嫩紧直、匀齐，色泽乌润，香气馥郁，滋味醇和而甘浓，汤色叶底红艳而明亮，具有形、质兼优的品质特征。

工夫红茶的制法：鲜叶——萎凋——揉捻成条——发酵——烘干。

③ 红碎茶　在加工时经切碎而制成颗粒形的红茶。印度、斯里兰卡主产这种茶叶，中国是 20 世纪 60 年代以后才大量生产，是国际市场上的主产品。红碎茶冲泡时茶汁浸出快、浸出量大，适宜于一次性冲泡加糖加奶饮用，是国际上"袋泡茶"的主要原料。

红碎茶按外形形状可分为叶茶（OP、FOP）、碎茶（FBOP、BOP）、片茶（BOPF、F）和末茶（D）4 大花色。红碎茶的品质特点：叶色乌润（红而不枯），汤色红亮，滋味浓、强、鲜。大叶种产区的红碎茶，一般干茶成品壮实，紧结匀齐显毫，汤色红艳，香气鲜浓，叶底红亮，滋味浓强，富刺激性。中小叶种茶区的红碎茶，干茶成品香气清香，滋味尚浓爽，但浓强度较差。

红碎茶的基本制法：鲜叶——萎凋——揉切——发酵——烘干。

（6）乌龙茶

基本工艺：鲜叶——萎凋——晒青——做青（晾青和摇青）——杀青——揉捻——干燥。

乌龙茶亦称青茶，属于半发酵茶类，其品质特征的形成与它选择特殊的茶树品种（如水仙、铁观音、肉桂、黄旦、梅占等）、特殊的采摘标准和特殊的初制工艺有关。乌龙茶的加工结合了红、绿茶加工的优点，经过机械力的作用，使叶缘组织遭受摩擦，破坏叶细胞，使多酚类物质发生酶促氧化缩合，生成茶黄素（橙黄色）和茶红素（棕红色）等物质，而叶子中心细胞保持完整，叶色不变，形成绿叶红边的特征，而且散发出特殊的芬芳香味，形成了独特的优良风格。

乌龙茶成品外形紧结重实，干茶色泽青褐，香气馥郁，有天然花香味；汤色金黄或橙黄，清澈明亮，滋味醇厚，鲜爽回甘。高级乌龙茶具有特殊的韵味，如武夷岩茶具有"岩韵"、铁观音具有"音韵"、台湾冻顶乌龙具有"风韵"等品质风格。

乌龙茶是中国的特色茶类，根据其产地的不同可分为闽南乌龙、闽北乌龙、广东乌龙和台式（湾）乌龙。产品代表：产于福建安溪一带的闽南乌龙有铁观音、色种、奇兰、黄金桂、毛蟹之分；产于福建武夷山一带的闽北乌龙，按品种有水仙、肉桂、奇种、武夷名枞之分。名枞有大红袍、铁罗汉、白鸡冠、水金龟等。按产地有正岩茶、半岩茶、洲茶之分；产于广东潮州一带的广东乌龙有凤凰水仙、凤凰单丛（黄枝香、芝兰香、透天香、桃仁香等）、岭头单丛、白叶工夫之分；台湾生产的台湾乌龙有文山包种、冻顶乌龙、白毫乌龙等。

乌龙茶的加工工艺：鲜叶——晒青——做青——杀青——揉捻——烘焙——毛茶。

2.再加工茶类

（1）花茶

花茶是精加工的茶叶，配以香花窨制而成，既保持了纯正的茶香，又兼备鲜花的馥郁香气。花茶的种类很多，依所用鲜花种类不同，可分为茉莉花茶、白兰花茶、珠兰花茶、玳玳花茶、玫瑰花茶等，其中茉莉花茶是各类花茶之冠。茉莉花茶是将茶叶与茉莉鲜花拼在一起，让茶叶吸收茉莉鲜花释放出的香气而加工成的茶叶。高级花茶窨制时的下花量最多，分窨次完成窨花。一般三级以上的中高档茶叶采用多次窨制，如特级采用三窨一提；银毫与特种茉莉花茶一般采用四窨以上，如四窨一提、五窨一提、六窨一提的制法。三级以下的中低档茶叶采用一窨一提、半窨一提或一压一提的制法。

茉莉花茶窨制工艺：茶坯与鲜花处理——窨花拌和——静置窨花——通花——收堆续窨——起花——烘焙——冷却——转窨或提花——匀堆装箱。

（2）紧压茶

以黑毛茶、老青茶、做庄茶及其他适合制毛茶为原料，经过渥堆、蒸、压等典型工艺过程加工而成的砖形或其他形状的茶叶。紧压茶的多数品种比较粗老，干茶色泽黑褐，汤色橙黄或橙红。在少数民族地区非常流行。紧压茶有防潮性能好，便于运输和储藏，茶味醇厚，适合减肥等特点。主要有以下种类。

砖形：黑砖、青砖、茯砖、花砖等；

圆饼形：云南七子饼茶等；

枕形：康砖、金尖等；

篓装：广西六堡茶、湘尖茶等。

3. 深加工茶

（1）茶饮料

茶饮料是指用水浸泡茶叶，经抽提、过滤、澄清等工艺制成的茶汤或在茶汤中加入水、糖液、酸味剂、食用香精、果汁或植（谷）物抽提液等调制加工而成的制品。主要有以下种类：固态茶饮料（速溶茶）和液态茶饮料（纯茶型、碳酸型、调味型）。

茶饮料基本工艺：茶叶——水提取——去渣茶汁——过滤——澄清——配料——匀汁——装罐——灭菌。

（2）茶叶食品

在传统食品中以茶或茶提取液为辅料，通过渗入或添加等方式，按食品加工技术加工而成。包括多类含茶的固体食品（如茶叶饼干、茶叶糖果、茶叶面包和茶叶糕点等）、茶肴，以及各种茶为主或含茶的多种液体饮料（如红茶、绿茶、乌龙茶饮料，冰茶、茶叶汽水和茶酒等）。产品代表：茶叶糖果、茶叶果冻、茶叶饼干、茶叶面条。

（3）茶叶功能型产品

以化学或生物化学方法，从茶叶中分离和纯化抽提出特效成分的加工产品。产品代表：茶多酚、儿茶素、茶皂素、茶籽油、茶色素、生物碱、黄酮类、茶多糖。

（4）保健茶

以茶为主料，配以各种中草药、营养果品等，加工成具有各种功能的保健饮料。中国保健茶是以绿茶、红茶或乌龙茶、花草茶为主要原料，配以确有疗效的单味或复方中药制成；也有用中药煎汁喷在茶叶上干燥而成；或者药液茶液浓缩干燥而成。外形颗粒状，易于沸水速溶。中国保健茶与外国药茶不同，后者是以草药为原料，不含茶叶，只借用"茶"这个名称。中国保健茶有降低血脂、胆固醇的功效，对肥胖病、糖尿病、高血压、冠心病等患者，是一种辅助的保健饮料，多用袋包装，也有罐装或盒装。产品代表：复合苦丁茶。

第二节　中国名茶

中国茶叶历史悠久，从历史贡茶发展至今，全国21个产茶省、自治区、直辖市生产的茶叶，花色品类达千种以上，形成了一系列的名茶。由于其具有独特的色、香、味、形等风格，品质优异，受到了社会的广泛认可，具有较高的经济价值。

1. 名优茶

定义：名茶和优质茶的统称。

名茶与优质茶之间的关系：名茶是优质茶，但优质茶不一定是名茶。

（1）名茶

名茶是指有一定知名度的优质茶，通常具有独特的外形和优异的色香味品质。主要有历史名茶、恢复历史名茶和新创名茶之分。历史名茶有一定的历史渊源或一定的人文背景，有的甚至于有一段美丽动人的历史故事或传说。如历代贡茶，四川蒙顶茶是唐代贡品茶，福建武夷山的北苑茶、武夷茶是宋代贡茶。恢复历史名茶是指历史上有过这类名茶，后来未能持续生产或已失传，经过研究创新，恢复原有的茶名。如涌溪火青、蒙顶甘露、径山茶等。新创名茶是在名优茶评比中获得奖项的优质茶，如南京雨花茶、都匀毛尖、午子仙毫等。

（2）优质茶

优质茶指茶叶品质优良、稳定，符合规定标准的茶叶。

2. 中国十大名茶

关于"中国十大名茶"，其说法和提法极不统一。比较有权威性的是根据1982年全国名茶评比结果的提法。

绿茶（6种）：西湖龙井、洞庭碧螺春、黄山毛峰、六安瓜片、信阳毛尖、都匀毛尖；

黄茶（1种）：君山银针；

青茶（2种）：安溪铁观音、武夷岩茶；

红茶（1种）：祁门红茶。

（1）西湖龙井

产地：西湖龙井茶的原产地主要在西湖区，东起虎跑、茅家埠，西至杨府庙、龙门坎、何家村，南起礼井、浮山，北至老东岳、金鱼井，约168平方公里范围内。西湖龙井分一级产区和二级产区，一级产区包括传统的"狮（峰）、龙（井）、云（栖）、虎（跑）、梅（家坞）"五大核心产区。"狮"字号为龙井狮峰一带所产，"龙"字号为龙井、翁家山一带所产，"云"字号为云栖、五云山一带所产，"虎"字号为虎跑一带所产，"梅"字号为梅家坞一带所产；二级产区是除了一级产区外西湖区所产的龙井。

品质特点：西湖龙井茶以"色绿、香郁、味甘、形美"闻名于世外，其制工精细、外形扁平光滑、色泽嫩绿鲜润、香气清馨持久，滋味甘鲜清口。按外形和内质的优次分作精品、特级、1～3级。特级西湖龙井外形扁平光滑，苗锋尖削，芽长于叶，色泽嫩绿，体表无茸毛；汤色嫩绿（黄）明亮；清香或嫩栗香，但有部分茶带高火香；滋味清爽或浓醇；叶底嫩绿，尚完整。其余各级龙井茶随着级别的下降，外形色泽由嫩绿──→青绿──→深绿，茶身由小到大，茶条由光滑至粗糙；香气由嫩爽转向浓粗（表3-2-1）。

鉴别方法：茶叶为扁形，叶细嫩，条形整齐，宽度一致，为绿黄色，手感光滑，一芽一叶或二叶；芽长于叶，一般长3厘米以下，芽叶均匀成朵，不带夹蒂、碎片，小巧玲珑。龙井茶味道清香，假冒龙井茶则多是青草味，夹蒂较多，手感不光滑。

表 3-2-1　西湖龙井茶感官指标

项目		要求				
		精品	特级	一级	二级	三级
外观	扁平	扁平光滑、挺秀尖削	扁平光润、挺直尖削	扁平光润、挺直	扁平挺直、尚光滑	扁平、尚光滑尚挺直
	色泽	嫩绿鲜润	嫩绿鲜润	嫩绿尚鲜润	绿润	尚绿润
	整碎	匀整重实、芽峰显露	匀整重实	匀整有峰	匀整	尚匀整
	净度	匀齐洁净	匀净	洁净	尚洁净	尚洁净
内质	香气	嫩香馥郁	清香持久	清高尚持久	清香	尚清香
	滋味	鲜醇甘爽	鲜醇甘爽	鲜醇爽口	尚鲜	尚醇
	汤色	嫩绿鲜亮、清澈	嫩绿明亮、清澈	嫩绿明亮	绿明亮	尚绿明亮
	叶底	幼嫩成朵、匀齐、嫩绿鲜亮	芽叶细嫩成朵,匀齐,嫩绿明亮	细嫩成朵,嫩绿明亮	尚细嫩成朵,绿明亮	尚成朵,有嫩单片,浅绿尚明亮
其他要求		无霉变,无劣变,无污染,无异味				
		产品洁净,不得着色,不得夹杂非茶类物质				

十八棵御茶树的传说：相传乾隆皇帝下江南时，来到杭州龙井狮峰山下，看乡女采茶，以示体察民情。这天乾隆皇帝看见几个乡女正在十多棵绿茵茵的茶树前采茶，心中一乐，也学着采了起来。刚采了一把，忽然太监来报："太后有病，请皇上急速回京。"乾隆皇帝听说太后娘娘有病，随手将一把茶叶向口袋内一放，日夜兼程赶回京城。其实太后只因山珍海味吃多了，一时肝火上升，双眼红肿，胃里不适，并没有大病。此时见皇儿来到，只觉一股清香传来，便问带来什么好东西。皇帝也觉得奇怪，哪来的清香呢？他随手一摸，啊，原来是杭州狮峰山的一把茶叶，几天过后已经干了，浓郁的香气就是它散出来了。太后便想尝尝茶叶的味道，宫女将茶泡好，茶送到太后面前，果然清香扑鼻，太后喝了一口，双眼顿时舒适多了，喝完了茶，红肿消了，胃不胀了。太后高兴地说："杭州龙井的茶叶，真是灵丹妙药。"乾隆皇帝见太后这么高兴，立即传令下去，将杭州龙井狮峰山下胡公庙前那十八棵茶树封为御茶，每年采摘新茶，专门进贡太后。至今，杭州龙井村胡公庙前还保存着这十八棵御茶，到杭州的旅游者中有不少还专程去察访一番，拍照留念。

（2）碧螺春

产地：碧螺春产于江苏省苏州市吴县太湖的东洞庭山及西洞庭山（今苏州吴中区）一带，所以又称"洞庭碧螺春"。唐朝时就被列为贡品，故人们又称碧螺春为"功夫茶""新血茶"。2002 年经国家质量监督检验总局批准，获得原产地域标志产品保护。

品质特点：洞庭碧螺春产区是中国著名的茶、果间作区。茶树和桃、李、杏、梅、柿、橘、银杏、石榴等果木交错种植。茶树、果树枝丫相连，根脉相通，茶吸果香，花窨茶味，令碧螺春茶独具天然茶香果味，品质优异。高级的碧螺春，0.5 千克干茶需要茶芽 6 万～7 万个，炒成后的干茶茶外形卷曲如螺，茸毫满披，银绿隐翠，香气清香文雅，滋味浓郁甘醇鲜爽，回味绵长，有"形美、色艳、香高、味醇"的特点。此茶冲泡后杯中白云翻滚，清香袭人。洞庭碧螺春的国家标准碧螺春茶分为五级：分别为特一级、特二级、一级、二级、三级。炒制锅温、投叶量、用力程度，随级别降低而增加。即级别低锅温高，投叶量多，做形时用力较重。上等的碧螺春银白隐翠，条索细长，卷曲成螺，身披白毫，冲泡后汤色碧绿清澈，香气浓郁，滋味鲜醇甘厚，回甘持久。伪劣的碧螺春则颜色发黑，披绿毫，暗淡无光，冲泡后无香味，汤色黄暗如同隔夜陈茶。

碧螺春原料特点：一是摘得早，二是采得嫩，三是拣得净。每年春分前后开采，谷雨前后结束，以春分至清明采制的明前茶品质最为名贵。通常采芽叶初展，芽长1.6～2.0厘米的原料，叶形卷如雀舌，称之为"雀舌"。一般过了4月20日的茶叶，当地人就不叫碧螺春了，而叫炒青。细嫩的芽叶，含有丰富的氨基酸和茶多酚。优越的环境条件，加之优质的鲜叶原料，为碧螺春品质的形成提供了物质基础。

鉴别方法：碧螺春茶银芽显露，一芽一叶，茶叶总长度为1.5厘米，每500克有6万～7万个芽头，芽为白毫卷曲形，叶为卷曲青绿色，叶底幼嫩，均匀明亮。假的为一芽二叶，芽叶长度不齐，呈黄色。

碧螺春的传说：相传很早以前，西洞庭山上住着一位名叫碧螺的姑娘，东洞庭山上住着的一个名叫阿祥的小伙子，两人心里深深相爱着。有一年，太湖中出现一条凶恶残暴的恶龙，扬言要碧螺姑娘，阿祥决心与恶龙决一死战，一天晚上，阿祥操起渔叉，潜到西洞庭山同恶龙搏斗，直到斗了七天七夜，双方都筋疲力尽了，阿祥昏倒在血泊中。碧螺姑娘为了报答阿祥的救命之恩，她亲自照料阿祥，可是阿祥的伤势一天天恶化。一天，碧螺姑娘找草药来到了阿祥与恶龙搏斗的地方，忽然看到一棵小茶树长得特别好，心想：这可是阿祥与恶龙搏斗的见证，应该把它培育好，至清明前后，小茶树长出了嫩绿的芽叶，碧螺采摘了一把嫩梢，回家泡给阿祥喝。说也奇怪，阿祥喝了这茶，病居然一天天好起来了。阿祥得救了，姑娘心上沉重的石头也落了地。就在两人陶醉在爱情的幸福之中时，碧螺的身体再也支撑不住，她倒在阿祥怀里，再也睁不开双眼了。阿祥悲痛欲绝，就把姑娘埋葬在洞庭山的茶树旁。从此，他努力培育茶树，采制名茶。为了纪念碧螺姑娘，人们就把这种名贵茶叶取名为"碧螺春"。

康熙皇帝赐名"碧螺春"：清康熙三十八年，康熙皇帝南巡到苏州，在地方官的陪同下乘船到东山视察，当时的江苏巡抚宋荦用东山特产"吓煞人香"招待皇上。康熙皇帝接过茶杯，一股清香扑鼻而来，只见银色茸毛的细芽慢慢沉入杯中，渐渐舒展，呷了一口，觉得清香中带甜味，提神生津，连声说："好茶！好茶！"接着问道："此茶产自哪里？叫什么名字？"宋荦连忙回答说："此茶最初产自洞庭东山碧螺峰下，名叫'吓煞人香'。"康熙皇帝博古通今，见多识广，好茶名字知道一大串，可从没听说过这么个古怪的茶名，便追问道："吓煞人香！这是什么意思？"宋荦解释说："这是吴地方言，意思是说此茶香味很浓，香得吓死人。"康熙皇帝一听连连摇头，说："此名粗俗不雅。"于是，要随行官员起个好听的茶名。官员们叽里咕噜，凑了一大堆，康熙皇帝一个都不满意。此时，宋荦接过话题："还是请皇上赐名吧！"康熙皇帝想了一会，说道："朕起名为'碧螺春'。"并解释说："此茶最早产于碧螺峰下，地名是不可少的；古人常有用'春'命名好茶的习惯，因此题名'碧螺春'。"众人听了，连声拍手称好。从此，"碧螺春"作为茶名叫响了开来，一直叫到现在[表3-2-2，洞庭（山）碧螺春茶感官指标]。

表3-2-2　洞庭（山）碧螺春茶感官指标

级别 项目		特级一等	特级二等	一级	二级	三级
外形	条索	纤细、卷曲呈螺、满身披毫	较纤细、卷曲呈螺、满身披毫	尚纤细、卷曲呈螺、满身披毫	紧细、卷曲呈螺、白毫显露	尚紧细、尚卷曲、尚显白毫
	色泽	银绿隐翠、鲜润	银绿隐翠、较鲜润	银绿隐翠	绿润	尚绿润
	整碎	匀整	匀整	匀整	匀、尚整	尚匀整
	净度	洁净	洁净	匀净	匀、尚净	尚净、有单张

级别 项目		特级一等	特级二等	一级	二级	三级
外形	汤色	嫩绿鲜亮	嫩绿鲜亮	绿鲜亮	绿尚明亮	绿尚明亮
	香气	嫩香清鲜	嫩香清鲜	嫩爽清香	清香	尚正
	滋味	清鲜甘醇	清鲜甘醇	鲜醇	鲜醇	醇厚
	叶底	幼嫩多芽、嫩绿鲜活	幼嫩多芽、嫩绿鲜活	嫩绿明亮	嫩、略含单张、绿明亮	尚嫩、含单张、绿尚亮

（3）黄山毛峰

产地：黄山毛峰是中国十大名茶之一，属于绿茶。产于安徽省黄山（徽州）一带，所以又称徽茶。

品质特点：黄山毛峰由清代光绪年间谢裕大茶庄所创制。每年清明谷雨，选摘良种茶树"黄山种""黄山大叶种"等的初展肥壮嫩芽，手工炒制，该茶外形微卷，状似雀舌，绿中泛黄，银毫显露，且带有金黄色鱼叶（俗称黄金片）。入杯冲泡雾气结顶，汤色清碧微黄，叶底黄绿有活力，滋味醇甘，香气如兰，韵味深长。由于新制茶叶白毫披身，芽尖峰芒，且鲜叶采自黄山高峰，遂将该茶取名为黄山毛峰。特级黄山毛峰为我国毛峰之极品，其形似雀舌，色如象牙，清香高长，汤色清澈，滋味鲜浓，叶底嫩黄，肥壮成朵。识别特级黄山毛峰主要抓住两大特征：一是"金黄片"（鱼叶），二是"象牙色"（成品茶）。黄山毛峰分六个等级：分特级一等、特级二等、特级三等和一、二、三级。黄山毛峰等级极为讲究，特级的黄山毛峰，开采于清明前后，以一芽一叶、二叶初展的新梢的鲜叶制成，形似雀舌，白毫显露，色似象牙，鱼叶金黄。冲泡后，汤色清澈，滋味鲜浓、醇厚、甘甜，叶底嫩黄，肥壮成朵。一至三级黄山毛峰的鲜叶在谷雨前后采摘，采摘标准为一芽一叶，一芽二叶初展和一芽二、三叶初展。为了保质保鲜，要求上午采，下午制；下午采，当夜制。

黄山毛峰的传说：明朝天启年间，江南黟县新任县官熊开元带书童来黄山春游，迷了路，遇到一位腰挎竹篓的老和尚，便借宿于寺院中。长老泡茶敬客时，知县细看这茶叶色微黄，形似雀舌，身披白毫，开水冲泡下去，只见热气绕碗边转了一圈，转到碗中心就直线升腾，约有一尺高，然后在空中转一圆圈，化成一朵白莲花。那白莲花又慢慢上升化成一团云雾，最后散成一缕缕热气飘荡开来，清香满室。知县问后方知此茶名叫黄山毛峰，临别时长老赠送此茶一包和黄山泉水一葫芦，并嘱一定要用此泉水冲泡才能出现白莲奇景。熊知县回县衙后正遇同窗旧友太平知县来访，便将冲泡黄山毛峰表演了一番。太平知县甚是惊喜，后来到京城禀奏皇上，想献仙茶邀功请赏。皇帝传令进宫表演，然而不见白莲奇景出现，皇上大怒，太平知县只得据实说道乃黟县知县熊开元所献。皇帝立即传令熊开元进宫受审，熊开元进宫后方知未用黄山泉水冲泡之故，讲明缘由后请求回黄山取水。熊知县来到黄山拜见长老，长老将山泉交付于他。熊知县在皇帝面前再次冲泡玉杯中的黄山毛峰，果然出现了白莲奇观，皇帝看得眉开眼笑，便对熊知县说道："朕念你献茶有功，升你为江南巡抚，三日后就上任去吧。"熊知县心中感慨万千，暗忖道"黄山名茶尚且品质清高，何况为人呢？"于是脱下官服玉带，来到黄山云谷寺出家做了和尚，法名正志。如今，在苍松入云，修竹夹道的云谷寺下的路旁，有一檗庵大师墓塔遗址，相传就是正志和尚的坟墓（表3-2-3，黄山毛峰茶感官指标）。

表 3-2-3 黄山毛峰茶感官指标

级别\项目		特级一等	特级二等	特级三等	一级	二级	三级
外形	条索	芽头肥壮匀齐毫显鱼叶金黄	芽头紧偎叶中、峰显隐毫	芽叶嫩齐毫显	芽叶肥壮匀齐毫显形微卷	芽叶肥壮条微卷显芽毫	条卷显芽匀齐叶张肥大
	色泽	嫩绿似玉	嫩绿润	嫩绿明亮微黄	嫩绿微黄明亮	绿明亮	尚绿润
内质	汤色	嫩黄绿清澈明亮	嫩黄绿明亮	嫩绿明亮	嫩绿亮	绿明亮	黄绿亮
	香气	香馥郁持久	嫩鲜高长	嫩香	鲜嫩持久	清高	高香
	滋味	鲜爽回甘	鲜爽回甘	鲜醇回甘	鲜醇略甘	鲜醇味长爽口	醇厚
	叶底	嫩黄鲜活	嫩匀绿亮	嫩绿明亮	肥嫩成朵嫩绿明亮	嫩匀、嫩绿明亮	尚匀黄绿

（4）六安瓜片

六安瓜片，为绿茶特种茶类，中华传统历史名茶，中国十大名茶之一，简称瓜片、片茶，唐称"庐州六安茶"，为名茶；明始称"六安瓜片"，为上品、极品茶；清为朝廷贡茶。在世界所有茶叶中，六安瓜片是唯一无芽无梗的茶叶，由单片生叶制成。去芽不仅保持单片形体，且无青草味；梗在制作过程中已木质化，剔除后，可确保茶味浓而不苦，香而不涩。六安瓜片每逢谷雨前后十天之内采摘，采摘时取二、三叶，求"壮"不求"嫩"。

产地：六安瓜片产于安徽西部大别山茶区，其中以六安、金寨、霍山三县所产品最佳，成茶呈瓜子形，因而得名"六安瓜片"，色翠绿，香清高，味甘鲜，耐冲泡。它最先源于金寨县的齐云山，而且也以齐云山所产瓜片茶品质最佳，故又名"齐云瓜片"。其沏茶时雾气蒸腾，清香四溢，所以也有"齐山云雾瓜片"之称。

品质特征：六安瓜片外形似瓜子形的单片，自然平展，叶缘微翘，色泽宝绿，大小匀整，不含芽尖、茶梗；清香高爽，滋味鲜醇回甘；汤色清澈透亮，叶底嫩绿明亮。过去根据采制季节，分成三个品种：提片（谷雨前）、瓜片（谷雨后）、梅片（梅雨季节）。按国家标准分为特级一等、特级二等和一、二、三级 5 个等级。

六安瓜片的历史传说：一是说，1905 年前后，六安茶行一个评茶师，从收购的绿大茶中拣取嫩叶，剔除梗朴，作为新产品应市，获得成功。信息不胫而走，金寨麻埠的茶行，闻风而动，雇用茶工，如法采制，并起名"封翅"（意为峰翅）。此举又启发了当地一家茶行，在齐头山的后冲，把采回的鲜叶剔除梗芽，并将嫩叶、老叶分开炒制，结果成茶的色、香、味、形均使"峰翅"相形见绌。于是附近茶农竞相学习，纷纷仿制。这种片状茶叶形似葵花籽，遂称"瓜子片"，以后即叫成了"瓜片"。二是说，麻埠附近的祝家楼财主，与袁世凯是亲戚，祝家常以土产孝敬。袁饮茶成癖，茶叶自是不可缺少的礼物。但其实当地所产的大茶、菊花茶、毛尖等，均不能使袁满意。1905 年前后，祝家为取悦于袁，不惜工本，在后冲雇用当地有经验的茶工，专拣春茶的第 1～2 片嫩叶，用小帚精心炒制，炭火烘焙，所制新茶形质俱丽，获得袁的赞赏。此时，瓜片脱颖而出，色、香、味、形别具一格，故日益博得饮品者的喜嗜，逐渐发展成为全国名茶（表 3-2-4，六安瓜片感官指标）。

表 3-2-4　六安瓜片感官指标

级别	外形	内质			
		香气	滋味	汤色	叶底
特一	瓜子形、平伏、匀整宝绿、上霜、显毫、无漂叶	清香高长	鲜爽回甘	嫩绿清澈明亮	嫩绿鲜活匀整
特二	瓜子形、匀整宝绿、上霜、显毫、无漂叶	清香持久	鲜醇回甘	嫩绿明亮	嫩绿鲜活匀整
一级	瓜子形、匀整、色绿、上霜、无漂叶	清香	鲜醇	黄绿明亮	黄绿匀整
二级	瓜子形、较匀整、色绿、有霜、稍有漂叶	纯正	较鲜醇	黄绿尚亮	黄绿尚匀整
三级	瓜子形、色绿、稍有漂叶	纯正	尚鲜醇	黄绿尚亮	黄绿尚匀整

（5）都匀毛尖

产地：都匀毛尖，中国十大名茶之一。1956 年，由毛泽东亲笔命名，又名"白毛尖""细毛尖""鱼钩茶""雀舌茶"，是贵州三大名茶之一。都匀毛尖主要产地在团山、哨脚、大槽一带，这里山谷起伏，海拔千米，峡谷溪流，林木苍郁，云雾笼罩，冬无严寒，夏无酷暑，四季宜人，年平均气温为 16℃，年平均降水量在 1400 多毫米。加之土层深厚，土壤疏松湿润，土质是酸性或微酸性，内含大量的铁质和磷酸盐，这些特殊的自然条件不仅适宜茶树的生长，而且也形成了都匀毛尖的独特风格。

品质特征：都匀毛尖茶选用当地的苔茶良种，具有发芽早、芽叶肥壮、茸毛多、持嫩性强的特性，内含成分丰富。都匀毛尖"三绿透黄色"的特色，即干茶色泽绿中带黄，汤色绿中透黄，叶底绿中显黄。成品都匀毛尖色泽翠绿、外形匀整、白毫显露、条索卷曲、香气清嫩、滋味鲜浓、回味甘甜、汤色清澈、叶底明亮、芽头肥壮。都匀毛尖茶按鲜叶质量可分为特级、一级、二级 3 个级别。

都匀毛尖茶的历史：民国《都匀县志稿》上记载："茶，四乡多产之，产小菁者尤佳（即今都匀市的团山、黄河一带），以有密林防护之。"而且说都匀毛尖茶在 1915 年在巴拿马万国食品博览会上获优质奖。

黔南《农业名特优资源》（黔南州农业区划办公室主编，1988 年《都匀市志》）上说："都匀毛尖茶有悠久的历史，成名也较早，据史料记载，早在明代，毛尖茶中的'鱼钩茶'、'雀舌茶'便是皇室贡品，到乾隆年间，已开始行销海外"，"1982 年 6 月在中国名绿茶评比会上，毛尖茶名列中国第二，仅次于南京雨花茶"。

1956 年，时任都匀县（现为都匀市）团山乡团委书记的谭修芬与团山乡乡长罗雍、谭修凯等人将茶送给毛主席品尝。不久，茶农社收到来自中共中央办公厅的回信，信件下部附有几句毛主席的亲笔签字："茶叶很好，今后山坡上多种茶，茶叶可命名为毛尖"。

《都匀市志》（贵州人民出版社，1999 年版）："都匀毛尖茶：原产于境内团山黄河，时称黄河毛尖茶。该茶在明代已为贡品敬奉朝廷，深受崇祯皇帝喜爱，因形似鱼钩，被赐名'鱼钩茶'。1915 年曾获巴拿马茶叶赛会优质奖。……1982 年被评为中国十大名茶之一"。

《都匀县志稿》卷十一《祠庙寺观》中记载："西岳庙，在长秀（今都匀团山一带），旧建，乾隆间毁，知府宋文型重建"。在重建西岳庙时，宋文型刻立有《重建西岳庙碑序》。宋文型在碑序中说："庚子岁（即清乾隆四十五年，1780 年）余守匀疆，兼理厂务茶园一局，中在间有西岳王之庙，奉为本厂之神"，"爰是捐俸五十两，命薛允忠督造重修"，希望"镇彼西方，维兹厂局"以求"上裕国课，下佐工商"（表 3-2-5，都匀毛尖茶感官指标）。

表 3-2-5　都匀毛尖茶感官指标

级别项目		特级	一级	二级
外形	条索	紧细卷曲白毫满布	紧细卷曲白毫显露	紧细卷曲白毫欠匀
	色泽	绿润	绿尚润	墨绿
	整碎	匀整有锋苗	匀整	尚匀整
	净度	无夹杂物	无夹杂物	无夹杂物
内质	汤色	黄绿明亮	黄绿尚明亮	黄绿欠亮
	香气	嫩香持久	清香	纯正
	滋味	鲜爽回甘	鲜醇	醇厚
	叶底	嫩匀鲜活	嫩绿明亮	黄绿欠亮

（6）信阳毛尖

产地：信阳毛尖又称豫毛峰，汉族传统名茶，属绿茶类。中国十大名茶之一，河南省著名特产。由汉族茶农创制于民国初年。主要产地在信阳市和新县、商城县及境内大别山一带，其中五云（车云、集云、云雾、天云、连云五座山）、两潭（黑龙潭、白龙潭）、一山（震雷山）、一寨（何家寨）、一寺（灵山寺）是信阳毛尖的驰名产地。1915 年在巴拿马万国博览会上与贵州茅台同获金质奖，1990 年信阳毛尖品牌参加国家评比，取得绿茶综合品质第一名。信阳毛尖被誉为"绿茶之王"。

品质特征：信阳毛尖的色、香、味、形均有独特个性，其颜色鲜润、干净，不含杂质，香气高雅、清新，味道鲜爽、醇香、回甘，从外形上看则匀整、鲜绿有光泽、白毫明显。外形细、圆、光、直、多白毫，色泽翠绿，冲后香高持久，滋味浓醇，回甘生津，汤色明亮清澈。优质信阳毛尖汤色嫩绿、黄绿或明亮，味道清香扑鼻，劣质信阳毛尖则汤色深绿或发黄、混浊发暗，不耐冲泡、没有茶香味。信阳毛尖茶以其鲜叶采摘期和质量分为：珍品、特级、一级、二级、三级、四级。

信阳毛尖的传说：信阳的名茶，在唐代就有记载，唐代陆羽《茶经》和唐代李肇《国史补》中把信阳茶列为当时的名茶。宋朝，在《宁史·食货志》和宋徽宗赵佶《大观茶论》中把信阳茶列为名茶。元朝，据元代马端临《文献通考》载："光州产东首、浅山、薄侧"等名茶。明朝，对名茶方面的记载很少。清朝，茶叶生产得到迅速恢复。清朝中期是河南省茶叶生产又一个迅速发展时期，制茶技术逐渐精湛，制茶质量越来越讲究，在清末出现了细茶信阳毛尖。

清光绪末年（1903—1905 年），原是清政府驻信阳缉私统领、旧茶业公所成员的蔡祖贤，提出开山种茶的倡议。当时曾任信阳劝业所所长、有雄厚资金来源的甘周源积极响应，他同王子谟、地主彭清阁等于 1903 年在信阳震雷山北麓恢复种茶，成立"元贞"茶社，从安徽请来一名余姓的茶师，帮助指导茶树栽培与制作。

1905—1909 年甘周源又邀请陈玉轩、王选青等人在信阳骆驼店商议种茶，组织成立宏济茶社，派吴少渠到安徽六安、麻埠一带买茶籽，还请来六安茶师吴记顺、吴少堂帮助指导种茶制茶。制茶法基本上是沿用"瓜片"茶的炒制方法，用小平锅分生锅和熟锅两锅进行炒制。炒茶工具采用帚把，生锅用把长 0.5 米、把粗 0.1 米的帚把 2 个，双手各持 1 把，挑着炒。熟锅用大帚把代替揉捻。这就是信阳毛尖的最初制作技术。

1911 年甘周源又在甘家冲、小孙家成立裕申茶社，在此带动下，毗邻各山头茶园发展均具有一定规模。茶商唐慧清到杭州西湖购买茶籽并学习龙井炒制技术。回来后在"瓜片"

炒制法的基础上，又把"龙井"的抓条、理条手法融入信阳毛尖的炒制中去，改生锅用小把炒制为生熟锅均用大帚把炒制。用这种炒制法制造的茶叶就是当今全国名茶信阳毛尖的雏形（表 3-2-6，信阳毛尖茶感官指标）。

表 3-2-6　信阳毛尖茶感官指标

级别	外形				内质			
	条索	色泽	整碎	净度	香气	滋味	汤色	叶底
珍品	紧秀圆直	嫩绿多白毫	匀整	净	嫩香持久	鲜爽	嫩绿明亮	嫩绿鲜活匀亮
特级	细圆紧尚直	嫩绿显白毫	匀整	净	清香高长	鲜爽	嫩绿明亮	嫩绿鲜活匀整
一级	圆尚直尚紧细	绿润有白毫	较匀整	净	栗香或清香	醇厚	绿明亮	绿亮尚匀整
二级	尚直较紧	尚绿润稍有白毫	较匀整	尚净	纯正	较醇厚	绿尚亮	绿较匀整
三级	尚紧直	深绿	尚匀整	尚净	纯正	较浓	黄绿尚亮	绿较匀
四级	尚紧直	深绿	尚匀整	稍有茎片	尚纯正	浓略涩	黄绿	绿欠亮

（7）君山银针

产地：君山银针是中国十大名茶之一。产于湖南岳阳洞庭湖中的君山岛，形细如针，故名君山银针。属于黄茶。

品质特点：君山银针以色、香、味、形俱佳而著称。其成品茶，芽头肥壮，坚实挺直，白毫如羽，又因茶芽外形很像一根根银针，故名"君山银针"。君山银针内质香鲜，冲泡后汤色杏黄明亮，叶底肥厚匀亮，滋味甘醇甜爽，清香沁人。冲泡时，茶芽根根直立，在杯中上下浮动，如刀枪林立。君山产茶历史悠久，唐代就已负盛名。1956 年在莱比锡国际博览会上获得金质奖，被誉为"金镶玉"。

鉴别方法：君山银针由未展开的肥嫩芽头制成，芽头肥壮挺直、匀齐，满披茸毛，色泽金黄光亮，香气清鲜，茶色浅黄，味甜爽，冲泡看起来芽尖冲向水面，悬空竖立，然后徐徐下沉杯底，形如群笋出土，又像银刀直立。假银针为青草味，泡后银针不能竖立。

君山茶的历史：君山茶开始于唐代，据说文成公主出嫁时就选了君山银针茶带入西藏。清朝时被列为"贡茶"。据《巴陵县志》记载："君山产茶嫩绿似莲心。""君山贡茶自清始，每岁贡十八斤。"清代君山茶分为"尖茶""茸茶"两种。"尖茶"如茶剑，白毛茸然，纳为贡茶，素称"贡尖"。君山银针茶香气清高，味醇甘爽，汤黄澄高，芽壮多毫，条整匀齐，白毫如羽，芽身金黄发亮，着淡黄色茸毫，叶底肥厚匀亮，滋味甘醇甜爽，久置不变其味。冲泡后，芽竖悬汤中冲升水面，徐徐下沉，再升再沉，三起三落，蔚成趣观。

（8）祁门红茶

产地：祁门红茶产于安徽省祁门、池州、石台、黟县以及江西的浮梁一带。可分为三域，由溶口直上到侯潭转往祁西历口，在此区域内，以贵溪、黄家岭、石迹源等处为最优；由闪里、箬坑到渚口，在此区域内，以箬坑、闪里、高塘等处为佳；由塔坊直至祁红转出倒湖，这区域以塘坑头、泉城红、泉城绿、棕里、芦溪、倒湖等处为代表。贵溪至历口这一区域红茶，其质量最优。

品质特征：祁红采制工艺精细，大致分为采摘、初制和精制三个主要过程。其外形条索细秀，色泽乌润，香气浓郁有花香、果香和蜜糖香，滋味鲜醇带甜，叶底鲜红。根据其品质分为：礼茶、特茗、特级、一级、二级、三级、四级。

祁门红茶的历史：美国韦氏大辞典，"祁门红茶"记录着祁门红茶的原产地——中国安徽省祁门县。创始年：祁门产茶创制于光绪元年（1875 年），已有百余年的生产历史，可追溯到唐朝，茶圣陆羽在《茶经》中留下："湖州上，常州次，歙州下"的记载，当时的祁门就隶属歙州。

清朝光绪年间以前，祁门只产绿茶不产红茶。1875 年安徽黟县有个名叫余干臣的人，在福建罢官回原籍经商，因见了红茶畅销多利，便在至德县尧渡街设立红茶庄，仿"闽红茶"制法，开始试制红茶。1876 年余氏又先后在祁门西路镇、闪里设红茶分庄，扩大经营。由于祁门一带自然条件优越，所制红茶品质超群出众，因此，产地不断扩大，产量不断提高，声誉越来越高，在国际红茶市场上引起了茶商的极大注意，日本人称其为玫瑰，英国商人称之"祁门"。光绪八年（1882 年）终于制成色、香、味、形俱佳的上等红茶，胡云龙也因此成为祁红创始人之一（表 3-2-7，祁门工夫红茶各等级感官指标）。

表 3-2-7　祁门功夫红茶各等级感官指标

级别	外形				内质			
	条索	色泽	整碎	净度	香气	滋味	汤色	叶底
特茗	细嫩挺秀金毫显露	乌黑油润	匀整	净	高鲜嫩甜香	鲜醇嫩甜	红艳明亮	红艳匀亮细嫩多芽
特级	细嫩金毫显露	乌黑油润	匀整	净	甜嫩甜香	鲜醇甜	红艳	红亮柔嫩显芽
一级	细嫩露毫显锋苗	乌润	匀齐	净、稍含嫩茎	鲜甜香	鲜醇	红亮	红艳匀嫩有芽
二级	紧细有锋苗	乌较润	尚匀齐	净、稍含嫩茎	尚鲜甜香	甜醇	红较亮	红亮匀嫩
三级	紧细	乌尚润	匀	尚净、稍含筋	甜纯香	尚甜醇	红尚亮	红亮尚匀
四级	尚紧细	乌	尚匀	尚净、稍有筋梗	尚甜纯香	醇	红亮	红匀
五级	稍粗尚紧	乌泛灰	尚匀	稍有红筋梗	尚纯香	尚醇	红尚亮	尚红匀

（9）铁观音

产地：原产于福建泉州市安溪县西坪镇，发现于 1723—1735 年。

加工工艺：（1）初制：鲜叶——萎凋——做青——杀青——急揉——干燥；

（2）精制：拣别——复焙——拼配——包装。

品质特征：铁观音茶介于绿茶和红茶之间，属于半发酵茶类，铁观音外形条索圆结，多成螺旋形，似"蜻蜓头，青蛙腿"，身骨重实，色泽沙润，青腹绿蒂，俗称"香蕉色"。香气清高馥郁，滋味醇厚甜鲜，入口微苦，立即转甘，"音韵"显，叶底"三分红，七分绿""呈绿叶红镶边"，有"七泡有余香之誉"。铁观音成品依发酵程度和制作工艺，大致可以分清香型、浓香型。清香型口感比较清淡、舌尖略带微甜，偏向现代工艺制法，目前在市场上的占有量最多。清香型铁观音颜色翠绿，汤水清澈，香气馥郁，花香明显，口味醇正。按感官指标可分为特级、一级、二级、三级。浓香型口味醇厚、香气高长、比较重回甘，是传统工艺炒制的茶叶经烘焙再加工而成产品。浓香型铁观音具有"香、浓、醇、甘"等特点，色泽乌亮，汤色金黄，香气纯正、滋味厚重。按感官指标可分为特级、一级、二级、三级、四级。

鉴别方法：福建安溪县所产茶叶体沉重如铁，形美如观音，多呈螺旋形，色泽沙绿，光润，绿蒂，具有天然兰花香，汤色清澈金黄，味醇厚甜美，入口微苦，立即转甜，耐冲泡，叶底开展，青绿红边，肥厚明亮，每颗茶都带茶枝，假茶叶形长而薄，条索较粗，无青翠红边，叶泡三遍后便无香味。

铁观音的传说：铁观音原产安溪县西坪镇，已有 200 多年的历史。关于铁观音品种的由来，在安溪还流传着这样一个故事，相传清乾隆年间，安溪西坪上尧茶农魏饮制得一手好茶，他每日晨昏泡茶三杯供奉观音菩萨，十年从不间断，可见礼佛之诚。某夜，魏饮梦见在山崖上有一株透发兰花香味的茶树，正想采摘时一阵狗吠把好梦惊醒。第二天果然在崖石上发现了一株与梦中一模一样的茶树。于是采下一些芽叶，带回家中精心制作。制成之后茶味甘醇鲜爽，精神为之一振。魏认为这是茶之王，就把这株茶挖回家进行繁殖。几年之后，茶树长得枝叶茂盛。因为此茶美如观音重如铁，又是观音托梦所获，就叫它"铁观音"。从此铁观音就名扬天下（表3-2-8、表3-2-9）。

表 3-2-8　清香型铁观音感官指标

级别项目		特级	一级	二级	三级
外形	条索	肥壮、圆结重实	壮实紧结	卷曲、结实	卷曲、尚结实
	色泽	翠绿润、沙绿明显	绿油润沙绿明	绿油润、有沙绿	乌绿、稍带黄
	整碎	匀整	匀整	尚匀整	尚匀整
	净度	洁净	净	尚净,稍有细嫩梗	尚净,稍有细嫩梗
内质	汤色	金黄明亮	金黄明亮	金黄	金黄
	香气	高香	清香持久	清香	清醇
	滋味	鲜醇高爽音韵明显	清醇甘鲜音韵明显	尚鲜醇爽口音韵尚明	醇和回甘音韵稍轻
	叶底	肥厚软亮、匀整、余香高长	软亮、尚匀整、有余香	尚软亮、尚匀整、稍有余香	尚软亮、尚匀整、稍有余香

表 3-2-9　浓香型铁观音感官指标

级别项目		特级	一级	二级	三级	四级
外形	条索	肥壮、圆结、重实	较肥壮结实	卷曲、结实	卷曲、尚结实	稍卷曲略粗松
	色泽	翠绿乌润、沙绿明显	乌润、沙绿较明	乌绿、有沙绿	乌绿、稍褐红点	暗绿带褐红色
	整碎	匀整	匀整	尚匀整	稍整齐	欠匀整
	净度	洁净	净	尚净,稍有幼嫩梗	稍净,稍有幼嫩梗	欠净、有梗片
内质	汤色	金黄清澈	深金黄清澈	橙黄、深黄	深橙黄、青黄	橙红、青红
	香气	浓郁持久	清高持久	尚清高	清纯平正	平淡稍粗飘
	滋味	醇厚鲜爽回甘、音韵明显	醇厚尚鲜爽、音韵明	醇和鲜爽、音韵稍明	醇和音韵轻微	稍粗味
	叶底	肥厚软亮、匀整、红边明显,有余香	尚软亮、匀整、有红边,稍有余香	稍软亮、略匀整	稍匀整、带褐红色	欠匀整、有粗叶及褐红叶

（10）武夷岩茶

武夷岩茶属于乌龙茶，产于福建闽北"秀甲东南"的武夷山一带。茶农利用武夷山悬崖绝壁、深坑巨谷的地理环境，在岩凹、石隙、石缝沿边砌筑石岸，构筑"盆栽式"茶园，俗称"石座作法"。"岩岩有茶，非岩不茶"，岩茶因而得名。武夷岩茶具有绿茶之清香、红茶之甘醇，是中国乌龙茶中之极品。武夷岩茶属半发酵的青茶，制作方法介于绿茶与红茶之间。最著名的武夷岩茶是大红袍茶。

产地：产于福建省武夷山市。

加工工艺：（1）初制：鲜叶——萎凋——做青——杀青　揉捻——烘干；

（2）精制：拣剔——分筛风选——复拣——拼配——焙火——包装。

品质特征：武夷岩茶品质独特，它未经窨花，茶汤却有浓郁的鲜花香，饮时甘馨可口，

回味无穷。其外形弯条形，色泽乌褐或带墨绿、或带沙绿、或带青褐、或带宝色。条索紧结、或细紧或壮结，汤色橙黄至金黄、清澈明亮。香气带花、果香型，瑞则浓长、清则幽远，或似水蜜桃香、兰花香、桂花香、乳香等等。滋味醇厚滑润甘爽，带特有的"岩韵"。叶底软亮、呈绿叶红镶边、或叶缘红点泛现。

产品分类：武夷岩茶因产茶地点不同，又分有正岩茶、半岩茶、洲茶。正岩茶指武夷山三坑三涧各大岩所产的茶叶，其品质高味醇厚，岩韵特显。半岩茶指岩下边缘地带所产的茶叶，其岩韵略逊于正岩茶。洲茶指山下溪边、路边所产的茶，品质又低一筹。武夷岩茶主要品种有武夷肉桂、武夷水仙、武夷奇种、大红袍、名枞（白鸡冠、铁罗汉、水金龟）。

大红袍的传说：说某年有位秀才进京赶考，路过武夷山时病倒在路上，巧遇天心寺老方丈下山化缘，便叫人把他抬回寺中，见他脸色苍白，体瘦腹胀，就将九龙窠采制的茶叶用沸水冲泡给秀才喝。秀才连喝几碗，就觉得腹胀减退，如此几天基本康复，秀才便拜别方丈说："方丈见义相救，小生若今科得中，定重返故地谢恩。"不久秀才果然高中状元，并蒙皇帝恩准直奔武夷山天心寺，拜见方丈道："本官特地来报方丈大恩大德。"方丈说："这不是什么灵丹仙草，而是九龙窠的茶叶"。状元深信神茶能治病，意欲带些回京进贡皇上，此时正值春茶开采季节，老方丈帮助状元了却心愿，带领大小和尚采茶制茶，并用锡罐装好茶叶由状元带回京师，此后状元派人把天心寺庙整修一新。谁知状元回到朝中，又遇上皇后得病，百医无效，状元便取出那罐茶叶献上，皇后饮后身体渐康，皇上大喜，赐红袍一件，命状元亲自前往九龙窠披在茶树上以示隆恩，同时派人看管，年年采制，悉数进贡，不得私匿，从此，这几株大红袍就成为贡茶（表3-2-10～表3-2-14）。

表 3-2-10　大红袍产品感官品质

级别项目		特级	一级	二级
外形	条索	紧结、壮实、稍扭曲	紧结、壮实	紧结、较壮实
	色泽	带宝色或油润	稍带宝色或油润	油润、红点明显
	整碎	匀整	匀整	较匀整
	净度	洁净	洁净	洁净
内质	汤色	清澈艳丽，呈深橙黄色	较清澈艳丽，呈深橙黄色	金黄清澈、明亮
	香气	锐、浓长或悠长、清远	浓长或悠长、清远	悠长
	滋味	岩韵明显、醇厚、回味甘爽、杯底有余香	岩韵显、醇厚、回甘快、杯底有余香	岩韵显、较醇厚、回味、杯底有余香
	叶底	软亮匀齐、红边或带朱砂色	较软亮匀齐、红边或带朱砂色	较软亮、较匀齐、红边较显

表 3-2-11　名枞产品感官品质

项　　目		要　　求
外形	条索	紧结、壮实
	色泽	较带宝色或油润
	整碎	匀整
内质	汤色	清澈艳丽，呈深橙黄色
	香气	较锐、浓长或幽、清远
	滋味	岩韵明显、醇厚、回味甘、杯底有余香
	叶底	软亮匀齐、红边或带朱砂色

表 3-2-12　肉桂产品感官品质

级别项目		特级	一级	二级
外形	条索	紧结、肥壮、沉重	结实、较肥壮、沉重	尚结实、卷曲、稍沉重
	色泽	油润、沙绿明显、红点明显	油润、沙绿较明显、红点较明显	乌润，稍带褐红色或褐绿
	整碎	匀整	较匀整	尚匀整
	净度	洁净	较洁净	尚洁净
内质	汤色	金黄清澈明亮	橙黄清澈	橙黄略深
	香气	浓郁持久、似有乳香或蜜桃香、或桂皮香	清高幽长	清香
	滋味	醇厚鲜爽、岩韵明显	岩韵明、醇厚尚鲜	醇和岩韵略显
	叶底	肥厚软亮匀齐红边明显	软亮匀齐、红边明显	红边欠匀

表 3-2-13　水仙产品感官品质

级别项目		特级	一级	二级	三级
外形	条索	壮结	壮结	壮实	尚壮实
	色泽	油润	尚油润	稍带褐色	褐色
	整碎	匀整	匀整	较匀整	尚匀整
	净度	洁净	洁净	较洁净	尚洁净
内质	汤色	金黄清澈	金黄	橙黄稍深	深黄泛红
	香气	浓郁鲜锐、特征明显	清香特征明显	尚清纯特征尚显	特征稍显
	滋味	浓郁鲜锐、品种特征明显、岩韵明显	醇厚、品种特征显、岩韵明显	较醇厚、品种特征尚显、岩韵明显	醇和岩韵略显
	叶底	肥嫩软亮红边鲜艳	肥嫩软亮、红边明显	软亮、红边尚显	软亮、红边欠匀

表 3-2-14　奇种产品感官指标

级别项目		特级	一级	二级	三级
外形	条索	紧结、重实	结实	尚结实	尚壮实
	色泽	翠润	油润	尚油润	尚润
	整碎	匀整	匀整	较匀整	尚匀整
	净度	洁净	洁净	洁净	尚净
内质	汤色	金黄清澈	较金黄清澈	金黄稍深	橙黄稍深
	香气	清高	清纯	尚浓	平正
	滋味	清醇甘爽岩韵显	尚醇厚音韵明	尚醇正	欠醇
	叶底	软亮匀齐、红边鲜艳	软亮较匀齐、红边明显	尚软亮匀整	欠匀、稍亮

第三节　茶的选购与储藏

一、茶叶的选购

茶叶的选购不是易事，要想得到好茶叶，需要掌握大量的知识，如各类茶叶的等级标

准，价格与行情以及茶叶的审评、检验方法等。茶叶的好坏主要从色、香、味、形四个方面鉴别，但是对于普通饮茶之人，购买茶叶时，一般只能观看干茶的外形和色泽，闻干香，使得判断茶叶的品质更加不易。那么，购买茶叶时要注意什么？要如何选购？下面简单介绍一下。

（一）选购基本原则

1. 根据用途选用

自饮：讲究实在，宜选用价廉物美、适合家人口味的品种，重内质而不重外形，重茶质而不必重包装。

待客：茶叶既要重内质又要重外形，购置红、绿、乌龙茶可大体满足南北客人的需要。

礼品茶：宜选购较名贵的茶叶，配以精美的包装。

2. 根据季节选用

春饮花茶理郁气（如秋季铁观音、普洱熟茶）；

夏饮绿茶驱暑湿（如白茶、黄茶、苦丁茶、轻发酵乌龙茶、生普洱）；

秋品乌龙解燥热（如红、绿茶混用；绿茶和花茶混用）；

冬日红茶暖脾胃（如熟普洱、重发酵乌龙茶）。

3. 因个人口味选择

我国的茶叶主要分为六大类，各类茶的香气、品质都不同，绿茶清醇爽口，乌龙茶花香馥郁，红茶甜香醇和，花茶鲜灵甘香，白茶甘润清爽，普洱茶厚重润滑。不同的人口味差异很大，即使是同一壶茶，每个人喝出来的口感也不同。购买茶叶时最好亲自品尝一下，选择最适合自己的茶。

（二）选购茶叶的客观标准

中国人饮茶，注重一个"品"字。"品茶"不但带有神思遐想和领略饮茶情趣之意，也是鉴别茶的优劣的一道重要工序。如何在茫茫茶海中甄别茶品的好与坏，自然就成了一门高深的艺术。目前主要借助感官来确定茶叶质量。

外形：要求茶的色泽、大小、长短、粗细、形状一致，达到整齐划一。

色泽：不同的茶类有不同的色泽。同一茶类不同的花色品种，色泽也是不同的。如绿茶中蒸青茶要求翠绿，炒青绿茶呈现黄绿，烘青绿茶应是深绿。红茶以乌黑油润为佳。乌龙茶则以青褐色光润为好。

香气：有清幽怡人的香气，无烟、焦、酸、馊、霉味。

夹杂物：不能有茶果、枝梗、沙砾、石屑。

（三）选购方法

一摸：选一条茶，以手轻折易断，断片放在拇指与食指之间用力一研即成粉末，则干燥度合乎要求。

二看：茶叶形状、嫩度、色泽、匀净度、整碎度。

三嗅：嗅闻干茶的香气高低和香型，并辨别有否烟、焦、陈、霉等异气味。

四尝：取数条干茶放入口中含嚼辨味。

五泡：取 3～4 克茶叶置杯或碗中，冲入 150～200mL 沸水，5 分钟后将茶汤倒入另一杯或碗中，嗅香气、看汤色、尝滋味、评叶底。

（四）新茶与陈茶

1.新茶

当年从茶树上采摘的鲜叶再经加工而成的茶叶，称为新茶。茶叶收购部门的"抢新"，茶叶销售部门的"新茶上市"，茶叶消费者的"尝新"，指的都是每年最早采制加工而成的几批茶叶。

2.陈茶

上年甚至更长时间采制加工而成的茶叶，保管严妥，茶性良好，统称为陈茶。

3.新茶就比陈茶好吗

"饮茶要新，喝酒要陈""茶贵新"多数茶叶品种新茶比陈茶好。但也有陈茶不亚于新茶，甚至反比新茶好的情况。如青茶只要保管得当，隔年陈茶同样香气馥郁，滋味反而变得醇厚；黑茶（云南普洱茶、广西六堡茶、湖南茯砖茶等）只要保存得当，就能久贮不变，反而更能提高品质；白茶随着时间的陈放，其内含物的陈化转变得越来越醇厚，滋味香浓，汤色呈琥珀色，红亮透明，素有"一年茶、三年药、七年宝"的美称。

4.新茶与陈茶的识别

新茶香味浓郁、色泽鲜亮、味道醇厚鲜爽，而陈茶则色泽暗淡、香味较淡。在平时购茶时，如何鉴别新茶与陈茶呢？应主要关注以下几点。

① 色泽　茶叶在贮存过程中，由于受空气中氧气和光的作用，使构成茶叶色泽的一些色素物质发生缓慢的自动分解。如绿茶中叶绿素分解的结果，使色泽由新茶时的青翠嫩绿逐渐变得枯灰黄绿。绿茶中含量较多的抗坏血酸（维生素C）氧化产生的茶褐素，会使茶汤变得黄褐不清。而对红茶品质影响较大的黄褐素的氧化、分解和聚合，还有茶多酚的自动氧化的结果，会使红茶由新茶时的乌润变成灰褐。

② 滋味　陈茶由于茶叶中酯类物质经氧化后产生了一种易挥发的醛类物质，或不溶于水的缩合物，结果使可溶于水的有效成分减少，从而使滋味由醇厚变得淡薄；同时，又由于茶叶中氨基酸的氧化，使茶叶的鲜爽味减弱而变得"滞钝"。

③ 香气　科学分析表明，构成茶叶香气的成分有300多种，主要是醇类、酯类、醛类等特质。它们在茶叶储藏过程中，既能不断挥发，又会缓慢氧化。因此，随着时间的延长，茶叶的香气就会由浓变淡，香型就会由新茶时的清香馥郁而变得低闷混浊。

④ 水量　新茶一般含水量较低，在正常情况下含水 $6\% \sim 7\%$，茶叶条索疏松，质硬而脆，用手指轻轻一捏，即成粉末状。陈茶因存放时间过长，经久吸湿，一般含水量都比较高，茶叶湿软而重，用手指捏不成粉末状，茶梗也不易折断；同时，当茶叶的含水量超过 10% 时，不但会失掉茶叶原有的色、香、味，而且很容易发霉变质，以致无法饮用。

⑤ 其他情况　有些鲜茶里掺进了陈茶。这种茶色泽不匀，新茶色泽新鲜悦目，陈茶发暗、枯、黑，两者混在一起，茶色深浅反差很大。

（五）香花茶与拌花茶

1.拌花茶

就是在未经窨花和提花的低级茶叶中，拌上一些已经过窨制、筛分出来的花干，充作花茶的茶。这种茶，由于香花已经失去香味，茶叶已无香可吸，拌上些花干，只是造成人们的一种错觉而已。所以，从科学角度而言，只有窨花茶才能称作花茶，拌花茶实则是一种假冒花茶。

2.香花茶与拌花茶的识别

闻干茶香气：用双手捧上一把茶，用力吸一下茶叶的气味，凡有浓郁花香者，为香花茶；茶叶中虽有花干，但只有茶味，而无花香者为拌花茶。

冲泡后闻香：一般说来，上等窨花茶，头泡香气扑鼻，二泡香气纯正，三泡仍留余香。而拌花茶最多在头泡时尚能闻到一些低沉的香气，或者是根本闻不到香气。

二、茶叶的储藏

茶叶从生产、运输到销售，直到家庭的饮用，都要经过贮藏的过程。茶叶的储藏可起到保持原有的品质、均衡供应和调节市场的作用。由此可见，茶叶的储藏是茶叶生产、销售及饮用过程中不可缺少的重要环节。

(一) 茶叶贮藏过程中的生化成分变化

1.含水量增加

茶树鲜叶从母体上采摘下来时，含水量一般为75％～78％，加工成干茶后茶叶中的含水量降低到4％～6％。干茶具有吸湿的特性，在贮藏的过程中茶叶中的含水量往往会增加，这就容易导致茶叶品质发生变化。当含水量超过6.5％时，存放6个月就会产生陈气；含水量超过7％时，滋味就会逐渐变差；含水量达到8.8％时，短时间内很可能发霉；含水量超过12％时，霉菌大量孳生，霉味产生。因此，对高档茶叶来讲，含水量应控制在6％以内。

2.茶多酚的自动氧化聚合

茶多酚是茶叶中多酚类物质的总称。在自然条件下，茶多酚是一种极易氧化的物质。绿茶中茶多酚的含量比其他茶类较高，茶多酚自动氧化后，外形色泽会由绿变黄，由润变枯；茶汤色泽变褐；滋味迟钝，鲜爽度降低。

3.氨基酸减少

在茶叶储藏的过程中，由于氨基酸能和多酚类化合物结合，形成不溶性的聚合物，使可溶性多酚类化合物减少，所以在一定程度上影响了茶叶的滋味。同时，氨基酸在一定的温湿度条件下，能自动氧化、降解和转化，从而影响成茶的品质。

4.抗坏血酸的氧化

抗坏血酸俗称维生素C，以绿茶中的含量最多。维生素C是绿茶品质变化的重要化学指标，若储藏不当，会发生氧化反应，使绿茶的外形色泽和汤色褐变。

5.叶绿素的变化

在茶叶的储藏过程中，色素的变化主要是绿茶中的叶绿素。在光和热的作用下，易产生置换和分解反应，使翠绿色的叶绿素脱镁反应生成褐色的脱镁叶绿素而使干茶色泽发生变化。当脱镁叶绿素的比例达到70％以上时，茶叶就会出现显著的褐变。

6.类脂物质的水解和氧化

茶叶中的脂类物质包括甘油酯、糖类、磷脂和一些不饱和脂肪酸，它们在空气中会与氧气发生氧化作用，生成醛类与酮类物质，从而产生酸败臭的气味，使茶叶显陈、酸败、汤色变深。

（二）储藏的环境条件及相应的技术措施

1. 低温

茶叶在储藏过程中环境温度越高，品质变化的速度越快，变化越激烈。有实验结果表明，温度每升高 10℃，茶叶的褐变速度要增加 3～5 倍。一般来说，在 0～5℃范围内，茶叶在−10℃以下，可以抑制褐变；在−20℃以下储存几乎能完全防止茶叶变质，因此，可利用冷藏箱、柜或建立小型冷库储藏为好。

2. 隔氧

空气中约含 21％氧气。因茶叶中的茶多酚、维生素 C 等许多物质会自动氧化，故无氧条件就能杜绝此类变化。可在茶叶包装中放入除氧剂，或采用真空包装、抽气充氮包装的方法有效阻止茶叶的自动氧化。

3. 避光

光线能促进叶绿素、类脂物质氧化，使茶叶产生褐变和日晒气。不宜采用透明的包装材料，最佳的包装材料为铝箔纸复合塑料。

4. 干燥

茶叶吸湿能力强。当茶叶含水量大于 5％以上，则变质明显。可在包装袋或贮存罐中放入干燥剂，如生石灰、硅胶（单独包装），采用透气性差的包装材料或容器，如铝箔复合塑料、锡罐。

5. 无异味

茶叶吸异味的能力强，所以储藏环境应无异味。

第四章
茶与健康

第一节 茶叶中的生化成分及保健功能

茶叶中含有丰富的生化成分，其中有机化合物达 450 种以上，无机化合物约有 30 种，目前已分离鉴定的达 500 多种。这些生化成分可以分为有机物和无机物，以有机物形态存在的主要有茶多酚、咖啡碱、茶色素、茶多糖、维生素、氨基酸、芳香物质、纤维素等，以无机物形态存在的主要有 Mn、Fe、F、Zn、Cu、Co、Rb、Se 等元素。茶叶中主要生化成分及含量见图 4-1-1。

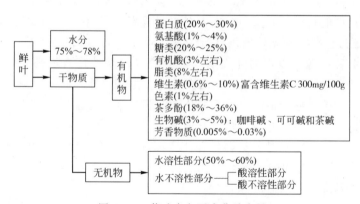

图 4-1-1 茶叶中主要成分及含量

茶叶中的生化成分既是茶叶品质基础，同时也是茶叶发挥一定保健功能和药理作用的原因。有关茶强身保健和延年益寿的记载在我国古代文献中常见记载，如《神农本草经》中有"茶味苦，饮之使人益思、少卧、轻身、明目"的描述。东汉名医张仲景在《伤寒杂病论》中有"茶治便脓血"之说。人们在用茶的实践中，认识到了茶具备多种保健功能，如消食去腻、清热解毒、止渴生津、利水通便、祛风解表等，现代医学研究表明茶还具有降血压、降血脂、抗衰老、抗辐射等功效。朱德曾有诗云："庐山云雾茶，味浓性泼辣，若得常年饮，延年益寿法。"坚持喝茶，可以得到营养物质的补充，同时还有一定的保健功效和防病治病功效。

一、茶叶中的营养成分

茶叶中含有多种营养成分，如蛋白质、氨基酸、脂质、碳水化合物、维生素、矿质元素等。茶叶如同一个聚宝盆，包含了各种有用的成分，发挥着各自的作用，它们的共同作用创造了茶叶的神奇能力。由于茶叶具有较多的健康功能，自古以来，茶就成了人们生活中不可缺少的物资之一，一直认为"宁可三日无粮，不可一日无茶"。

（一）蛋白质

茶叶中的蛋白质含量占干物质量的 20％～30％，能溶于水可直接被利用的蛋白质含量仅占 1％～2％。研究表明，茶叶中的蛋白质与大豆分离蛋白相比，具有较好的吸油性、乳化性和稳定性，是一种较好的功能性蛋白质资源。

（二）氨基酸

茶叶中的氨基酸占干物质总量的 1％～4％。茶叶中的氨基酸主要有茶氨酸、谷氨酸、精氨酸、丝氨酸、天冬氨酸等 20 余种。氨基酸是人体必需的营养成分，茶叶中的非蛋白质氨基酸如茶氨酸和 γ-氨基丁酸与人体健康有密切关系。

研究表明，茶氨酸具有如下功效：促进神经生长和提高大脑功能，从而增进记忆力和学习能力；对帕金森、老年痴呆症及传导神经功能紊乱等疾病有预防作用；降压安神，还有保护人体肝脏、增强人体免疫功能，改善肾功能、延缓衰老等作用。γ-氨基丁酸对人体具有多种生理功能，可显著降血压、改善脑机能、增强记忆力。

（三）维生素

茶叶中含有丰富的维生素类，其含量占干物质总量的 0.6％～1％。维生素分水溶性和脂溶性两类。脂溶性维生素有维生素 A、维生素 D、维生素 E 和维生素 K 等。水溶性维生素有维生素 C、维生素 B_1、维生素 B_2、维生素 B_6、维生素 B_{12}、维生素 P 和肌醇等。茶叶是一种富含维生素 C 的物质，绿茶中维生素 C 含量较高，有 100～250 毫克/100 克，维生素 C 易溶于水，可通过饮茶来补充体内每日所需量（50 毫克）。记载表明茶叶曾在海战及航海中被用来作为维生素 C 源，以预防坏血病。维生素 C 的功效还有增强免疫力、预防感冒、促进铁的吸收，而且它是强抗氧化剂，能捕捉各种自由基，抑制脂质过氧化，从而有防癌、抗衰老等功效。维生素 C 还能抑制肌肤上的色素沉积，因此有预防色斑生成等美容的效果。茶叶中维生素 E 的含量也高于其他植物，是菠菜含量的 32 倍，葵花籽油的 2 倍。维生素 E 也是很强的抗氧化剂，有抗衰老、美容的作用。因此，可通过食茶（将茶粉加入糕点中食用）的方式较好地摄取茶叶中的维生素 E。维生素 P 是与儿茶素结构相近、呈黄色或橙色的化合物。维生素 P 是维持毛细血管通透性的要素，主要功能是增强毛细血管壁韧性、调整其吸收能力。维生素 P 和维生素 C 有协同的作用，并促进维生素 C 的消化、吸收。荷兰、美国等国调查统计表明，黄酮类化合物摄取量与心血管病的死亡率呈负相关。茶叶中维生素 P 对于心血管病有一定的预防作用。茶叶中维生素 P 含量很高，尤其是秋茶中含量可高达 500 毫克/100 克以上，是很好的维生素 P 供给源（表 4-1-1）。

（四）矿质元素

茶叶中含有人体所需的常量元素和微量元素。常量元素主要是磷、钙、钾、钠、镁、硫等，微量元素主要有铁、锰、锌、硒、铜、氟和碘等。茶提供给人体组织正常运转所不可缺少的矿物质元素。维持人体的正常功能需要多种矿物质。根据人体每日所需量，在 100 毫克以上的矿物质被称为常量元素，在 100 毫克以下的为微量元素。到目前为止，已被确认与人体健康和生命有关的必需常量元素有钠、钾、氟、钙、磷和镁；微量元素有铁、锌、铜、氟、

表 4-1-1　茶叶中维生素的含量

名称		含量 μg/g	名称			含量 μg/g
B族维生素	维生素 B$_1$	1.5～6.0	维生素 C			350～1800
	维生素 B$_2$	13～17	维生素 E			300～800
	维生素 B$_3$	10～20	维生素 A	胡萝卜素		54
	维生素 B$_5$	50～75	类维生素 P	儿茶素及黄酮类		22000
	维生素 B$_6$	47	维生素 H	生物素 Ⅰ		0.5～0.8
	叶酸	0.50～0.76		生物素 Ⅱ（肌醇）		10

碘、硒等多种矿物质。矿物质元素都有其特殊的生理功能，与人体健康有密切关系。一旦缺少了这些必需元素，人体就会出现疾病，甚至危及生命。这些元素必须不断地从饮食中得到供给，才能维持人体正常生理功能的需要。茶叶中有近30种矿物质元素，与一般食物相比，饮茶对钾、镁、锰、锌、氟等元素的摄入最有意义。氟能预防龋齿和防治老年人骨质疏松。茶树是一种能从土壤中富集氟的植物，嫩梢中含氟 40～720mg/kg，老叶中含氟 250～1600mg/kg。氟可以预防龋齿发生，在牙膏中常加入氟化钠，但联合国世界卫生组织规定在儿童牙膏中不得加入氟化钠，以避免儿童无意或有意将含氟化钠的牙膏吞入。现已有将粗茶中的氟加入牙膏以取代氟化钠的产品面市。人体所含的矿物质中，钾的含量仅次于钙、磷，居第三位。钾是调节体液平衡、调节肌肉活动尤其是调节心肌活动的重要元素。缺钾会造成肌肉无力、精神萎靡、心跳加快、心律不齐。当人体出汗时，钾也和钠一样会随汗水排出。在茶叶中钾的含量居矿物质元素含量之首，是蔬菜、水果、谷类中钾含量的 10～20 倍，并且其在茶汤中的溶出率高达 100%。每 100mL 浓度中等的茶水中钾的平均含量为 10 毫克，如每 100 毫升浓度中等的红茶水中钾含量平均为 24mg。所以，夏天更应该选茶作为饮料。锌是人体内含量仅次于铁的微量元素，是很多酶的组成成分，人体内有 100 多种酶含锌。此外，锌与蛋白质的合成、与 DNA 和 RNA 的代谢有关。骨骼的正常钙化、生殖器官的发育和正常功能、创伤及烧伤的愈合、胰岛素的正常功能与敏锐的味觉都离不开锌。锌缺乏时会出现味觉障碍、食欲不振、精神忧郁、生育功能下降等症状，并易发高血压症，儿童会发育不良。但锌在水果、蔬菜、谷类、豆类中的含量相对低。动物性食品是人体锌的主要来源。而茶叶中锌的含量高于鸡蛋和猪肉中的含量，且锌在茶汤中的浸出率较高，为 35%～45%，易被人体吸收，因而茶叶被列为锌的优质营养源。硒是人体最重要的抗过氧化酶——谷胱甘肽过氧化酶的主要组成成分，具有很强的抗氧化能力，能保护细胞膜的结构和功能免受活性氧与自由基的伤害。因此硒对人体具有抗癌、防衰老和维持人体免疫功能的功效。硒不仅有防治心血管疾病和延缓衰老的功能，还能防治铅、汞等有害重金属对人体的毒害，起到解毒作用；能保护肝脏，抑制酒精对肝脏的损害。在不同地区的土壤、水源及动植物中的硒含量很不均匀。世界上有 40 多个国家和地区的部分或大部分地带缺硒。我国有 22 个省（自治区）市的一些县缺硒或低硒。要解决缺硒地区人群的补硒的问题，一是药物补充；另外一个是从饮食中补充。茶叶是我国传统的大众饮料，茶叶中的硒主要为有机硒，易被人吸收。茶叶中硒元素含量的高低主要取决于该茶区土壤的硒含量高低。非高硒区的茶叶中硒含量为 0.05～2.0mg/kg，硒含量较高的为湖北、四川、贵州部分茶区的茶叶，例如湖北的恩施玉露。

二、茶叶中的药用成分

（一）茶多酚类

茶多酚占干物质重的 20％～35％，其中儿茶素占茶多酚的 60％～80％。茶多酚呈苦涩味和收敛性，是茶叶滋味品质的主要成分之一。茶叶的鲜叶中所含的儿茶素发生氧化聚合，产生多种从黄色到褐色的茶多酚的氧化聚合物，如茶黄素、茶红素、茶褐素，这些是形成干茶和茶汤色泽的主要成分，红茶和乌龙茶等发酵茶类中有较多的茶多酚氧化聚合物，而且，红茶的茶黄素和茶红素的含量及两者的比例是决定红茶品质的重要指标。因此，茶多酚在茶叶品质形成中起着重要作用。同时，茶多酚又有多种生理活性，为茶叶保健功能做出巨大贡献。茶多酚的主要作用包括以下方面。

1. 抗氧化作用

茶多酚可通过多种途径来阻止机体受氧化：①清除自由基；②络合金属离子；③抑制氧化酶的活性；④提高抗氧化酶活性；⑤与其他抗氧化剂有协同增效作用；⑥维持体内抗氧化剂浓度。

2. 抗肿瘤作用

①抑制基因突变；②抑制癌细胞增殖；③诱导癌细胞的凋亡；④阻止癌细胞转移。动物实验确认，茶多酚对皮肤癌、食管癌、乳腺癌等有抑制作用。

3. 抗菌、抗病毒的作用

研究表明茶多酚能有效抑制变形链球菌、金色葡萄球菌等多种微生物的生长，同时，对流感病毒、人轮状病毒等具抑制作用。

此外，茶多酚还具降血脂、抗凝、促纤溶、解毒、抗衰老、抗辐射、增强人体免疫力等功能，临床上，茶多酚已直接或辅助用于心脑血管疾病、肿瘤、糖尿病、脂肪肝、龋齿等的治疗。目前，茶多酚已广泛应用于食品、日化等领域。如日本已开发出茶多酚抗感冒药物，匈牙利已开发出茶多酚保肝药，浙江大学已研制出可增进人体免疫功能的保健品。

（二）生物碱

茶叶中的生物碱主要有咖啡碱（也叫茶素）、茶叶碱、可可碱等，其中以咖啡碱为主，含量为 2％～4％，80％以上能溶于热水。咖啡碱是中枢神经兴奋剂，能使人提神益思，此外还具强心、延缓支气管痉挛和帮助消化的作用。茶叶中的咖啡碱常与茶多酚结合成络合物，所以它比游离态的咖啡碱具有更高的安全性。在对咖啡碱安全性评价的综合报告中的结论是：人在正常的饮用剂量下，咖啡碱对人无致畸、致癌和致突变的作用。

（三）茶多糖

茶多糖也叫脂多糖，是一类组成复杂且变化较大的混合物，研究表明茶多糖具有抗辐射、降血糖、降血脂、抗凝血及血栓、抗氧化、抗动脉粥样硬化、增加白细胞数量、提高人体免疫力等功效。茶叶中茶多糖含量约为 3％，目前，已有利用茶多糖制备降血糖和抗糖尿病的药物及健康食品的专利技术。

（四）茶皂素

茶皂素也是茶叶的保健和医疗功效成分之一。研究表明它除具有较强的表面活性之外，还具有溶血作用、降胆固醇作用、抗菌作用、降血压等生物活性。

（五）芳香类物质

茶叶中芳香类物质包括萜烯类、酚类、醇类、醛类、酸类、酯类等。其中酚类具有杀菌、兴奋中枢神经、镇痛等作用，对皮肤有刺激和麻醉作用。萜类物质有杀菌、消炎、祛痰等作用，可治疗支气管炎；醇类物质有杀菌作用；醛类和酸类物质具有抑杀霉菌和细菌、祛痰功能；酯类物质则可消炎镇痛、治疗痛风，促进糖代谢。

三、饮茶的保健的功效

（一）茶叶的保健功效

1.清胃消食助消化

茶叶有消食去腻助消化、加强胃肠蠕动、促进消化液分泌、增进食欲的功能，并可治疗胃肠疾病和中毒性消化不良、消化性溃疡、急性肠梗阻等疾病。如在边疆地区，一些少数民族以肉类和奶类为主食，其饮食中含有大量的脂肪和蛋白质，而蔬菜和水果很少，食物不容易消化，饮茶可以帮助油脂消化吸收，解除油腻，并补充肉食中矿物质和微量元素及维生素的不足。

茶叶中芳香油、生物碱具有兴奋中枢和植物神经系统作用，可刺激胃液分泌，松弛肠道平滑肌，对含蛋白质丰富的动物性食品有良好的消化效果。氨基酸、维生素 C 等具有调节脂肪代谢的功能，并有助于食物的消化。

2.生津止渴解暑热

实验证实饮热茶 9 分钟后，皮肤温度下降 1～2℃并有凉快、清爽和干燥的感觉，但饮冷茶皮肤温度下降感觉不明显。饮茶解渴是因为茶汤补给水分，且其中含有清凉、解热、生津等生效成分。

3.强骨、防除龋齿

实验研究和流行病学调查证实：茶有固齿强骨、预防龋齿的作用。茶叶中含有丰富的氟，氟在保护骨骼和牙齿的健康方面有非常重要的作用。龋齿的主要原因是牙齿的钙质较差，氟离子与牙齿的钙质有很大的亲和力，它们结合后可以补充钙质，使牙齿抗龋齿能力明显增强。茶本身是一种碱性物质，因此能抑制钙质的减少，起到保护牙齿的作用。

口腔发炎、牙龈出血等都是常见的口腔疾病，且常伴有口臭。晨起饮浓茶一杯，消除口中黏性物质，既净化口腔，又使人心情愉快。英国的学者指出：茶叶是英国食品中氟的主要来源，儿童经常饮茶可使龋齿减少 60%。

4.振奋精神除疲劳

茶叶含生物碱类，即咖啡碱、茶碱、可可碱。茶中咖啡碱与多酚类物质结合，使茶具有咖啡碱的一切药效且没有副作用。实验证实喝 5 杯红茶或 7 杯绿茶相当于服用 0.5g 咖啡因，可将基础代谢率提高 10%。故饮茶能消除疲劳、振奋精神、增强运动能力。

5.保肾清肝并消肿

茶可保肾清肝、利尿消肿，这是因为茶能增加肾脏血流量，提高肾小球滤过率，增强其排泄功能，其中发挥利尿作用的是茶碱、咖啡碱和可可碱。

6.降脂减肥保健美容

首先，咖啡碱能兴奋神经中枢系统，影响全身的生理机能，促进胃液的分泌和食物的消化。其次，茶汤中的肌醇、叶酸、泛酸等维生素物质以及蛋氨酸、卵磷脂、胆碱等多种化合物都有调节脂肪代谢的功能。此外茶汤中还含有一些芳香族化合物，它们能溶解油脂、消化肉类和油类等食物。如日本人称乌龙茶为美貌和健康的妙药，因为乌龙茶有很强的分解脂肪功能，长期饮用不仅能降低胆固醇，而且能使人减肥健美；法国一些年轻女郎把云南普洱茶称为保持形体美的"苗条汤"。中医书籍也称茶叶有去腻、减肥胖、消脂转瘦、轻身换骨等功效。适量饮茶有润肤健美、去脂减肥的功能。

7. 抗辐射

茶叶中的茶多酚和茶多糖等成分可以吸附和捕捉放射性物质，并与其结合排出体外。茶多糖、茶多酚、维生素 C 有明显的抗辐射效果。它们参与体内的氧化还原过程，修复生理功能，抑制内出血，治疗放射性损害。

（二）茶叶防治疾病的功效

1. 消炎杀菌抗感染

茶叶可辅助治疗如肝炎、痢疾、肠炎等由细菌感染引起的疾病，还能辅助治疗多种炎症，如膀胱炎、肾炎、尿路感染、鼻炎、支气管炎等。古医书中以治疗痢疾、肠炎的记载最多，这是因为茶叶可以抑制痢疾和伤寒杆菌的增殖。所用的茶叶剂型有水煎剂、浸泡剂和丸剂等，选用的茶叶主要是绿茶，其次是红茶和青茶，用量多为 5～15g，各种剂型均为口服，少数病人用茶汤灌肠。治疗急慢性细菌性痢疾和急性肠炎的效果都较好，治愈率分别在 80％和 96％左右。

2. 辅助防治心脑血管病

茶有降低胆固醇和辅助防治动脉粥样硬化的功能，有辅助防治心脑血管疾病的作用。心血管疾病是人类健康的"第一杀手"，饮茶能显著地降低血液中胆固醇的含量，具有降血脂功能，并有保护毛细管的作用，可使血管壁松弛、有效直径增大、弹性增加，甚至在血管受到破坏时，茶多酚也可使血管的功能得到恢复。

3. 预防治疗糖尿病

茶的降血糖有效成分目前有 3 种：复合多糖、儿茶素类化合物和二苯胺。此外，茶叶中的维生素 C、维生素 B_1，能促进动物体内糖分的代谢作用。茶多酚和维生素 C 能保持人体血管的正常弹性与通透性；茶多酚与维生素 C、维生素 B_1 等对人体的糖代谢阻碍有调节作用，特别是儿茶素类化合物，对淀粉酶和蔗糖酶有明显的抑制作用。绿茶的冷浸出液降血糖的效果最为明显。所以经常饮茶可以作为糖尿病的辅助治疗方法之一。

4. 防癌抗癌

目前研究表明，茶叶中茶多酚、茶色素、茶多糖等成分均具有抗癌效果。其中，茶多酚研究较为充分。茶多酚可以阻断亚硝酸等多种致癌物质在体内合成，并具有直接杀伤癌细胞和提高机体免疫力的功效。资料显示，茶叶中的茶多酚（主要是儿茶素类化合物），对胃癌、肠癌、食管癌等多种癌症的预防和辅助治疗均有裨益。

四、不同茶类的保健功效

研究表明，所有茶类均能有效预防心脑血管疾病、降脂、抗癌及预防糖尿病等。在上述基础功能上，每类茶又有其独特功效。人们常饮的绿茶和红茶能预防帕金森综合征，促进骨骼健康，防治肠胃和口腔疾病。乌龙茶对单纯性肥胖的疗效非常好，有效率可达 64％。乌龙茶还可有效抗突变、抗肿瘤。白茶是加工工艺最为简单的一类茶，它保持的化学成分有最接近茶鲜叶本身的成分，白茶可以抑制葡萄球菌和链球菌感染，对肺炎和龋齿的细菌具抗菌效果；其次，白茶还有解毒、退热、降火等功效，此外，白茶也可防治肥胖症。黑茶中有机酸含量较高，有机酸与茶多酚协同作用可有效改善人体胃肠道功能；黑茶降脂减肥的功效也较为显著，以高脂高热食物为主的人群喝黑茶能有较好的保健效果。如在我国少数民族地区，人们有每天喝黑茶的习惯。黄茶是在绿茶的加工工艺上加了闷黄的工艺，这个工艺使得绿茶的部分化学成分得到改变。黄茶可以防治食管癌，其抑菌效果也优于其他茶类，黄茶还可以提神、助消化、化痰止渴等。

第二节 科学饮茶常识

茶具有良好的保健功能，但饮茶不当也会给健康带来危害，因此，应科学饮茶。每个人的身体情况不同，如不同的年龄、性别、身体素质等，同时，茶叶多种多样，所含的成分有差别。因此，我们应该根据具体情况选择茶叶，并注意饮用的量和时间，以取得最理想的保健效果。

一、了解茶性，合理选茶

李时珍《本草纲目》中记载："茶，味苦，甘，微寒，无毒，归经，入心、肝、脾、肺、肾脏。阴中之阳，可升可降。"六大茶类茶叶本身有寒凉和温和之分。绿茶属不发酵茶，富含叶绿素、维生素C，性凉而微寒；白茶是微发酵茶，性温凉平缓，陈放的白茶有去邪扶正的功效；黄茶属部分发酵茶，性寒凉；青茶（乌龙茶）属于半发酵茶，性平，不寒亦不热，属中性茶；红茶属全发酵茶，性温；黑茶属于后发酵茶，茶性温和，滋味醇厚回甘，刺激性不强。从中医角度上来讲，人的体质有平和质、气虚质、阳虚质、阴虚质、血瘀质、痰湿质、湿热质、气郁质者和特禀质9种。气虚质者、气郁质者和特禀质者应喝淡茶，血瘀质者、痰湿质者和湿热质者可喝浓茶；阳虚质者应多饮红茶、黑茶、重发酵乌龙茶等温性茶，而阴虚质者应多饮绿茶、黄茶、白茶等凉性茶。

二、不同季节不同时间合理饮茶

（一）根据季节饮用不同的茶叶

科学饮茶，即要根据一年四季气候的变化和茶的属性来饮茶。春季，气候开始转暖，随着雨水的增多，空气湿度较大，适当喝些花茶，可以祛寒理郁，促进人体阳刚之气回升；夏季，天气比较热，喝一些绿茶或白茶，绿茶性凉，可以驱散身上的暑气，消暑解渴，给人一种舒畅的感觉；秋季天气逐渐转凉，饮用一些乌龙茶，可以消除夏天余热，恢复津液；冬季，天气寒冷，饮一杯味甘性温的红茶或者发酵较重的乌龙茶，可以给人生热暖胃。像乌龙茶中的铁观音、普洱，由于生性温和，适宜一年四季饮用。

（二）一天中饮茶选择

早餐过后，可饮用绿茶，起到醒脑提神的作用；午餐过后，则宜饮用乌龙茶，起到消食去腻、醒脑提神的作用；午后喝些红茶，调理脾胃，还可搭配些零食以缓解饥饿；晚餐后喝黑茶，消食去腻的同时舒缓神经。

（三）不适合饮茶的时间

忌空腹饮茶，空腹饮茶会冲淡胃酸，还会抑制胃液分泌，妨碍消化，甚至会引起心悸、头痛、胃部不适、眼花、心烦等现象。饭前后不宜大量饮茶，饮茶冲淡胃液，影响食物消化，茶中含有草酸，草酸会与食物中的蛋白质和铁生成人体不易吸收的物质。睡前不宜喝茶，茶叶中含有咖啡碱，它能兴奋大脑中枢神经，同时饮茶还会摄入过多水分，引起夜尿增多，这些都会影响睡眠。服药期间不宜饮茶，茶中的茶多酚会与药中的一些生化成分发生络合反应，从而影响和降低药效，因此，服药期间不宜饮茶。

三、特殊人群饮茶注意事项

一般来说，身体健康者可根据自己的喜好饮用各式各样的茶叶，对于心动过速的冠心病患者来说，不宜饮浓茶，因为茶叶中的生物碱有兴奋作用，能增强心肌的机能，多喝茶或喝浓茶会促使心跳加快。对于脾胃虚寒者来说，不适宜喝绿茶，绿茶性偏寒，对脾胃虚寒者不利。脾胃虚寒者饮茶时在茶类的选择上，应多喝红茶、乌龙茶、普洱茶。对于肥胖症的人来说，饮用各种茶都是很好的，因为茶叶中的咖啡碱、黄烷醇类、维生素类等化合物，能促进脂肪氧化，消除人体多余的脂肪。医学研究显示：云南普洱茶具有减肥健美功能和防治心血管病的作用，并得到临床验证。我国西北地区的少数民族有"宁可三日无粮，不可一日无茶"的说法，他们主食牛羊肉和奶酪等高脂肪食品而不发胖的原因之一，就是经常饮用砖茶。乌龙茶分解脂肪的作用很明显。常饮乌龙茶也能帮助消化，起到减肥健美的作用。常喝乌龙茶和普洱茶，有利于降脂减肥。

（一）老人饮茶应注意的事项

老年人适量饮茶有益于健康。但由于老年人的生理变化，易患某些疾病，应注意控制饮茶的量。患有骨质疏松症和关节炎、骨质增生者不宜大量饮茶，尤其是粗老茶及砖茶等含氟较高的茶类，过量饮用会影响骨代谢。心脏病患者及高血压病人不宜饮浓茶。另外，由于老人肾脏对尿浓缩功能降低，尿量明显增加，故不宜睡前饮茶。

（二）孕妇、儿童饮茶应注意的事项

孕妇、儿童一般都不宜喝浓茶，因为浓茶中过量的咖啡因会使孕妇心动过速，给胎儿带来过分的刺激。儿童适量饮茶，可加强胃肠蠕动，帮助消化；饮茶有清热降火之功效，避免儿童大便干结造成肛裂。

（三）女性饮茶应注意的事项

大家都知道，饮茶的好处很多，但是在女性的某些特殊时期并不适宜随意饮茶。

1.行经期

经血中含有比较高的血红蛋白、血浆蛋白，所以女性在经期或是经期过后不妨多吃含铁比较丰富的食品。而茶叶中含有30％以上的鞣酸，在肠道中易同食物中的铁离子结合产生沉淀，妨碍肠黏膜对铁的吸收和利用，不能起到补血的作用。

2.怀孕期

茶叶中含有较丰富的咖啡碱，饮茶将加剧孕妇的心跳速度，增加孕妇的心脏、肾脏负担，增加排尿，诱发妊娠中毒，更不利于胎儿的健康发育。

3.临产期

这期间饮茶，会因咖啡碱的作用而引起心悸、失眠，导致体质下降，还可能导致分娩时

产妇精神疲惫，造成难产。

4. 哺乳期

茶中鞣酸被胃黏膜吸收，进入血液循环后，会产生收敛的作用，从而抑制乳腺的分泌，造成乳汁的分泌障碍。此外，由于咖啡碱的刺激作用，母亲不能得到充分的睡眠，而乳汁中的咖啡碱进入婴儿体内，会使婴儿发生胃痉挛，无故啼哭。

5. 更年期

45 岁以后，女性开始进入更年期。在此期间饮用浓茶，除感情容易冲动以外，有时还会出现乏力、头晕、失眠、心悸、痛经、月经失调等现象，还有可能诱发其他疾病。

既然女性在上述特殊时期不宜饮茶，不妨改用浓茶水漱口，会有意想不到的效果。经期用茶水漱口，女性会感到口腔内清爽舒适、口臭消失，使其"不方便"的日子拥有一个好心情；怀孕期孕妇容易缺钙，用茶水漱口可以有效预防龋齿，还可以使原有病变的牙齿停止恶化，临产期用茶水漱口，可以增加食欲，白天精力旺盛，夜晚提升睡眠质量，对于精神状况会有不同程度的改善；在哺乳期使用茶水漱口，可以预防牙龈出血，同时杀灭口腔中的细菌，保持口腔的清洁，提升乳汁的质量；更年期会有不同程度的牙齿松动，在牙周产生许多厌氧菌，目前没有特效药杀灭这种病菌，用茶水漱口则可以防治牙周炎，具体的方法：取茉莉花茶 3g，用 60mL 热水冲泡 30 分钟以上，分早、中、晚三次含漱，冲泡的水温在 75～85℃最佳。

第三节 茶食品及花草茶、水果茶

一、茶食品

"茶食"一词的概念宽泛，既指掺茶作食作饮，又指用于佐茶的一切供馔食品，还可以指不用于佐茶而是用茶制作的其他糕点和糖果类。但是在茶学界，"茶食"往往专指用茶掺以其他原料烹制成的茶肴、茶点、茶膳等，即指含茶的食物。

自从神农尝百草发现茶叶以来，茶叶就一直供作药用、食用、饮用。掺茶作食物作饮料是茶食品，用于佐茶的一切供馔食品是茶食品，不用于佐茶而用茶制作的其他糕点和糖果类也是茶食品。与其如此宽泛，不如把茶食品专指将固态茶叶进行深加工处理、掺以其他原料、烹制而成的含茶食品，如茶菜、茶主食、茶零食、含茶饮料等。

茶食品分类：茶点、茶肴、茶膳。

（一）茶点

休闲时候喝茶，搭配茶食的原则可概括成一个小口诀，即"甜配绿、酸配红、瓜子配乌龙"。所谓甜配绿即甜食搭配绿茶来喝，如用各式甜糕、凤梨酥等配绿茶；酸配红即酸的食品搭配红茶来喝，如用水果、柠檬片、蜜饯等配红茶；瓜子配乌龙即咸的食物搭配乌龙茶来喝，如用瓜子、花生米、橄榄等配乌龙茶。

茶点与传统点心相比较而言，制作更加精美，注重茶点的色彩与造型，讲究茶点的观赏性。例如水晶蝴蝶饺，晶莹剔透，待饺子蒸熟后快速插上鱼翅的翅针制的"蝴蝶须"，惟妙惟肖，真是妙笔。全素的馅料隔着透明的薄皮现出缤纷色彩，令人赏心悦目；再如传统茶点鲜虾饺在小巧精致的竹制蒸笼里晶莹透亮，鲜活的虾仁露出羞涩的粉红，隐约可见，入口柔韧而富有弹性，由于馅心当中添加了荸荠泥进去，于是在虾仁的滑腻间留住了脆爽，似乎特别为茶客留住了春天；而在鲜虾饺的基础上创新的"绿茵白兔饺"，用瘦肉、鲜虾等作馅料，改制成小白兔的形状，用火腿肉点作眼睛，再用芫荽垫底摆盘，活像一群小白兔在草地嬉戏……

茶点的品尝重在慢慢咀嚼，细细品味，所以作为茶点应极富有品尝性。例如："荔红步步高"便是用荔枝红茶汤混合荸荠粉做成的茶点，红白相间，层层叠叠。先把一部分茶汤、荸荠粉、白糖和炼奶混合做成奶糊，剩下的茶汤与白糖、粉浆煮成茶汤糊，把两种糊分层蒸熟，冷冻后用模具印刻成各种形状。细细咀嚼，凉滑、淡雅的荔枝红茶香味流连在口里，配上一杯红茶，回味悠长。再如榴莲酥，其酥皮薄如蝉翼，表面略刷清油，撒几粒芝麻，轻轻咬开外层薄薄的壳，就像吃到了一颗刚剥开的榴莲，榴莲之多出乎意料，浓郁的香味在舌尖上泛起，这榴莲之浓鲜恰好是榴莲酥的妙境。而用龙珠花茶叶酥炸而成的龙珠香麻卷，是用糯米皮包着瘦肉、虾仁、胡萝卜等馅料卷成"日"字形，再扫上蛋黄、芝麻和龙珠花茶叶，在锅中炸至金黄色而成；茶叶镶嵌在外皮上，星星点点，酥脆易碎，让人唇齿留香。

我国茶点种类繁多，口味多样。就地方风味而言，我国就有黄河流域的京鲁风味、西北风味，长江流域的苏扬风味、川湘风味，珠江流域的粤闽风味等，此外，还有东北、云贵、鄂豫以及各民族风味点心。茶点的选择空间很大，在"干稀搭配、口味多样"这个总的指导原则下，可以选择春卷、锅贴、饺子、烧卖、馒头、汤团、包子、家常饼、银耳羹等传统点心中的任意数种，也可以运用因茶的品种不同而创新的茶点品种。例如茶果冻，是将果冻精心调入4种不同口味的茶叶（红茶、绿茶、茉莉花茶、乌龙茶）制成，且不添加色素、防腐剂，口味独特，是纯天然的健康食品。此外还有茶瓜子、茶奶糖等。

（二）茶肴

茶肴是中国烹饪中一枝清灵的奇葩。茶叶做饭菜，有以茶叶为主料的，但更多的是作为配料熏、腌、蒸、炸、炒、煮、拌。厨师或将茶叶碾成粉末融入菜中，取其茶香清雅；或将茶水烧菜，取其色香悠久；或直接爆香炒菜，化解油腻，而茶韵犹存。

直接用茶叶作主料的菜，最有名的是安徽"炸雀舌"。安徽黄山毛峰是中国的十大名茶之一，茶叶片小而尖，似雀舌。将这绿茶泡开后，裹以鸡蛋和淀粉制成的糊，投入油锅中炸好后放入花椒盐即成。这道菜放在小瓷碟中，精致玲珑，入口则雀舌细嫩，清香甘美。云南省基诺族的"凉拌茶叶"也是用茶叶作主料，把新鲜的茶叶放进锅里煮熟捞起晾干，佐以辣椒油、大蒜泥，加入清泉水即食。浙江菜"龙井虾仁"，不好说何为主料，何为配料，盘中的虾、茶，一白一青，对比强烈。"虾仁玉白鲜嫩，茶芽碧绿清香"，色丽味美。

用茶叶熏的菜最多。其中的茶菜有四川菜"樟茶鸭子"、广东菜"茶香鸡"和"香茶鸡"、安徽菜"毛峰熏鲥鱼"。各地学习以上名菜的烹饪法，派生出各种茶叶熏鸡、茶叶熏鸭、茶叶熏鱼等茶菜。熏"樟茶鸭子"的茶叶是上等的沱茶或竹叶青茶。把熟的肥鸭入熏炉用茶叶、樟树叶熏过，出炉后入笼蒸，再下油锅炸。此菜色红油亮，肥而不腻，鲜嫩香脆，茶香四溢。"茶香鸡"及"香茶鸡"，都是香熏成，但用的茶叶不同，鸡的味道也就不同。"茶香鸡"用广东的水仙茶直接熏成枣红色，肉嫩味醇；香茶鸡用福建的茉莉花茶加曲酒置于精卤水浸鸡，再用白糖熏制成金黄色，味中带有一股茉莉花茶的淡雅清香。"毛峰熏鲥鱼"选用中国茶中极品黄山毛峰熏成，金鳞玉脂，油亮发光，细嫩鲜美，茶香十足。腌就是浸，用茶水腌鸡鸭鱼肉，待茶水浸入肉内再制成各种茶菜。茶叶浸出的名菜是"童子敬观音"。观音是指中国十大名茶之一的铁观音，童子就是童子鸡。一斤多重的童子鸡放入铁观音茶水中浸泡 12 小时，待茶液渗入童子鸡后卤成，吃时有茶叶的甘味。蒸茶菜中有"茉莉花茶蒸桂鱼"，把桂鱼放在蒸架上，朝上那面盖薄膜纸，下面空出的地方摆茉莉花茶，让花茶蒸气渐入鱼身而香不外溢。上桌时茶香扑鼻，鱼腥尽解，食得鱼真味的同时，满口茶香。用极品乌龙茶蒸出的猪肘，茶香浓郁，味道醇厚。制作"乌龙猪肘"并不难，把浸湿的乌龙茶包在纱布中与猪肘一起蒸酥，再将猪肘放入锅中放盐和味精把汁烧干即可。

炸，把茶叶剁碎或整茶拌入鸡蛋、淀粉制成浆糊，裹住要炸的菜。炸出的茶菜酥脆，色泽鲜艳，香中有茶味。如茶叶炸肉，肥而不腻；炸出的茶叶虾，风味独特，是下酒的好菜。

炒，大多用茶汁，也有把泡好的茶叶连茶汤一起倒入锅中炒菜的，有茶炒腰花等各种各样的炒茶菜。有名的"台湾乌龙肉丝"，就是在肉丝快炒熟时，把泡开的乌龙茶汤连茶叶一起倒入翻炒而成，香醇诱人。"极品碧螺春炒银鱼"绿白相间，肥美鲜嫩。茶叶炒出的鸡蛋色彩艳丽，悦目爽口。用中国十大名茶祁门红茶炒出的鸡丁，色泽红润而富有光泽，那红茶带甜味的香质在鸡丁中清鲜持久。

煮也就是炖，包括烧、焖，做法是按一定的比例，把茶叶和要煮物同放进锅内加水煮，也有用茶水煮的。煮出的鸡、鸭、鱼，肉嫩茶香，回味悠久；煮出的猪肉、排骨、牛肉，味道鲜美。用茶水煮出的大米饭，营养价值高，除了可以防治心血管疾病、肠道传染病、牙齿疾病外，还能祛风清热、防治中风。

（三）茶膳

茶膳是将茶作为菜肴和饭食的烹制与食用方法的总和，是一种大众化的茶叶消费新方式，是茶叶经济发展的一个新增长点。

现代茶膳具有配套发展的特点。茶膳形式，按消费方式划分，有家庭茶膳、旅行休闲茶膳和餐厅茶膳三种。一般情况下，餐厅茶膳内容比较丰富，可分为：①茶膳早茶，供应热饮和冷饮，如绿茶、乌龙茶、花茶、红茶、茶粥、皮蛋粥、八宝粥、茶饺、虾饺、炸元宵、炸春卷等。②茶膳快餐或套餐，供应茶饺、茶面、茶鸡玉屑，配以一碗汤，或一杯茶，一听茶饮料。③茶膳自助餐，可供应各种茶菜、茶饭、茶点、热茶、茶饮料、茶冰淇淋，还可自制香茶沙拉、茶酒等。家常茶菜茶饭，如茶笋、炸雀舌、茶香排骨、松针枣、怡红快绿、白玉拥翠、春芽龙须、茶粥、龙须茶面、茶鸡玉屑等。特色茶宴，如婚礼茶宴、生辰茶宴、庆功茶宴、春茶宴等。

茶膳在普通中餐的基础上，采用优质茶叶烹制茶肴和主食，具有以下特点：①讲求精巧、口感清淡。茶膳以精为贵，以清淡为要。比如"春芽龙须"这道菜，选用当天采摘的绿豆芽，掐头去尾，掺以当年采摘的水发春茶芽（去掉茶梗及杂叶），微咸、清香、白绿相间，用精致小木盆上菜，深受顾客喜爱。茶膳口味多酥脆型、滑爽型、清淡型，每道菜都加以点饰。②有益健康。茶膳选用春茶入菜入饭，茶菜中不少原材料来自山野。春茶和山野茶都不施用化肥，而且富含对人体有益的多种维生素。③融餐饮、文化于一体。比如"怡红快绿"这道菜的创意源于古典名著《红楼梦》，"银针庆有余"则把"年年有余"的中国民俗与明前银针茶融于茶菜中。又比如，茶膳使用八仙桌椅、木制餐具，在用传统茶艺表演为客人品尝茶膳助兴时，可以播放专门编配的茶曲，使客人在传统民族文化形式与现代艺术形式相结合的氛围中，既饱口福，又饱眼福，将餐饮消费上升到文化消费的层次。④雅俗共赏，老少皆宜。茶膳顺应人们日益增强的返璞归真、注重保健、崇尚文化品位等消费新需求，从几元钱的茶粥、茶面到上千元的茶宴都能供应，又确有新意，因而适应面较广。

二、花草茶

花草茶是一种不含茶叶成分的饮料，是由植物的根、茎、叶、花、果等部分混合而成。花草茶的茶材取自大自然，不含咖啡因和其他人工添加剂，不会对人体产生太大的负面影响。通常是当做保健治疾的疗方，目前在我国，花草茶被称为"天然的健康饮品"，已成为都市生活中的一种下午茶的方式，呈现出优雅的休闲情调，今后在国内外，符合健康概念的花草茶将因此而流行下去。

冲泡之后的花草茶有一种天然的芳香，让人仿佛置身于大自然，聆听花草的低语。在闲暇的午后，静心地冲泡一壶花草茶，看着一朵朵花、一片片叶在水中舞蹈，人的心情也会随之愉悦。

（一）如何正确冲泡花草茶

冲泡花草茶是一件赏心悦目的事，看着花草茶在壶中沉沉浮浮，花和叶慢慢地舒展开来，等待茶汤慢慢呈现金黄色或者鲜绿色，真是一种美的享受。但是泡好一壶茶也不是一件容易的事，有很多需要注意的地方。

1. 洗茶

花草茶在进行干燥处理之前都是直接采摘，大部分都是没有清洗过的，所以茶材上难免会有花粉、细沙等杂质。这些杂质若在一起冲泡会影响到茶的颜色和味道，因此在冲泡之前应和泡茶叶一样，先洗茶以去掉茶材上残留的杂质。

2. 水质

山泉水是冲泡花草茶最好的选择。用山泉水泡出来的茶汤不会偏色，杂质少，最能泡出茶的原本味道。

3. 水温

泡花草茶时水温的选择也是非常重要的。因为花草茶一般是用植物的花、根、叶等制成，这些材料需要 80～90℃ 的开水才能泡出茶的味道。

4. 器皿

花草茶一般色彩鲜艳，茶汤颜色也很丰富，因此适宜玻璃器皿冲泡。看着一朵朵花在茶壶中绽放，不仅让味觉得到享受，更让视觉得到放松，而这个冲泡、品味的过程又可愉悦身心。

值得注意的是，在冲泡花草茶的时候不要将花草茶与金属器皿接触，因为花草茶中天然的药理成分若与金属发生化学反应，将影响效果。

5. 花草茶的常用配料

花草茶取自天然植物，那些植物带有天然的苦味或者酸味，让人难以下咽。因此我们常常会在喝的时候加入一些调味品，给茶汤增加些味道。在使用配料的时候，要注意不能随意增加调味品，选择调味品最重要的原则是不能破坏茶汤原有的味道和功效。常用的配料有蜂蜜、冰糖等。

（二）花草茶搭配禁忌

作为食用的花草大多是性温、性寒和性平一类的，性温的食用花草主要有梅花、茉莉花、玫瑰花、月季花、藏红花等；性寒的食用花草主要有夏枯草、金银花、菊花、槐花等；

性平的花草主要有合欢花、玉米须、芙蓉花、薰衣草等。在搭配时，那些药性温的花草最好不要和性寒的花草配伍食用。另外，还要分清自己的体质情况，如热性体质的人，宜选用性寒的花草，而虚寒体质的人则适用性温的花草，对于那些性平的花草则大多可选用。

复合花草的配伍也不要太杂，尽量不要超过3～4种，最好能在中医师的指导下来选用。特别是那些身有疾患的人更应该慎重，千万不要把花草茶当成药品，甚至取代治疗药品。长期饮用复合花草茶的人，在饮用的时间上也要听从中医的意见，有时饮用过量也会造成身体不适。

（三）花草茶的成分

花草茶能拥有丰富的风味及广泛的功效，主要是各种花草茶成分互补的结果。各花草茶的成分相当繁杂，其中比较常见的为以下几种。

1. 芬芳精油类

芳香精油类又称为挥发性精油，虽然就花草茶成分比例而言含量并不高，但极有效果。在不同种类的花草茶中，芳香精油具有防腐、抗微生物、消炎止痛、制止痉挛等作用，对人体的免疫系统也大有裨益。

2. 单宁

单宁也称为鞣质，它是花草茶涩味及苦味的来源，并具有收敛、止泻、防感染的效果。

3. 维生素

花草茶的维生素含量丰富且种类繁多，是一种基础的营养成分。饮用花草茶，能吸收其中的水溶性维生素 A、维生素 C 等，不但能促进消化和养颜美容，也有助于从根本上改善体质。

4. 矿物质

花草茶中含有多种矿物质，如镁、钙、铁等，这些都是人体保健的基本营养成分。

5. 类黄酮

类黄酮是一种色素，常和维生素 C 并存于花草茶中，对花草茶的色泽极具影响。它除了利尿、强健循环系统之外，抗肿瘤、抑癌（防止自由基形成）的功能也渐受重视。

6. 苦味素

苦味素为部分花草茶带来苦味，但有促进消化、消炎、抗菌等功能。

7. 配糖体

通常以药用为主的植物中都含有配糖体，它是花草茶发挥疗效的主要成分之一，具有强心、防腐、镇咳、利尿等功能。

8. 生物硅

生物硅也是植物药用成分的主力之一，尤其对神经系统极有影响，但因为含有毒性而须小心使用。不过在一般常饮的花草茶中，这些成分微乎其微，并不会有中毒之虞。

（四）常见花草茶的保健功效

花草茶由于拥有上述成分，因此能对人体赋以营养、提升精力、调节机体、增强免疫系统，从而发挥保健的功效。

1.常见花草茶种类

（1）玫瑰花　性质温和。能降火气，可调理血气，促进血液循环，养颜美容，且有消除疲劳、愈合伤口、保护肝脏胃肠的功能，长期饮用也有助于促进新陈代谢。

（2）薰衣草　薰衣草又名宁静的香水植物，可以净化心绪，解除紧张焦虑，疏解压力，松弛神经，此外也可治疗初期感冒咳嗽，促进消化，还是治疗偏头痛的理想花茶。但应避免服用高剂量薰衣草，特别是孕妇。

（3）金盏花　金盏花对治疗消化系统溃疡及淋巴结炎有极佳的疗效，保护消化系统，增强肝脏功能，并可以治疗痔疮。此外有助缓解痛经，建议女性多加饮用。

（4）紫罗兰　紫罗兰对解除宿醉、清肝、消除口臭，缓解咳嗽、头痛，对扁桃体炎、支气管炎具有辅助疗效。

（5）薄荷　薄荷可消除胃胀气或消化不良以及咽喉肿胀，并有镇静、降热、消除头痛、加强血液循环的作用。值得注意的是薄荷并不适合产妇及婴儿食用，应尽量避免。

（6）马鞭草　马鞭草是可以提神的花草茶，可以消除恶心感并促进消化，有助于刺激肝功能、强化神经系统、具有瘦身消脂功能。

（7）菊花　菊花可以滋补肝肾、明目。野菊花清热解毒的功效最好；由白菊花和上等乌龙茶焙制而成的菊花茶，是室内办公一族应必备的一种茶，因为茶中的白菊具有去毒的作用，对体内积存的有害化学或放射性物质，都有抵抗、排除的功效。

（8）茉莉花　茉莉花有提神的功效，可安定情绪及疏解郁闷。患胃弱、慢性支气管炎等呼吸器官疾病的宜多饮用，此外，对于便秘、腹痛及头痛也有帮助。

2.减肥的花草茶搭配

荷叶：清脂、消炎、瘦身。

番泻叶：大便干结，口干口中异味，面赤身热。

苦瓜茶：降糖、治便秘、开胃消食、养颜美容。

瘦腿茶：柠檬草＋马鞭草＋迷迭香。

粉玫瑰：平衡内分泌、补血气，美颜护肤，适合因内分泌紊乱而造成的肥胖。

苦丁茶：降压、消脂、瘦身。

菩提叶＋柠檬草：有助净化肠道，消解油脂，减去小肚腩。

美容瘦身：桃花＋玉美人。

3.排毒养颜的花草茶搭配

茉莉花：疏肝明目、润肤养颜，治面色暗哑无华，性温香淡，能理气开郁，强化免疫系统，并对痢疾、腹痛、结膜炎及疮毒等具有较好的消炎解毒的作用。

桂花：滋阴补肾、调解内分泌、保肝、养胃、排毒养颜、美白。

桃花：美容养颜。

玉蝴蝶（木蝴蝶）：清肺利咽、疏肝和胃，美白肌肤，但长期泡水喝可能会引起脾、胃不适等副作用，孕妇、经期女性和胃寒体差人士应谨慎饮用。

红花：排毒养颜，养血补血，理气健胃，痛经。

芦荟：排毒养颜，美白肌肤。

4.去皱美白的花草茶搭配

玫瑰花：性质温和，降火气，可调理经期，促进血液循环，养颜美容。消除疲劳，愈合伤口，保护肝脏脾胃肠功能，长期饮用有助于促进新陈代谢。

迷迭香：有助于恢复脑部疲劳，并能增强记忆力，对宿醉、头昏晕眩及紧张性头痛也有良效。兼具有美容功效，可减少皱纹的产生，去除斑纹。

5.消斑美白的花草茶搭配

红巧梅：对黄褐斑、雀斑、肝斑、色斑、暗疮有明显的疗效。

千日红：与红巧梅同饮，祛斑效果更佳。

玫瑰茄：解酒保肝，美白祛斑，酸甜可口。

玫瑰花：对雀斑、皱纹有明显的消除作用。

蜡梅花：美容皮肤，养颜消斑，调节内分泌，促进细胞新陈代谢，对黑斑有良效。

迷迭香：有助于恢复脑部疲劳，并能增强记忆力，对宿醉、头昏晕眩及紧张性头痛也有良效。兼具有美容功效，可减少皱纹的产生，去除斑纹。

桃花：清除黄褐斑、雀斑、黑斑，改善血液循环。

三、水果茶

水果茶是指将某些水果或瓜果与茶一起制成的饮料，有枣茶、梨茶、橘茶、香蕉茶、山楂茶、椰子茶、红心茶等。人们出于某种保健目的，将一些对人体有益的水果单独制成或与茶叶一起制成的具有某种特定效果的饮料。

（一）水果茶的分类

1.枣茶

① 用红枣与茶同泡，常饮有明显的预防心血管疾病和健脾开胃的作用。

② 红枣与茶叶、甘草煎汤饮用，对贫血、血小板减少性紫癜、妇女更年期盗汗等均有改善作用。

2.梨茶

梨去皮切成小块与茶叶同泡饮服，有保肝、助消化、促食欲的作用。以冰糖、茶叶与梨同炖，不仅可祛痰、治哮喘、健胃润肺，而且对嗓子有良好的养护作用，很适合歌唱家和播音员饮用。

梨性味甘寒，用梨泡茶有助于消化，并有保肝促食欲的作用，有的用冰糖和茶一起炖梨，不仅可消痰降火，润肺清心，还适宜于咳嗽、烦渴失音患者。

3.橘茶

色、香、味兼优的橘子有促进人体新陈代谢的作用，将橘肉和茶叶用开水泡制后饮用，对防癌有一定效果，如果用新鲜干净的橘皮与白糖一同冲开水喝，有理气消胀、生津润喉、清热止咳的作用。

4.杏茶

杏果性甘酸、微温，用杏干和茶叶冲泡的杏果茶，有润肺定喘、生津止渴、清热祛毒的效果。常饮杏茶，还可止咳、平喘、祛痰、润肠、通便，但一次勿多饮。

5.山楂茶

山楂性味酸甘微温，有开胃消食、化滞消积、活血化瘀的功效，制作时将鲜山楂洗净后，去籽、切片，盛入杯中，加入茶叶一起冲泡，制成山楂茶。常饮用山楂与茶叶泡成的山楂茶，有明显的降低血清胆固醇、降血压、利尿、镇静等功效。另外，还可消积食、清瘀血、止腹泻、解毒化痰以及辅助治疗小儿疝气。

6.综合果茶

菠萝原汁 200g 柠檬原汁一匙，柳丁（台湾的一种水果，又名柳橙）原汁一匙多点，百香果原汁一匙，苹果原汁少许，糖适量，红茶一包。做法：将所有的材料放入锅中加水煮开，再加红茶搅动均匀即可。功效：补气、增强抵抗力。

7.果粒茶

主要原料：玫瑰果、芙蓉花、苹果肉、杜松果，果粒茶含有丰富的维生素 A、维生素 B、维生素 C、维生素 E、果酸以及矿物质，特别是玫瑰果所含的维生素 C 是柠檬的 60 倍，清凉解毒，自古有"维生素 C 国王"的美誉，加上不含咖啡因与单宁，很适合喝了茶或咖啡后容易失眠的人群。做成冰饮，在夏日里更能沁凉身心，想美容的人只要冲泡得淡一些不加糖，效果也很不错。

（二）水果茶的饮用方法

1.基本饮法

将水果茶用热开水冲泡后，加入适量的蜂蜜或冰糖，此为热饮；调好后加入冰块，即为冷饮的喝法。另外，如果时间充裕的话，也可以放入冰箱冷却后饮用。这是最基本的调法。

2.飘浮饮法

先将水果茶调配成冷饮，倒入漂亮的杯子中，大约九分满就可以了，再用冰淇淋勺挖出一球冰淇淋，放到水果茶上，这样就可以了，切记一定要用冰的水果茶，如果用热的水果茶，那么冰淇淋一放进去就会溶化，这样就会影响茶的口感。

3.水果饮法

先将花果茶调成冷饮后，加入适量的水果，可以加强水果茶的口感。例如水果果粒、水果丁或是水果切片都可以，主要要看花果茶的种类来选择，比如蓝莓口味的花果茶，就可以加入酸性水果，像是奇异果果粒，或是柳橙片等。

4.蜜饯饮法

把花果茶冲泡好后，加入话梅略拌一下，等个 3min 左右，就是一杯好喝的蜜饯花果茶了。花果茶用热饮或冷饮均可，蜜饯也可使用无花果、金橘干等，看自己喜欢什么样的口味，就选择什么样的蜜饯，都是可以的，主要的功能只是用来增添风味而已。

5.果酱果茶

把花果茶冲泡好后，加入草莓果酱 1 小匙，搅拌均匀后即可饮用。其中，花果茶用热饮或冷饮均可，果酱也可以使用其他各种口味的果酱，要注意的是，如果加了果酱，那么蜂蜜或冰糖可以酌量减少使用分量，甚至不加也可以。

（三）水果茶的制作方法

水果茶一般有两种做法：一种是把水果放锅里煮几分钟，再冲泡茶叶；另一种就是水果不煮，直接用开水冲泡。

泡水果茶，材料中的水果品种可以按照个人的喜好放，苹果、梨、菠萝等都是不错的选择，用时令水果最好。而柠檬是材料中不可缺少的，柠檬的清新味道可以提升整杯茶的味

道。茶叶不要长时间泡在茶壶里，会影响水果的清新味道。下面为大家提供几种水果茶的制作方法。

① 做法一：

原料：苹果1个、橙子1个、柠檬2片、薄荷1枝、蜂蜜或冰糖适量。

做法：苹果洗净、带皮切块，橙子去皮切块；烧一小锅水，水开后把苹果和橙子块放进去煮20min；如果加冰糖，在煮的时候最后几分钟加入继续煮；如果加蜂蜜，煮好后放到温热再加入；喝的时候切入两片柠檬味道更佳。也可以加入其他水果一起煮，比如梨子、菠萝、柚子。

② 做法二：

原料：红茶1小包、柠檬2片、苹果1个、梨1个、草莓5个、蜂蜜。

做法：苹果、梨、草莓洗净后切成小块；然后全部放进茶壶里加入柠檬片和红茶包，最后加入开水，盖上盖子焖3min；待茶香味散发出来后，取出红茶包，最后等稍凉后加入蜂蜜即可饮用。

③ 做法三：

原料：苹果1个、杨桃1个、单枞30g。

做法：苹果洗净后切成小块；杨桃去掉周围的边角，从中间切开，切成片；然后和单枞茶一起放入锅中，加入适量的水，煮开后转小火煮10min即可。

④ 做法四：

原料：橙子2个，苹果1个，立顿红茶1小包，蜂蜜少量。

做法：橙子用榨橙器榨出橙汁，苹果切成小丁，待用；在微波杯中倒入开水约50mL，投入茶包，放入微波炉以高火加热30秒；取出倒入橙汁和苹果丁，再次微波加热90秒，取出茶包，倒入适量蜂蜜。

⑤ 做法五：

原料：柚子、冰糖、蜂蜜。

做法：将柚子去皮，并将柚子皮洗净，切成细丝待用；将柚子果肉剥出待用；将冰糖放入锅中，并在锅中放足量的凉水，开火；待冰糖融化后，将柚子果肉、果皮放入锅中，大火煮开后，改小火熬。待果肉、果皮煮烂，汤汁变黏稠，即可关火，晾凉后，根据自己的口味放入适量的蜂蜜即可。

第四节　名人与茶

茶，清心明目，消食去腻，解酒止渴，提神去愁，深得古今国人的喜爱。茶文化是我国民族文化中不可忽视的一朵奇葩。展开茶叶那绵延数千年发展的历史画卷，我们不难发现有许多历史名人与茶结下了不解之缘。

一、皎然

皎然（720—803年），俗姓谢，名昼，字清昼，浙江湖州人，为南朝谢灵运的第十世孙，是唐代著名诗僧，也是个茶僧。他善于烹茶，并有多首茶诗传世。他的茶诗《饮茶歌诮崔石使君》，赞誉剡溪茶（产于今浙江嵊州）清香飘逸、味如琼浆的良好品质，并生动描绘了一饮、再饮、三饮后的感受，与同时代卢仝的《七碗茶歌》有异曲同工之妙。历史上茶道一词，也最早出现于皎然的这一诗中，这比日本使用茶道一词早了800余年。除剡溪茶外，皎然对湖州顾渚紫笋茶和临安天目山茶也颇为钟情。他曾居湖州杼山妙喜寺，常结伴游顾渚山，因而对顾渚紫笋茶十分了解。他在《顾渚行寄裴方舟》中写道："女宫露涩青芽老，尧市人稀紫笋多。紫笋青芽谁得识，日暮采之长太息。清泠真人待子元，贮此芳香思何极。"另一首茶诗《对陆迅饮天目山茶，因寄元居士晟》中则对天目山茶的采制、煎饮等作了具体的描述。

皎然与陆羽结识于浙江湖州，遂交往加深，成为知交。

二、白居易

白居易（772—846年），字乐天，晚年号香山居士，其祖籍为太原（今属山西），后来迁居陕西境内（今陕西渭南东北）。白居易是唐代著名的现实主义诗人。

他对自己的爱茶、烹茶技艺十分自信，他在《谢李六郎中寄新蜀茶》诗中吟到："汤添勺水煎鱼眼，末下刀圭搅麹尘。不寄他人先寄我，应缘我是别茶人。"这在他所作的其他诗作中也可得到印证。诗中还多处提到茶与酒、琴的关系。如"琴里知闻唯渌水，茶中故旧是蒙山""鼻香茶熟后，腰暖日阳中""伴老琴长在，迎春酒不空。""醉对数丛红芍药，渴尝一碗绿昌明。"等。

白居易的《琵琶行》，是一首千古名诗，在对琵琶女的身世深表同情、深刻鞭笞封建社会摧残妇女的罪恶的同时，也为茶史留下了一条重要的资料："弟走从军阿姨死，暮去朝来颜色故。门前冷落鞍马稀，老大嫁作商人妇。商人重利轻别离，前月浮梁买茶去。去来江口守空船，绕船月明江水寒。"浮梁，在今江西省景德镇市北，由此可见唐代已是一个茶叶集散地了。

唐长庆二年（公元822年）白居易任杭州刺史，在两年任内，他迷恋西子湖的香茶甘泉，留下了一段与灵隐寺韬光禅师汲泉烹茗的佳话。白居易以茶邀韬光禅师入城汲泉品茗，"命师相伴食，斋罢一瓯茶"。而韬光禅师则不堪俗境，偏不领白刺史的情，以诗笺之："山僧野性好林泉，每向岩阿倚石眠……城市不堪飞锡去，恐妨莺啭翠楼前"。诗中婉然带讽，白居易则豁然大度，亲自上山与禅师一起品茗。杭州灵隐寺的烹茗井相传就是白居易与韬光禅师的烹茗处。

三、卢仝

卢仝（约795—835年），号玉川子，祖籍范阳（今河北涿州）人，唐代诗人。卢仝出生于河南济源，家境贫困，年轻时隐居少室山，刻苦读书。后到洛阳，受韩愈及其学派的影响，开始弃佛道而崇儒学，学高而不愿仕进，贾岛的《哭卢仝》说他"平生四十年，惟著白布衣"。卢仝所处的时代社会环境极度不稳，所以他颇有些怀才不遇的感慨。他曾作《月蚀诗》，讥讽当时宦官专权。他的诗文大多是对当时腐败朝政及百姓疾苦的反映，其中"寓意于民，为民请命"的思想在卢仝的一生中体现得很强烈。卢仝曾南下扬州，遁迹于社会最底层的劳动人民中，亲身体验到唐王朝政繁赋重、官暴吏贪、民不堪命的痛苦，他作诗就是一种"呐喊"。卢仝的《走笔谢孟谏议寄新茶》，又称《七碗茶歌》或《茶歌》。诗中作者以神乎其神的笔调，描写了从第一碗茶饮至第七碗茶时的各种美好感受，其中类似"两腋生清风，飘然上蓬莱"的描写可谓登峰造极。他的《茶歌》，历经数代，仍传唱不衰，堪称历代咏茶诗中的经典之作！诗人在极尽渲染饮茶之美的同时，仍不忘在最后体恤民生，为苍生请命，进一步体现了卢仝的人格品德。

后代的文人墨客在品茗咏茶时，每每引用"卢仝""玉川子""七碗茶歌""清风生"等词语，可见卢仝《茶歌》对后世的影响之深、之广。苏轼有"何须魏帝一丸药，且尽卢仝七碗茶"的名句；杨万里饮茶时"不待清风生两腋，清风先向舌端生"；清代汪巢林赞卢仝"一瓯瑟瑟散轻蕊，品题谁比玉川子"；明代胡文焕则自夸："我今安知非卢仝，只恐卢仝未相及。"当代佛教名人赵朴初先生也题诗："七碗受至味，一壶得真趣。空持百千偈，不如吃茶去。"

后人常把卢仝与陆羽相提并论，"三篇陆羽经，七度卢仝碗"，人们把陆羽称为"茶圣"，把卢仝称为"亚圣"。人说茶香飘万里，谁能胜过七碗茶呢？有人把陆羽的《茶经》、卢仝的《茶歌》和赵赞的"茶禁"（即征茶税）当作是对唐代茶业发展影响最大的三件事，看来不无道理。

卢仝于大和九年（835 年）在"甘露之变"中，因留宿宰相兼榷茶使王涯家中而被误捕遇害。清代《济源县志》记载：在县西北二十里处的石村之北，有"卢仝别墅"和"烹茶馆"，十二里处的武山头有"卢仝墓"，山上还有卢仝当年烹茶时汲水的"玉川泉"。据说卢仝自号"玉川子"，是出自此泉名。

四、陆龟蒙和皮日休

陆龟蒙（？—约 881 年），字鲁望，自号江湖散人、甫里先生、天随子，长洲（今江苏苏州）人。唐代诗人、农学家，早年举进士不中，后隐居甫里。陆龟蒙喜爱茶，在顾渚山下辟一茶园，每年收取新茶为租税，用以品鉴。日积月累，编成《品第书》，可惜今已不存。

皮日休（约 834—883 年），字袭美，一字逸少，自号鹿门子，又号间气布衣、醉吟先生，襄阳（今属湖北）人。晚唐诗人、文学家，咸通八年登进士第，随即东游至苏州，曾任苏州刺史，其后又入京为太常博士，出为毗陵（今江苏常州）副使。黄巢称带后，被任命为翰林学士。

皮日休在苏州与陆龟蒙相识，两人诗歌唱和，评茶鉴水，是一对亲密的诗友和茶友。世以"皮陆"相称。在他们的诗歌唱和中，皮日休的《茶中杂咏》和陆龟蒙的《奉和袭美茶具十咏》最令人注目。

皮日休在《茶中杂咏》诗的序中，对茶叶的饮用历史作了简要的回顾，并认为历代包括《茶经》在内的文献中，对茶叶的各方面的记述都已是无所遗漏，但在自己的诗歌中却没有得到反映，实在引以为憾。这也就是他创作《茶叶杂咏》的缘由。

皮日休将诗送呈陆龟蒙后，便得到了陆龟蒙的唱和。他们的唱和诗内容包括茶坞、茶人、茶笋、茶籝、茶舍、茶灶、茶焙、茶鼎、茶瓯、煮茶十题，几乎涵盖了茶叶制造和品饮的全部，他们以诗人的灵感、丰富的辞藻，艺术、系统、形象地描绘了唐代茶事，对茶叶文化和茶叶历史的研究，具有重要的意义。

五、欧阳修

欧阳修（1007—1072 年），字永叔，号醉翁，晚号六一居士，吉州永丰（今属江西）人。北宋著名政治家、文学家，唐宋八大家之一。

欧阳修论茶的诗文不算多，但却很精彩。例如，他特别推崇修水的双井茶，有《双井茶》诗，详尽述及了双井茶的品质特点和茶与人品的关系：

西江水清江石老，石上生茶如凤爪。

穷腊不寒春气早，双井芽生先百草。

白毛囊以红碧纱，十斤茶养一两芽。

宝云日注非不精，争新弃旧世人情。

君不见，建溪龙凤团，不改旧时香味色。

欧阳修对蔡襄创制的小龙团十分关注，他在为蔡襄《茶录》所作的后序中论述到当时人们对小龙团茶的珍视，已成为后人研究宋代贡茶的宝贵资料。

"茶为物之至精，而小团又其精者，录序所谓上品龙茶是也。盖自君谟始造而岁供焉。仁宗尤所珍异，虽辅相之臣，未尝辄赐。惟南郊大礼致斋之夕，中书枢密院各四人共赐一饼，宫人翦为龙凤花草贴其上，两府八家分割以归，不敢碾试，相家藏以为宝，时有佳客，出而传玩尔。至嘉祐七年，亲享明堂，斋夕，始人赐一饼，余亦忝预，至今藏之"。

《大明水记》是欧阳修论烹茶之水的专文。他在文中对唐代陆羽《茶经》和张又新《煎茶水记》的比较和批判，显示出了一个学者独立思考、不随人后的本色。

六、苏轼

苏轼（1037—1101年），字子瞻，号东坡居士，眉山（今四川眉山市）人。苏东坡是中国宋代杰出的文学家、书法家，而且对品茶、烹茶、茶史等都有较深的研究，在他的诗文中，有许多脍炙人口的咏茶佳作，流传下来。

他创作的散文《叶嘉传》，以拟人手法，形象地称颂了茶的历史、功效、品质和制作等各方面的特色。

苏东坡一生，因任职或遭贬谪，到过许多地方，每到一处，凡有名茶佳泉，他几乎都会留下诗词。如元丰元年（公元1078年），苏轼任徐州太守时作有《浣溪沙·簌簌衣巾落枣花》一词："酒困路长惟欲睡，日高人渴漫思茶。敲门试问野人家"，形象地再现了他思茶解渴的神情。《送刘寺丞赴余姚》中"千金买断顾渚春，似与越人降日注"，是称颂湖州的顾渚紫笋。

而对福建的壑源茶，则更是推崇备至。他在《次韵曹辅寄壑源试焙新茶》一诗中这样写道：

仙山灵草温行云，洗遍香肌粉末匀。

明月来投玉川子，清风吹破武林春。

要知冰雪心肠好，不是膏油首面新。

戏作小诗君勿笑，从来佳茗似佳人。

后来，人们将苏东坡的另一首诗中的"欲把西湖比西子"与"从来佳茗似佳人"辑成一联，陈列到茶馆之中，成为一副名联。

苏东坡烹茶有自己独特的方法，他认为好茶还须好水配，活水还须活火烹。他还在《试院煎茶》诗中，"蟹眼已过鱼眼生，飕飕欲作松风鸣"，对烹茶用水的温度作了形象的描述，以沸水的气泡形态和声音来判断水的沸腾程度。

苏东坡对茶的功效，也深有研究。在熙宁六年（1073年）在杭州任通判时，一天，因病告假，游湖上净慈、南屏诸寺，晚上又到孤山谒惠勤禅师，一日之中，饮浓茶数碗，不觉病已痊愈，便在禅师墙壁上题了七绝一首：

示病维摩元不病，在家灵运已忘家。

何须魏帝一九药，且尽卢仝七碗茶。

苏轼还在《仇池笔记》中介绍了一种以茶护齿的妙法：除烦去腻，不可缺茶，然暗中损人不少。吾有一法，每食以浓茶漱口，烦腻即出，而脾胃不知。肉在齿间，消缩脱去，不烦挑刺，而齿性便漱濯，缘此坚密。率皆用中下茶，其上者亦不常有，数日一啜，不为害也，此大有理。

七、黄庭坚

黄庭坚（1045—1105 年），字鲁直，号山谷道人、涪翁，洪州分宁（今江西修水）人。宋代杰出的诗人和书法家。

元祐二年（1087 年），黄庭坚在京任职时，收到老家送来的双井茶，他立刻将茶分赠给好友苏轼，并写下了这首《双井茶送子瞻》诗：

> 人间风日不到处，天上玉堂森宝书。
>
> 想见东坡旧居士，挥毫百斛泻明珠。
>
> 我家江南摘云腴，落硙霏霏雪不如。
>
> 为公唤起黄州梦，独载扁舟向五湖。

从此，双井茶便一举闻名。

黄庭坚早年嗜酒，中年时因病停饮，但对茶却更加热爱，常常是煮茗当酒倾。他的诗词歌赋中屡见对茶的吟颂佳作。如他的茶词《品令》，对饮茶的欢悦心情作了细腻的刻画：

> 凤舞团团饼，
>
> 恨分破，教孤零。
>
> 金渠体净，
>
> 只轮慢碾，玉尘光莹。
>
> 汤响松风，
>
> 早减了，
>
> 二分酒病。
>
> 味浓香永。
>
> 醉乡路，成佳境。
>
> 恰如灯下，
>
> 故人万里，归来对影，
>
> 口不能言，心下快活自省。

黄庭坚的《煎茶赋》对烹茶的过程、品茶的审味、佐茶的宜忌以及饮茶的功效，作了集中的描述：

"汹汹乎如涧松之发清吹，皓皓乎如春空之行白云。宾主欲眠而同味，水茗相投而不浑。苦口利病，解醪涤昏，未尝一日不放箸，而策茗碗之勋者也。余尝为嗣直瀹茗，因录其涤烦破睡之功，为之甲乙……"

八、陆游

陆游（1125—1210 年），字务观，号放翁，山阴（今浙江绍兴）人。

陆游是南宋著名的爱国主义诗人，有许多脍炙人口的佳作，譬如"壮心未与年俱老，死去犹能作鬼雄""王师北定中原日，家祭无忘告乃翁"广为人们吟诵。

陆游的一部《剑南诗稿》，有诗九千三百多首。他自言六十年间万首诗并非虚数。其中涉及茶事的就有三百首之多。

陆游一生曾出仕福州，调任镇江，又入蜀、赴赣，辗转祖国各地，在大好河山中饱尝各处名茶。茶孕诗情，裁香剪味，陆游的茶诗情结，是历代诗人中最突出的一个。他一生中所作咏茶的诗多达二百多首，为历代诗人之冠。陆游的茶诗，包括的面很广，从诗中可以看出，他对江南茶叶，尤其是故乡茶的热爱，他自比陆羽："我是江南桑苎家，汲泉闲品故园茶"，这"故园茶"就是当时的绍兴日铸茶。

陆游在诗中还对分茶游戏作了不少的描述。分茶是一种技巧性很强的烹茶游戏，善于此道者，能在茶盏上用水纹和茶沫形成各种图案，也有水丹青之说。陆游诗中反映出，他常与自己的儿子进行分茶，调剂自己的生活情致。陆游在《临安春雨初霁》一诗中吟道："矮纸斜行闲作草，晴窗细乳戏分茶"。诗中表露的闲散和无聊的心境，间接地反映出在国家多事之秋，爱国志士却被冷落的沉重的社会景象，也反映出南宋王朝的腐败和衰落。

九、朱熹

朱熹（1130—1200 年），字元晦，号晦翁，祖籍徽州婺源（今属江西婺源）人，侨居福建。朱熹学问渊博，广注典籍，在哲学上发展了程颢、程颐的思想，建立了客观唯心主义的理学体系，世称"程朱理学"，对宋以后的阶级统治和社会发展起到了很大的作用。

朱熹自幼在茶乡长大，对"建茶"十分熟悉，后又当过茶官，任浙东常平茶盐公事，更与茶结下了不解之缘。他曾写《劝农文》，提倡广种茶树。他自己也是身体力行，躬耕茶事，把种茶、采茶当他是讲学、做学问之余的休闲修身之举。乾道六年（1170 年），他在建阳芦峰之巅云谷，构筑"竹林精舍"（晦庵），在北岭种植茶圃，取名"茶坂"，亲自耕种、采摘、制作、品饮；并写有《休庵》《茶坂》等诗。其中《茶坂》诗云："携籝北岭西，采撷供茗饮。一啜夜窗寒，跏趺谢衾枕。"自产自啜，佳茗伴夜读，正可谓是意味深长。淳熙十年（1183 年），朱熹于武夷五曲隐屏山麓建"武夷精舍"，四周有茶圃三处，植茶百余株，讲学之余，行吟丛中。其《咏茶》诗云："武夷高处是蓬莱，采取灵根手自栽。地僻芳菲镇长在，谷寒蜂蝶未全来。红裳似欲留人醉，锦障何妨为客开。饮罢醒心何处所，远山重叠翠成堆。"现在的"武夷名枞"之一的"文公茶"，正是朱熹所植茶树繁衍而成的。

朱熹嗜茶，尤喜茶宴。他与开善寺主持圆悟长老是一对茶中知己，常一起品茗论道。圆悟长老圆寂后，朱熹还专门写诗吊唁："炷香瀹茗知何处，十二峰前海明月。"朱熹曾两次回祖籍地扫墓，每次他都带去武夷茶，在祖宅里设茶宴招待老家的亲朋故旧。淳熙五年（1178），朱熹去建阳东田培村表兄丘子野家赴茶宴，曾赋诗："茗碗瀹甘寒，温泉试新浴""顿觉尘虑空，豁然洗心目"。更具诗情画意的是，在"武夷精舍"旁的五曲溪中流，有"巨石屹然，可以环坐八九人，四面皆深水，当中齐凹自然为灶，可以瀹落"，朱熹常与友人携茶具环坐石上烹茶品茗，吟诗论道，其乐融融。至今石上还留有朱熹手迹："茶灶"。他的《茶灶》诗云："仙翁遗石灶，宛在水中央。饮罢方舟去，茶烟袅细香。"

朱熹爱茶，自然不忘将茶与自己的思想融为一体。他以茶穷理，将茶性与中庸的道德标准联系在一起。《朱子语类·杂类》中说："茶本苦物，吃过却甘。林夔孙问：'此理何如'？曰：'也是一个道理，如始于忧勤，终于逸乐，理而后和'。"这是说品茶与求学问一样，在学的过程中，要狠下功夫，苦而后甘，始能乐在其中。朱熹还把饮茶与治家联系在一起讨论，认为治家宜严，就像吃酽茶，苦而后甜；如果治家放松，就会像喝淡茶，味如嚼蜡，家人行为会失去娴雅。

宋代福建的龙凤团茶名冠天下，精雕细琢，岁岁入贡。有人认为建茶身居台阁，珠光宝

气，富贵味重，不如草茶闲逸高雅。朱熹提出了不同见解，他说："建茶如'中庸之为德'，江茶如伯夷叔齐。《南轩集》曰：'草茶如草泽高人，腊茶如台阁胜士。'似他之说，别伤了建茶，却不如适间之说两全也。"武夷茶色泽澄亮，香气馥郁，滋味醇厚，是纯洁、中和、清明之象征，这才是建茶的"理"所在，不论它是否入贡，都是不带富贵气的。至于后来建茶的地位、名声和过分的人工雕琢等，都是"气"的变化。理才是本，气仅为形。建茶处草泽乃是佳品，处台阁亦为名茶。这种品质与儒家的"中庸之为德"是吻合的。

朱熹认为，君子应"素其位而行"，富贵贫贱不能移，要"喻于义"，而不"喻于利"。这也是他自己的人生准则。他学问盖世，但并不用于敛财，安贫乐道，廉退可嘉。他"衣取蔽体，食取充腹，居止取足以障风雨。人不能堪，而处之裕如也"。

《宋史朱熹传》说他"箪瓢屡空，晏如也。诸生之自远而至者，豆饭藜羹，半与之共"。朱熹正如他所写的茶联："客来莫嫌茶当酒，山居偏隅竹为邻。"清贫而不失其志。

"智者乐水、仁者乐山"。朱熹把追求思想境界当做人生的崇高目标，而茶正是他精神生活中的良朋益友。他在题匾赠诗时曾用"茶仙"署名，也当是名副其实了。

十、李渔

李渔（1611—1680），原名仙侣，号天徒，后改名渔，号笠翁，一字笠鸿、谪凡。

李渔祖籍在浙江兰溪下李村，生于雉皋（即今江苏如皋），李渔是明末清初一位杰出的戏曲和小说作家，在他的作品中，对茶事有多方面的表现。

《明珠记·煎茶》的剧情中，三十多名宫女去皇陵祭扫，途经长乐驿。这个驿站的驿官叫王仙客，听说他的未婚妻亦在其中，便乔装打扮，化装成煎茶女子，打探消息。王仙客坐拥茶炉煎茶，伺机而行，恰逢其未婚妻要吃茶，他便趁机而得到了会面。在其中，煎茶和吃茶成了剧情发展的重要线索。茶，成了促进王仙客和其未婚妻情感的重要媒介。

李渔小说《十二楼》之《夺锦楼》篇第一回"生二女连吃四家茶，娶双妻反合孤鸾命"。说的是鱼行老板钱小江与妻子边氏有两个极为标致的女儿，可是夫妻俩却像仇敌一般。钱小江要把女儿许人，专断独行，边氏要招女婿，又不与丈夫通气。两人各自瞒天过海，导致两个女儿吃了四家的茶。吃茶，就是指女子受了聘礼。明代开始，娶妻多用茶为聘礼，所以，女子吃了茶，就算是定了亲。

李渔在《闲情偶寄》中，记述了不少品茶经验。其卷四"居室部"中有"茶具"一节，专讲茶具的选择和茶的储藏。他认为泡茶器具中阳羡砂壶最妙，但对当时人们过于挚爱紫砂壶而使之脱离了茶饮，则大不以为然。他认为："置物但取其适用，何必幽渺其说"。

他对茶壶的形制与实用的关系，作过详细的研究。

"凡制茗壶，其嘴务直，购者亦然，一曲便可忧，再曲则称弃物矣。盖贮茶之物与贮酒不同，酒无渣滓，一斟即出，其嘴之曲直可以不论。茶则有体之物也，星星之叶，入水即成大片，斟泻之时，纤毫入嘴，则塞而不流。啜茗快事，斟之不出，大觉闷人。直则保无是患矣，即有时闭塞，亦可疏通，不似武夷九曲之难力导也。"

李渔论饮茶，讲求艺术与实用的统一，他的记载和论述，对后人有很大的启发。

十一、郑燮

郑燮（1693—1766年），字克柔，号板桥，江苏兴化人，清代著名书画家、文学家。

作为扬州八怪之一的郑板桥，曾当过十二年七品官，他清廉刚正，在任上，他画过一幅墨竹图，上面题诗："衙斋卧听萧萧竹，疑是民间疾苦声。些小吾曹州县吏，一枝一叶总关情。"他对下层民众有着十分深厚的感情，对民情风俗有着浓厚的兴趣，在他的诗文书画中，总是不时地透露着这种清新的内容和别致的格调。茶，是其中的重要部分。

茶是郑板桥创作的伴侣，茅屋一间，新篁数竿，雪白纸窗，微浸绿色，此时独坐其中，一盏雨前茶，一方端砚石，一张宣州纸，几笔折枝花。朋友来到，风声竹响，愈喧愈静。墨兰数枝宣德纸，苦茗一杯成化窑。郑板桥善对联，多有名句流传：楚尾吴头，一片青山入座；淮南江北，半潭秋水烹茶。

"从来名士能评水，自古高僧爱斗茶"。"白菜青盐糙子饭，瓦壶天水菊花茶"。在他的诗书中，茶味更浓。他所书《竹枝词》云：

"溢江江口是奴家，郎若闲时来吃茶，黄土筑墙茅盖屋，门前一树紫荆花。"

他的一首："不风不雨正清和，翠竹亭亭好节柯。最爱晚凉佳客至，一壶新茗泡松萝。"得到了不少文人的共鸣。

郑板桥喜欢将茶饮与书画并论，饮茶的境界和书画创作的境界往往十分契合。清雅和清贫是郑板桥一生的写照，他的心境和创作目的在《题靳秋田素画》中表现得十分清楚：

"三间茅屋，十里春风，窗里幽兰，窗外修竹，此是何等雅趣而安享之人不知也；懵懵懂懂，没没墨墨，绝不知乐在何处。惟劳苦贫病之人，忽得十日五日之暇，闭柴扉，扫竹径，对芳兰，啜苦茗。时有微风细雨，润泽于疏篱尺径之间，俗客不来，良朋辄至，亦适适然自惊为此日之难得也。凡吾画兰画竹画石，用以慰天下之劳人，非以供天下之安享人也。"

十二、爱新觉罗·弘历(乾隆皇帝)

说起著名的龙井茶，就会想到乾隆皇帝。

乾隆皇帝即清高宗爱新觉罗·弘历（1711—1799 年），雍正十三年（1735 年）即皇帝位，次年改元乾隆。

乾隆是清代一位有作为的君主，他多次南巡，有四次到西湖茶区，并为龙井茶作了四首诗。

公元 1751 年，即乾隆十六年，他第一次南巡到杭州，去天竺观看了茶叶的采制，作了《观采茶作歌》诗，诗中对炒茶的火功作了很详细的描述，其中"火前嫩，火后老，唯有骑火品最好，地炉文火徐徐添，乾釜柔风旋旋炒，慢炒细焙有次第，辛苦工夫殊不少"几句，十分贴切准确。

到了公元 1757 年（乾隆二十二年），乾隆第二次来到杭州，他到了云栖，又作《观采茶作歌》诗一首，对茶农的艰辛有较多的关注。诗中吟道：

前日采茶我不喜，率缘供览官经理。

今日采茶我爱观，吴民生计勤自然

…………

雨前价贵雨后贱，民艰触目陈鸣镳。

由来贵诚不贵伪，嗟我老幼赴时意。

敝衣粝食曾不敷，龙团凤饼真无味。

五年以后，即乾隆二十七年（公元 1762 年），乾隆第三次南巡，这次来到了龙井，品尝了龙井泉水烹煎的龙井茶后，欣然成诗一首，名为《坐龙井上烹茶偶成》，诗曰：

龙井新茶龙井泉，一家风味称烹煎。

寸芽生自烂石上，时节焙成谷雨前。

何必凤团夸御茗，聊因雀舌润心莲。

呼之欲出辨才在，笑我依然文字禅。

品尝龙井之茶后，乾隆意犹未尽，时隔三年，即第四次南巡时，他又来到龙井，再次品饮香茗，也再次留下了他的诗作《再游龙井》。

乾隆皇帝还善于品水，他有一个特制的银斗，用以量取全国名泉的轻重，以此来评定优劣。

乾隆年高退位后，对茶更是钟爱，他在北海镜清斋内专设焙茶坞，用以品鉴茶水。他饮茶养身，享年 89 岁，是历代帝王中的高寿者。

十三、曹雪芹

曹雪芹（约 1715—1763 年），是文学巨著《红楼梦》的作者。曹雪芹名霑，字梦阮，号雪芹，祖籍辽阳（存争议），先世原为汉族，后来成为满洲正白旗包衣人。

曹雪芹是一位见多识广，才华横溢，琴、棋、书、画、诗词皆佳的小说家，对茶的精通，更是一般作家所不及。他在百科全书式的《红楼梦》中，对茶的各方面都有相当精彩的论述。

在《红楼梦》中，曹雪芹提到的茶的类别和功能很多，有家常茶、敬客茶、伴果茶、品尝茶、药用茶等。

《红楼梦》中出现的名茶很多，其中有杭州西湖的龙井茶，云南的普洱茶及其珍品女儿茶，福建的青凤髓茶，湖南的君山银针，还有暹罗（泰国的旧称）进贡来的暹罗茶等，这些反映出清代贡茶在上层社会使用的广泛性。

曹雪芹的生活，经历了富贵荣华和贫困潦倒，因而有丰富的社会阅历，对茶的习俗也非常了解，在《红楼梦》中有着生动的反映。

此外，《红楼梦》中还表现了寺庙中的莫晚茶、吃年茶、迎客茶等的风俗。

曹雪芹善于把自己的诗情与茶意相融合，在《红楼梦》中，有不少妙句，如写夏夜的："倦秀佳人幽梦长，金笼鹦鹉唤茶汤。"写秋夜的："静夜不眠因酒渴，沉烟重拨索烹茶。"写冬夜的："却喜侍儿知试茗，扫将新雪及时烹。"

茶在曹雪芹《红楼梦》中的表现，处处显出浓重的人情味，哪怕在人生诀别的时刻，茶的形象还是那么的鲜明。晴雯即将去世之日，她向宝玉索茶喝："阿弥陀佛，你来得好，且把那茶倒半碗我喝，渴了这半日，叫半个人也叫不着。"宝玉将茶递给晴雯，只见晴雯如得了甘露一般，一气都灌了下去。

当八十三岁的贾母即将寿终正寝时，睁着眼要茶喝，而坚决不喝人参汤，当喝了茶后，竟坐了起来。茶，在此时此刻，对临终之人是个最大的安慰。

十四、鲁迅

鲁迅（1881—1936 年），原姓周，幼名周樟寿，字豫山，后改字为豫才。1889 年起，改名周树人。鲁迅是他 1918 年发表《狂人日记》时开始用的笔名。

鲁迅出生于浙江绍兴一个逐渐没落的士大夫家庭。自幼受到过诗书经传的熏陶，他对艺术、文学有很深的爱好。

鲁迅的外婆家住在农村，因而，他有机会与最下层的农民保持着经常的联系，对民情民俗有很深刻的认识。这对他后来的思想发展和文学创作都有一定的影响。

鲁迅爱喝茶，他的日记和文章中记述了不少饮茶之事、饮茶之道。他经常与朋友到北京的茶楼去交谈。如：

1912 年 5 月 26 日，下午，同季市、诗荃至观音街青云阁啜茗；

12 月 31 日，午后同季市至观音街……又共啜茗于青云阁等。

鲁迅对喝茶与人生有着独特的理解，并且善于借喝茶来剖析社会和人生中的弊病。

鲁迅有一篇名《喝茶》的文章，其中说道："有好茶喝，会喝好茶，是一种'清福'。不过要享这'清福'，首先就须有工夫，其次是练习出来的特别感觉"。

从鲁迅先生的文章中可见"清福"并非人人可以享受，这是因为每个人的命运不一样。同时，鲁迅先生还认为"清福"并非时时可以享受，它也有许多弊端，享受"清福"要有个度，过分的"清福"，有不如无：

"于是有人以为这种细腻敏锐的感觉，当然不属于粗人，这是上等人的牌号。……我们有痛不属于粗人，这是上等人的牌号。……我们有痛觉，……但这痛觉如果细腻敏锐起来呢？则不但衣服上有一根小刺就觉得，连衣服上的接缝、线结、布毛都要觉得，倘不空无缝天衣，他便要终日如芒刺在身，活不下去了"。

"感觉的细腻和敏锐，较之麻木，那当然算是进步的，然而以有助于生命的进化为限，如果不相干甚至于有碍，那就是进化中的病态，不久就要收梢。我们试将享清福，抱秋心的雅人，和破衣粗食的粗人一比较，就明白究竟是谁活得下去。喝过茶，望着秋天，我于是想：不识好茶，没有秋思，倒也罢了"。

鲁迅的《喝茶》，犹如一把解剖刀，剖析着那些无病呻吟的文人们。题为《喝茶》，而其茶却别有一番滋味。鲁迅心目中的茶，是一种追求真实自然的"粗茶淡饭"，而绝不是仅仅拘泥于百般细腻的所谓"工夫"。而这种"茶味"，恰恰是茶饮在最高层次的体验：崇尚自然和质朴。鲁迅笔下的茶，是一种茶外之茶。

十五、老舍

老舍（1899—1966 年），原名舒庆春，字舍予。北京人，老舍是他最常用的笔名，著名作家。

话剧《茶馆》是老舍在 1957 年创作的，是他后期创作中最为成功的作品，也是当代中国话剧舞台上最优秀的剧目之一，曾被西方人誉为"东方舞台上的奇迹"。

老舍创作《茶馆》有深厚的生活基础。一岁多时，他的父亲在抗击八国联军入侵的巷战中阵亡。全家依靠母亲给人缝洗衣服和充当杂役的微薄收入为生。他从小就熟悉社会底层的城市贫民，十分喜爱流传于北京市井和茶馆中的曲艺戏剧。

老舍的出生地是北京小杨家胡同附近，在那里附近有家茶馆，他总爱驻足观看里面的热闹景象。成年后，他喜欢与朋友一起上茶馆啜茗谈天。他对北京茶馆有一种特殊的亲近感。老舍对茶的兴趣很浓，不论绿茶、红茶、花茶，他都爱品尝，一边写作一边品茶更是他的工作习惯，他的茶瘾很大，一日三换茶，泡得浓浓的。

有人问为什么写《茶馆》，老舍回答道："茶馆是三教九流会面之处，可以容纳各色人物"。一个大茶馆就是一个小社会。这出戏虽只三幕，可是写了五十来年的变迁。

《茶馆》为三幕话剧，共有 70 多个人物，其中 50 个是有姓名或绰号的，这些人物的身份差异很大，有曾经做过国会议员的，有宪兵司令部里的处长，有清朝遗老，有地方恶势力的头头，也有说评书的艺人、看相算命及农民村妇等，形形色色的人物，构成了一个完整的

社会层次。

剧本通过裕泰茶馆的盛衰，表现了自清末到民国近 50 年间，中国社会的变革。茶馆是旧中国社会的一个缩影，同时，也反映了旧北京茶馆的习俗，《茶馆》也展示了中国茶馆文化的一个侧面。

十六、周恩来

1957 年约清明时节，周恩来陪同外宾到西湖梅家坞茶区参观，当地茶农用明净的山泉水，冲泡刚采摘加工好的龙井绝品"明前茶"奉客，周恩来品尝了橙黄馥郁的"明前茶"后，风趣地说："剩下的茶叶渣弃之可惜，不如把它消灭掉。"说完，就把杯里的茶叶渣也吃完了。1971 年，基辛格秘密访华，周恩来用绝品龙井香茗款待，基辛格喝后赞不绝口，临回美国时，周恩来特地送给他一公斤绝品"明前"龙井茶。

十七、吴觉农

吴觉农自日本学成回国后，就积极献身祖国茶叶事业，以扎实的理论基础和积极的社会活动，开拓祖国的茶叶事业。他前往印度等国考察茶叶产制、运销，撰写《中国茶叶复兴计划》，为"华茶"的前途呼吁奔波，锐意进取。抗日战争爆发后，他前往浙江三界建立茶叶改良场等。以实际行动开展抗日救亡运动。其间，吴觉农亲自组建了中国茶叶研究所、茶叶改良场和茶叶精制加工厂，协助筹建国内第一个高等院校的茶叶专业学科，并兼任责任人。在 20 世纪 30～40 年代，吴觉农还多次利用其爱国人士的身份，尽力营救了许多爱国革命人士，为新中国的诞生做出了积极贡献。

新中国成立后，吴觉农任农业部副部长兼中国茶业公司总经理期间，很快在全国建立了较完整的茶叶产销体系，组建了各类茶厂，完善了茶叶教研机构等。改革开放后，他虽年逾八旬，却壮心不已，一方面提出了全局性的宏观管理改革意见，还继续收集历史资料，写出《茶经述评》等著作。

如果说历史上的"茶圣"陆羽所著的世界第一部茶叶专著《茶经》奠定了我国茶科学、茶文化的历史地位，那么 20 世纪的吴觉农先生是推动茶业走出手工业时代的指挥者和实践者。吴觉农先生称得上是现代"茶业泰斗"，被誉为现代"茶圣"。

第五章
茶具茶水鉴赏选择

第一节　茶具的种类及选择

　　茶具文化是茶文化的重要组成部分，茶具伴随着茶从"药用—食用—饮用"的演变，经历了从无到有、从共用到专一、从粗糙到精致的历程。茶具又称茶器、茶器具，有广义和狭义两种定义。狭义上的茶器具是指泡饮茶时直接在手中运用的器物，具有必备性和专用性的特征；广义上的茶器具则可包括茶几、茶桌、座椅及饮茶空间的有关陈设物。

　　茶具在茶事活动及人们日常生活中一直有着重要的地位，随着制茶业的发展、饮用方法的变化、饮茶的普及程度、陶瓷业的发展，茶具被深深打上了时代的烙印。中国茶具种类繁多，造型优美，兼具实用和欣赏价值，为历代饮茶爱好者所青睐。茶具的使用、保养、鉴赏和收藏已成为专门的学问。

一、茶具发展简史

　　在茶被人们发现和利用的初始，并无专用的茶具，随着饮茶风气的逐渐流行，茶具便独立出来，成为一类专门的产品。"茶具"一词最早见于西汉王褒《僮约》，书中有"烹茶尽具"的记载，此后，各个窑口便专门生产茶器具。到了唐代，随着茶文化的兴盛，茶具得到长足发展，茶具不仅是饮茶过程中不可缺少的器具，更是富含欣赏价值的艺术品，而且这时的茶具门类齐全，讲究质地，注意因茶择具。陆羽在《茶经·四之器》中有详细记载二十四器，包括饮茶器具、煮水器具、碾茶器具、炙茶器具、生活器具等。由于唐代经济繁荣，斗富之风的盛行，贵族家庭中的茶具，其中多以金银为主，1987年陕西扶风法门寺地宫出土了一套唐代鎏金银质宫廷茶器，从中可体会到唐代宫廷茶具的奢华之风。此时，民间仍然以陶瓷茶碗为主。宋代斗茶之风盛行，茶具的设计为了迎合斗茶的需要，达到斗茶的最佳效果，开始出现了"盏"，"盏"是一种小型的碗，但在设计上更为精细，款式也翻新了。宋代茶具多用瓷茶盏，口敞底小，有黑釉、酱釉、青白釉等品种，而黑釉盏是宋代主要茶具，因为黑色更便于观察斗茶时茶汤的颜色。元代青白釉的茶具取代了宋代风靡一时的黑釉盏，明代开始盛行用茶盏，随后出现了瓷壶和紫砂壶。到了清代，茶具无论是造型还是种类上都没有太大的变化，但是在制作工艺上却有较大的发展。以"景瓷""宜陶"最为出名。"景瓷"指的是景德镇的瓷器，瓷器茶具大多小巧玲珑。而"宜陶"则是指宜兴出产的紫砂陶壶，由于其保温性能佳，透气性好，茶汤隔夜不馊，而且造型美观，风格独特，至今都深受茶人们的推崇。此后，一些制壶大师和雕刻名家合作，将中国传统文化"诗书画三绝"的风格内涵与紫砂工艺融为一体。在紫砂壶上雕刻花鸟、山水和各种书法，逐渐成为了紫砂工艺独具的艺术装饰。现代，茶具的使用与前人相似，但又有新的特点：现代茶具的款式更为多样，名目更多，做工更精，质量上乘；其次，根据不同茶类特点制作相应的茶具；简便快捷同时又具科学饮茶的茶具也层出不穷，呈现出五彩缤纷的茶具世界。

二、茶具的分类

（一）按功能分类

1.备水器具

凡为泡茶储水、烧水，即与清水接触的用具都列为备水器具，主要有煮水器和开水壶两种。煮水器是"有源"的烧水器，其中有电加热和酒精加热等。开水壶指无需现场随时煮沸水时用的。

2.泡茶器具

泡茶器具是指在茶事过程中与茶叶、茶汤直接接触的器物，包括泡茶容器如茶壶、茶杯、盖碗、泡茶器等；茶则，用来衡量茶叶用量，确保投茶量准确；茶叶罐，用来贮放茶叶的器具；茶匙，舀取茶叶，兼有置茶入壶的功能。

3.品茶器具

盛放茶汤并方便品饮的用具，均列入品茶器具。茶海，也叫公道杯、茶盅，用来贮放茶汤；品茗杯，因茶而宜选定的品尝茶汤的杯子，当用玻璃杯时往往泡品合一；闻香杯，嗅闻茶汤香气用。

4.辅助用具

辅助用具是指方便煮水、备茶、泡饮过程及清洁用的器具。茶荷、茶碟，用来放置已量定的备泡茶叶，兼可放置观赏用样茶；茶针，清理茶壶嘴堵塞时用；漏斗，方便将茶叶放入小壶；茶盘，放置茶具，端捧茗杯用；茶巾，清洁用具，擦拭积水；茶池，不备水盂且弃水较多时用；水盂，弃水用；汤滤，过滤茶汤用；承托，放置汤滤等用。

（二）按材质分类

1.紫砂茶具

由于成陶火温高，烧结密致，胎质细腻，既不渗漏，又有肉眼看不见的气孔，用紫砂茶具泡茶，既不夺茶真香，又无熟汤气，能较长时间保持茶叶的色、香、味，还能吸附茶汁，蓄蕴茶味。紫砂泥制成品的表面不但可以抛光处理，而且只要使用者经常对其拭涤保养，不久便可发出暗光，如珠似玉。紫砂色泽属暖色系统，古朴沉稳，色相变化微妙，有海棠红、朱砂红、水碧、葵黄、梨皮、墨绿、黛黑等多种色泽，种种变异，全靠制作者匠心独运。由于紫砂陶的结构和成分优于瓷器，存茶汤的香期明显比瓷壶长。在紫砂陶壶内的茶汤色泽，无论红茶还是绿茶，茶色都逐步变为红褐色或棕色，而在瓷壶内则变为黑褐色，这充分说明，紫砂陶是一种双重气孔结构的多孔性材质，气孔微细、气密度高，具较强的吸附力。故用紫砂陶茶具存放茶汤，即使在烈日炎炎的夏天，过夜也不馊，留得住茶的色、香、味，这也成了紫砂壶卓越的质地之一。另外紫砂壶久用后，以沸水注入空壶也有茶味；其耐热性能也好，冬天注入沸水不用担心冷炸，而且传热慢，冲入沸水也不烫手，除此之外还可以文火炖烧。紫砂茶具是一类既具实用价值又深具文化色彩的一类茶具,在第二节中还有专门介绍。

2.瓷器茶具

(1)白瓷茶具

白瓷,早在唐代就有"假玉器"之称。北宋时期,景德窑生产的瓷器,质薄光润,白里泛青,雅致悦目,并刻有影青刻花、印花和褐色点彩装饰。白瓷茶具的产地甚广,除江西景德镇外,湖南醴陵、四川大邑、河北唐山、安徽祈门等地都有生产。其中,以江西景德镇的产品最为著名,有"白如玉,薄如纸,明如镜,声如磬"之誉。元代,景德镇白瓷已远销国外。明代成为全国的制瓷中心。

白瓷茶具特点:坯质致密透明,上釉,成陶火度高,无吸水性,音清而韵长,色白如玉等特点。因其色泽洁白,泡茶时能真实地反映茶汤色泽,且传热快,保温性能适中,加之色彩缤纷,造型各异,堪称饮茶器皿中之珍品。

(2)青瓷茶具

青瓷茶具以浙江生产的质量最好。早在晋代浙江已是青瓷的主产地,当时的越窑、婺窑、瓯窑已具有相当规模。宋代浙江龙泉寺生产的青瓷茶具已成为当时五大名窑之一,品种有茶壶、茶碗、茶盏、茶杯、茶盘等,产品远销海外。青瓷茶具,因色泽青翠,用于冲泡绿茶,有利于汤色之美,但用于红茶、黑茶、乌龙茶,易使茶汤变色。

浙江龙泉青瓷,以造型古朴挺健,釉色翠青如玉著称于世,是瓷器百花园中的一枝奇葩,被人们誉为"瓷器之花"。龙泉青瓷产于浙江西南部龙泉境内,是我国历史上瓷器重要产地之一。南宋时,龙泉已成为全国最大的窑业中心。其优良产品不但在民间广为流通,而且也是当时皇朝对外贸易交换的主要物品。特别是以艺人章生一、章生二兄弟俩为代表的"哥窑""弟窑"产品,无论釉色或造型,都达到了极高的造诣。"哥窑"——"五大名窑"之一;"弟窑"——"名窑之巨擘"。哥窑瓷,"胎薄质坚,釉层饱满,色泽静穆",有粉青、翠青、灰青、蟹壳青等,以粉青最为名贵;弟窑瓷,"造型优美,胎骨厚实、釉色青翠,光润纯洁"有梅子青、粉青、豆青、蟹壳青等,以粉青、梅子青为最佳。哥窑瓷器目前主要收藏于北京故宫博物院、台北故宫博物院、上海博物馆,也有不少流散海外。器型主要是瓶、炉、洗盘、碗等。

哥窑的一个独特之处在于它有"金丝铁线",即大块的颜色稍深的纹片与小块的颜色稍浅的纹片相互交织在一起,非常醒目,起着一种独特的装饰效果。这是由于烧制时釉的膨胀系数大于胎的膨胀系数,膨胀系数不相对应,器物烧成后,在冷却过程中,釉会出现由于开裂而形成的纹片。另外,哥窑产品在烧成后常常采用人工方法为纹片染色,如用墨汁、茶叶汁等有颜色的液体,大纹片裂纹粗而深,色液易于渗入,因而颜色稍深;而小纹片纹路细而浅,色液不易进入,所以颜色相对稍浅。上色是分两次进行的,冷却过程中先产生大一些的纹片,第一次用的颜色深一些;稍后等到生小纹片时,用浅一些的染色剂,这样就有深浅不一的色差。古人把这种黄色、黑色的纹线雅称为金丝铁线。

粉青釉有着青玉一般柔和而淡雅的色彩,含蓄而朦胧。梅子青釉像梅子和翡翠一样清丽葱翠明艳照人,另有一番风致。另外,在上釉方面,龙泉窑也有创新,即在器物的转折棱线处形成一层薄釉,透出白色胎骨,造成整体釉色深浅不一的"出筋"效果,打破了厚釉的沉闷,有一种若隐若现的动态美,是一种统一中的变化。

(3)黑瓷茶具

黑瓷茶具是施黑色高温釉的瓷器。黑瓷茶具产于浙江、四川、福建等地。在宋代斗茶之风盛行，斗茶者根据经验，认为建安窑所产的黑瓷茶盏用来斗茶最为适宜，因而驰名。蔡襄《茶录》中记载："茶色白，宜黑盏，建安所造者绀黑，纹如兔毫，其坯微厚，之久热难冷，最为要用，出他处者，或薄或色紫，皆不及也。其青白盏，斗试家自不用"。黑瓷釉中含铁量较高，烧窑保温时间长，又在还原焰中烧成，釉中析出大量氧化铁结晶，成品显示出流光溢彩的特殊花纹，每一件细细看去皆自成一派，是不可多得的珍贵茶器。

（4）彩瓷茶具

彩瓷茶具的品种花色很多，其中尤以青花瓷茶具最引人注目。青花瓷茶具，其实是指以氧化钴为呈色剂，在瓷胎上直接描绘图案纹饰，再涂上一层透明釉，尔后在窑内经1300℃左右高温还原烧制而成的。然而，对"青花"色泽中"青"的理解，古今亦有所不同。古人将黑、蓝、青、绿等诸色统称为"青"，故"青花"的含义比今人要广。它的特点是：花纹蓝白相映成趣，有赏心悦目之感；色彩淡雅，幽静可人，有华而不艳之力。加之彩料之上涂釉，显得滋润明亮，更平添了青花茶具的魅力。元代中后期，青花瓷茶具开始成批生产，特别是景德镇，成了我国青花瓷茶具的主要生产地。明代，景德镇生产的青花瓷茶具，诸如茶壶、茶盅、茶盏，花色品种越来越多，质量愈来愈精；无论是器形、造型、纹饰等都冠绝全国，成为其他生产青花茶具窑场模仿的对象，清代特别是康熙、雍正、乾隆时期，青花瓷茶具在古陶瓷发展史上，又进入了一个历史高峰，超越前朝，影响后代。

3. 漆器茶具

漆器茶具较著名的有北京雕漆茶具，福州脱胎茶具，江西波阳、宜春等地生产的脱胎漆器等，其中尤以福州漆器茶具为最佳，形状多姿多彩，有"宝砂闪光""金丝玛瑙""釉变金丝""仿古瓷""雕填""高雕"和"嵌白银"等多个品种，特别是在创造了红如宝石的"赤金砂"和"暗花"等新工艺后，更加绚丽夺目，逗人喜爱。

4. 玻璃茶具

玻璃茶具素以它的质地透明，光泽夺目，外形可塑性大，形态各异，品茶饮酒兼用而受人青睐。用玻璃茶杯（或玻璃茶壶）泡茶，尤其是冲泡各类名优茶，茶汤鲜艳，叶芽朵朵在冲泡过程中的上下浮动，叶片逐渐舒展亭亭玉立，使饮茶者一目了然，可以说是一种动态的艺术欣赏，别有风趣。

现代，由于工业技术的发展，玻璃器皿有了较大的发展。玻璃茶具物美价廉，手感细腻，造型优美，最受消费者的欢迎。其缺点是玻璃易碎，比陶瓷烫手。不过也有一种经特殊加工为钢化玻璃制品，其牢固度较好，通常在火车和餐饮业中使用。

5. 金属茶具

金属茶具一般是用金、银、铜、锡制作茶具，古已有之。尤其是用锡做的贮茶器具，具有很大的优越性。锡罐贮茶器多制成小口长颈。盖为圆筒状，比较密封，因此防潮、防氧化、避光、防异味性能好。金属茶具作为饮茶用具，一般评价都不高，目前很少采用。值得一提的是唐代宫廷的银质鎏金茶具，1987年5月，我国陕西省扶风县皇家佛教寺院法门寺的地宫中，发掘出大批唐代宫廷文物，其中有一套唐僖宗李儇少年时使用的银质镏金烹茶用具。这是迄今见到的最高级的古茶具实物，堪称国宝。金属曾是制作茶具的重要材料，由金、银、铜、铁、锡等金属材料制作而成的器具是我国最古老的日用器具之一，早在公元前18世纪至秦始皇统一中国之前的1500年间，青铜器就得到了广泛的应用。自秦汉至六朝，茶叶作为饮料已渐成风尚，茶具也逐渐从与其他饮具共享中分离出来。大约到南北朝时，我国出现了包括饮茶器皿在内的金银器具。到隋唐时，金银器具的制作达到高峰。陕西法门寺出土的唐朝鎏金茶具，可谓是金属茶具中罕见的稀世珍宝。但古人对金属茶具褒贬不一。从明代开始，随着茶类的创新、饮茶方法的改变以及陶瓷茶具的兴起，使包括银质器具在内的金属茶具逐渐消退，但用金属制成贮茶器具，如锡瓶、锡罐等，却并不罕见。这是因为金属贮茶器具的密闭性要比纸、竹、木、瓷、陶等好，具有较好的防潮、避光性能，这样更有利于散茶的保藏，所以用锡制作的贮茶器具至今仍流行于世。

6. 竹木茶具

竹木茶具美观大方，色调和谐，具有一定的艺术价值。在历史上，广大农村包括茶区，很多使用竹或木碗泡茶，它价廉物美，经济实惠。竹木茶具通常由内胎和外套组成。内胎多为陶瓷类茶器，外套是用经过处理的慈竹制成的柔软竹丝，经烤色、染色，再按茶具内胎形状、大小编织嵌合，编织成精致繁复的图案花纹，使之浑然一体。

三、茶具的选择

不同的茶叶应选用合适的茶具来冲泡方能较好呈现茶的色、香、味、形，所谓"良具益茶，恶器损茶"，好茶还需妙器配。茶具选配时应遵循的基本原则有：一是茶具的材质能科学地发挥茶品的茶性；二是茶具的花色、造型与整套茶艺表演融为一个整体；三是要具实用性。

（一）冲泡绿茶茶具的选择

绿茶的本质特征是"水清茶绿"，对茶具要求最讲究变化。冲泡时宜选择壁薄、易于散热、质地致密、孔隙度小、不易吸湿（香）者为佳，务必使绿茶之清香、嫩香充分显露，并能保持茶汤和叶底的翠绿色。玻璃杯应无色、无花、无盖，宜赏形，适合针形茶、扁形茶；薄胎瓷质杯具如青瓷，也可选用青花瓷、白瓷或素色花瓷，但茶杯内壁以白色为佳，宜赏茶汤，适合碧螺春、信阳毛尖等细嫩显毫揉捻茶，"红袖试新茶，雪盏轻波浮碧"说的就是这种美景。

（二）冲泡黄茶茶具的选择

黄茶为轻发酵，代表品种有君山银针、蒙顶黄芽、霍山黄芽等茶品。黄茶气香馥郁，滋味醇厚，所用器具以紫砂为佳。君山银针因其茶形秀美，且有"三起三落"之风采，可用玻璃器皿赏形、观色。

（三）冲泡红茶茶具的选择

红茶为全发酵茶，红汤红叶是其品质特征，代表品种有祁门红茶、滇红金毫、正山小种等。好的红茶香气高远、味道醇厚，因条形各异，故而对茶具要求也有不同。祁门红茶宜用白瓷冲泡，用玻璃杯赏茶汤，便于衬托它的"宝光、金晕、汤色红艳"三大特点。滇红金毫宜用玻璃器皿赏形，用盖碗（又叫三才碗、三才杯）也是不错的选择。正山小种以紫砂茶具或陶器相配最佳，抵去部分松烟气，使香气更加柔和，滋味更加醇厚。

（四）冲泡白茶茶具的选择

不炒不揉，经萎凋干燥的茶叫白茶，应该说这是与我们的祖先开始发现茶、利用茶的状况最相契合的一种茶类。白茶性凉，祛火通风，有扶正祛邪之功效。代表品种有白毫银针、白牡丹等。冲泡此茶需要的水温稍高，宜选择保温性较佳的器具，茶具力求古朴、自然，以陶瓷、石器、木器为上，煎、泡俱佳，辅具以本色竹木为上，忌豪华奢侈之器。白毫银针因茶性秀美可用玻璃器皿赏形，但是茶味有损。

（五）冲泡青茶茶具的选择

青茶为半发酵茶，其品赏要点在于香气和滋味。乌龙茶分为闽北乌龙、闽南乌龙、广东乌龙、台湾乌龙四大支系，各大支系冲泡手法同中有异，对茶具的要求也是各有不同，下面分别加以说明。

闽北是乌龙茶的发源地，闽北乌龙以独特的"岩韵"著称，代表品种有大红袍、白鸡冠、水金龟、铁罗汉、水仙、肉桂等。外形条索壮，焙火足，香气高，滋味厚。此茶宜用宜兴老坑紫砂壶冲泡，因老坑紫砂能吸收茶中部分火气，调柔岩茶中的刚猛之气。配用紫砂挂釉杯便于赏茶汤。另外，白瓷盖碗也是较为常见的冲泡岩茶的器具。闽南乌龙，以铁观音、黄金桂等茶品闻名于世，茶香高爽，汤色明亮，叶底软亮有光泽，适合用白瓷冲泡。另外紫砂茶具也与之相称。

广东乌龙，凤凰单丛是主要代表，条形秀美，香气宜人，宜用潮汕朱泥壶冲泡。潮汕朱泥壶壶体致密坚硬，不上釉，取天然泥色，泥粒在烧制过程中形成结晶，结晶间有一定空隙，盛茶既不渗漏，有一定透气性，由于是当地材质，与当地茶性最为相融，故此为最佳搭配。品茗杯以青花小杯为好。上等单丛叶底秀美，汤色艳亮，白瓷茶具宜于赏形、看汤色，也可考虑。

台湾乌龙，半球形茶如冻顶茶、阿里山茶等发酵较轻的茶类，宜用我国台湾本地所产瓷器。东方美人等重发酵茶，宜用我国台湾所产陶瓷，也可用宜兴所产紫砂茶具。但此类茶香气独特厚重，所用茶具不宜再用于其他茶品。

总之，乌龙茶因其共性相同，均可用三才杯冲法，若考虑其特性，对茶具的选择还是有区别为好。

（六）冲泡黑茶的茶具选择

一种经过渥堆处理的后发酵茶，多以陈茶的形式出现，陈香、茶汤后滑是其主要特点，云南的普洱茶、广西的六堡茶、湖南的千两茶等是其代表。黑茶可冲泡也可煎煮，应当配陶制茶具或较粗砂粒的紫砂茶具，借茶具的吸附性消去茶叶存放过程中形成的不好味道，使黑茶的优点更加突出。

第二节 紫砂壶的选用和保养

一、紫砂壶的历史

陶器是人类最早发明并使用的一种生活器具，宜兴的制陶业经考古发现已有几千年的历史。考古学家对宜兴张渚和蜀山、鼎山的古窑址进行发掘研究，推断这里早在新石器时代就已开始制陶。

传说战国时吴越争霸的重要人物范蠡，在功成名就之后，携美女西施到宜兴隐居，他带领当地人制作陶器，因此被后世尊为"陶朱公"。尽管如此，范蠡也不一定算是宜兴制陶业的真正祖师。中国人的饮茶之风是在唐、宋以后才盛行起来的，所以远古时代宜兴陶器不都是用来饮茶的，而是有其他用途。后世视为珍宝的紫砂壶，战国时期或许还没有产生。

紫砂壶的生产究竟起源于何时？根据文献记载，学术界多持北宋之说。北宋文学家欧阳修《和梅公仪尝茶》诗中有"喜共紫瓯吟且酌，羡君潇洒有余清"的诗句；北宋诗人梅尧臣《依韵和杜相公谢蔡君谟寄茶》诗中有"小石冷泉留早味，紫泥新品泛春华"的诗句；宋代米芾《满庭芳·咏茶》词中有"轻涛起，香生玉乳，雪溅紫瓯圆"的词句。再证之以地下考古发掘，紫砂陶器起始于北宋之说开始被普遍接受。1976 年，在宜兴鼎蜀镇蠡墅村羊角山发现了古代紫砂龙窑遗址及紫砂陶残器，这一发现是目前所知最早的紫砂窑址和紫砂陶器。这些紫砂陶残器有壶、罐等物，与窑址是同一时代，据考证属于北宋中期至南宋期间的遗存。此后镇江博物馆也曾在丹阳南宋废井中发掘到紫砂壶、罐等。我们既已找到了紫砂陶器的地下实物为铁证，紫砂陶的产生最晚不迟于宋代的说法便可成立。

但是在宋之前，宜兴的陶瓷业一直相当发达。据考古学家的调查，宜兴地区的古窑址较多，如川埠乡和西山前的汉代窑址、南山北麓汤渡村和均山的六朝青瓷窑址及涧漦的唐代古龙窑址等，不一而足。既然历史上宜兴陶业相当发达，本地又盛产紫砂原料，所以唐代或唐以前宜兴即已开始生产紫砂陶器也是有可能的。陆羽《茶经》中有盛茶要用"熟盂以贮熟水，或瓷，或沙……"的记载，支持了这种说法。当然，还需待将来考古新发现加以印证。紫砂壶的产生不会晚于宋代，然而这一时期仍然属于创始期。宜兴鼎蜀镇蠡墅村羊角山窑址中发现的紫砂残器，有壶嘴、壶把、壶盖及壶身，残器可复原成三种紫砂壶：高颈壶、矮颈壶和提梁壶。镇江博物馆在一座古井里发现了两件形制一样的紫砂壶，据考证属于南宋的遗存。

紫砂壶的生产到了元代有了进一步发展。据后世文人的记载，已开始在紫砂壶上铭刻铭文。这一发展，是紫砂壶这一简单器皿向紫砂文化迈进的标志，也是紫砂壶跻身于茶文化的标志。然而遗憾的是，元代的紫砂壶，无论出土实物还是传世作品，目前仍属"缺如"。

明代初期，有关紫砂壶的记载多见于有关茶道、杂考、杂记等小品文中。值得一提的是，还有了关于紫砂壶作者的记载。明代周高起《阳羡茗壶系》"创始"篇里说："金沙寺僧，久而逸其名矣。闻之陶家云：僧闲静有致，习于陶缸、瓮者处。抟其细土，加以澄炼，捏筑为胎，规而圆之，剜使中空，踵傅口、柄、盖、的，附陶穴烧成，人遂传用"。一个没有留下姓名的和尚从那些烧造陶缸、陶瓮（大罐）的陶工那里学习制陶手艺。由于和尚的身份，使他比普通陶工多了份闲情逸致，因此他能改进紫砂陶的制作工艺，而制成了精致的紫砂茗壶。这位不知姓名的金沙寺僧的作品，不见于明清两代的茗壶著录。或许是因为当时所制造型并无奇特之处，又没有署款、钤印，所以后人也就无从知晓了。然而这位僧人有个名供春的学生，却是紫砂壶制作史上赫赫有名的人物。供春（1506—1566 年）大约生活在明代正德年间，但他本人亲手所制的供春壶，目前尚未见绝对可靠的真品。真正反映此时期紫砂壶制作水平的真品，当以 1965 年在江苏镇江丹徒区新丰镇前姚村古井中发现的一对带釉玉壶春型的紫砂壶和 1966 年在南京中华门外吴经墓出土的一件大提梁壶为代表。吴经是明代的司礼太监，其墓志刻于明嘉靖十二年（1533 年），这个出土的大提梁壶是目前有明确纪年可考的最早的紫砂壶实物，现藏于南京博物院，此作品胎质近于缸胎而较缸胎细密，与后世的紫砂器相比则仍较为粗糙。其造型周正浑圆，惟壶身黏附有"缸坛釉泪"，说明它是与一般日用缸坛同窑烧成的。所有这一切，对于我们认识供春生活时代制作的紫砂器具有很高的参考价值。

文献还记载了明代另一批制壶高手，当时号称"四大家"的董翰、赵梁、元畅、时鹏。其中董翰是"菱花式"壶的创始人。如果说明朝正德、嘉靖时期是紫砂壶起步时期的话，那么到了明朝万历至崇祯时期，则是紫砂壶发展的典范期、高峰期。前面所说的"四大家"以及其后更为著名的制壶"三大高手"，即时大彬、李仲芳、徐友泉，都是此一时期的代表人物。为了表示李仲芳、徐友泉与时大彬齐名而被合并称"三大"，有人甚至不惜将他们二人的名字中间硬加一"大"字，称为"李大仲芳""徐大友泉"。万历年间紫砂高手除此"三大"外，还有陈仲美、沈君用、欧正春、邵文金、邵文银、邵盖、蒋时英、陈用卿、陈文卿、闵鲁生、陈光甫、周后溪和邵二荪等人。这些人各有所长、各怀绝技，均为制壶高手。

名家的大量涌现，是紫砂壶艺走向成熟的标志，不仅大大提高了紫砂壶的制作技术，同时促进了紫砂壶市场的繁荣。而明代当时茶艺的发展，制茶与品茶方法的进步，也为紫砂壶的需求增添了新的兴奋剂。江南地区的一些官僚士大夫，如太仓的赵凡夫、华亭的董其昌、上海的潘元瑞、长洲的顾元庆、常熟的陈煌图、江西的邓汉等人，也争向宜兴定制文玩茶具。

明万历以后的天启、崇祯年间（1621—1644 年），著名的紫砂壶高手有陈俊卿、周季山、陈和之、陈挺生、沈子澈和惠孟臣等，其中尤以惠孟臣制壶技艺最为精湛，其作品传世亦多，非其他各家所能比。此时期紫砂壶的制造，已引起了海外人士的关注和喜爱，开始远销欧亚各国，紫砂壶的影响已具有世界性。至于崇尚茶道的东邻日本，对于宜兴紫砂壶更是珍爱备至。

清初至乾隆时期是紫砂壶历史上的繁荣时期。康、乾年间，社会经过休养生息，经济逐渐发展，成为清代最鼎盛时期，江南一带则更加繁华。宜兴从水路可达扬州，交通便利，再加上康熙中叶海运开禁，与国外通商频繁，都为紫砂壶的生产及销售创造了极好的条件。此时紫砂壶日益受到中外朝野的重视，已成为贡品和御用之器。清康、乾时期仍出现了一些制壶高手，其代表人物是陈鸣远，他的自然型的作品，能达到惟妙惟肖、几欲乱真的境界。

清乾隆晚期至嘉庆初年，紫砂壶的发展曾出现一个短暂的回落，这与出口贸易的骤减、经济的衰退不无关系。这种短暂的回落，为文人的参与和彻底扭转宫廷追求华丽繁缛之风气提供了良好的契机。这种风气的扭转，极大地丰富了紫砂壶的艺术气质和文化内涵，使得紫砂壶的发展在经历了短暂的低落之后，又向新的方向发展。而促成这个转化的，不是那些制壶高手，而是一位文人——陈鸿寿（号曼生）。他与陶工合作，将诗文书画刻于紫砂壶上，从而大大提高了紫砂壶的鉴赏性和收藏价值。清嘉庆、道光年间参与紫砂壶制作，并对紫砂壶生产工艺产生重要影响的文人除陈鸿寿外，还有朱坚、瞿应绍。此间的制壶高手则有杨彭年、陈荫千、陈觐侯、陈滋伟、邵大亨、何心舟、吴月亭等。其中尤以邵大亨最负盛名。

清咸丰至宣统时期，不仅王朝没落，也是紫砂壶艺逐渐走向衰落的时期。由于太平天国军队曾屯兵宜兴与清军交战，因此窑场荒废、艺人流亡。致使此间紫砂壶的制作较之以往，非但没有什么发展，反而日趋衰落。其衰落标志是简单重复嘉庆、道光年间的器型，且做工粗劣、不堪赏玩，作品不是繁琐堆砌，就是庸俗乏味。不过此时期仍有文人参与其事，制壶高手也时或有之。

清朝末年到民国前期，是我国社会急剧变化时期，民族资本得到进一步发展，以上海为中心的江浙一带，市场经济发达，商贸活跃，出现了许多专营紫砂的商号，其中不少从事出口贸易。20 世纪二三十年代上海等地收藏之风盛行，又有许多古玩商人将制壶高手招至上海，专事仿造前代名家名品。通过潜心仿制，提高了艺人的水平，使他们对前代大师们的精品有了更多的理解。为了培养这方面人才，还专门设置了陶瓷工艺学校和各种培训机构，为艺人们的成长提供了有利的条件。特别值得高兴的是：1919 年前后，紫砂作品在国际巴拿马博览会、芝加哥博览会以及 1926 年美国费城博览会上多次获得金质奖章和奖状，从而大大提高了紫砂艺术的声誉和"陶都"的声望，同时大大促进了紫砂陶艺的发展。可惜好景不长，1937 年抗战爆发，民生凋敝，经济遭到严重破坏，宜兴窑事处于停滞状态。

清末这种状况，直到 1954 年的经济改革运动，将老一代制壶高手重新组织起来才有所改观。老一代艺人不仅被组织起来，同时还招收了一批有一定文化素养和美术专长的学员，从此，紫砂陶业又一步步发展起来。老一代艺人不断推出自己的代表作品，新一代艺人则在吸收传统文化的基础上不断推陈出新，使紫砂壶的生产逐渐达到了繁荣的局面。特别是改革开放以后，宜兴紫砂壶的生产呈现出空前繁盛的局面。这些，可以从紫砂制品的出口量变化窥见一斑：1950 年，紫砂壶出口 28 万件；1965 年，增至 223 万件，到了改革开放后的 1980 年，又增至 601 万件。至此，一个紫砂壶发展历史上空前繁荣的鼎盛时期已经到来。工艺美术大师、名工巧匠层出不穷，风格独特、千变万化的紫砂壶作品琳琅满目、不可胜计。紫砂壶由旧时代少数有钱阶级的奢侈品，变成了如今人人喜爱的普通工艺品，它已从高贵的王宫殿堂进入寻常百姓家。

二、紫砂壶的壶式和构造

（一）壶式

所谓壶式是指壶的样式，主要包括三类：光货、花货和筋囊货。紫砂壶壶式是紫砂行用工艺设计来扩大销售量、赢得市场的积极做法。一把紫砂壶从结构上可分为纽、壶盖、壶身、壶把、流嘴、足、气孔七个部位，因制坯时是采用分部位制作，每种部位又有许多种不同的式样，例如，足有圈足、钉足、方足、平足之分；纽有珠纽、桥式纽、物象纽三类；壶盖有嵌盖、压盖、截盖三种；把有单把、圈把、斜把、提梁把之分，而这些部件都可用手工分别做出来，组合后便会形成繁多的壶式。

1. 光货

光货是指壶身为几何体、表面光素的紫砂壶。在制作这种紫砂壶坯时，要将器表修饰得极其平整光滑。光货有圆器、方器两大类。

圆器：器的横剖面是圆形或椭圆形，圆器的轮廓由各种方向不同和曲率不同的曲线组成，讲究骨肉停匀，比例恰当，转折圆润，隽永耐看，显示一种活泼柔顺的美感。

方器：器的横剖面是四方、六方、八方等，方器的轮廓是由平面和平面相交所构成的棱线所组成，讲究线面挺括平整，轮廓线条分明，展示出明快挺秀的阳刚之美。僧帽壶、传炉壶、觚棱壶等都是明清著名的方器壶式。

2. 花货

花货又叫"塑器"，是以雕塑技法为制器的主要手段，讲究器形仿自然之形，惟妙惟肖，让使用者在沏茶时能体会到巧夺天工的美感。器形有三类：一类是仿植物之形为器，如梅段壶、松段壶、竹段壶等；第二类是仿瓜果之形为器，如南瓜壶、佛手壶、藕形壶；第三类是以动物之形为器，如鱼化龙壶，还有以动物之形为流、壶把的，也归于此类。此外，还有一些带浮雕装饰的紫砂壶，因装饰浮雕做得很显眼，也划归花货。明代供春树瘿壶是已知最早的紫砂塑器。清代初期，紫砂花货曾风行一时，其杰出代表是陈鸣远，有束柴三友壶、南瓜壶、竹笋水盂、梅干壶及包袱壶等传世，构思巧妙，技巧娴熟。

3. 筋囊货

筋囊货又叫筋纹器，紫砂艺人把类似南瓜棱、菊花瓣等曲面形叫作"筋囊"，然后以这类"筋囊"为单元去构成壶形，并做到器表和器内一样，口部和壶盖的"筋囊"要上下对应、合缝严密，体现一种数学般的精巧和秩序之美。唐代金银器、铜器、锡器制作盛行此类器形，明代万历年间紫砂壶的制作引入这种形式，明万历"四大家"便都以制筋囊袋为主，如董翰的菱花式壶、时大彬的十八瓣菊蕾壶等。

(二) 构造

1. 壶体

壶体指紫砂壶的形体造型,是紫砂壶的主体。壶体形状往往与紫砂壶名称有关。有几种基本壶体是常用的,如四方壶、洋桶壶、斗方壶、钟壶、鼎式壶、梨形壶、松段壶、梅段壶等。壶体是一把紫砂壶最显眼的部分,其作用是盛装茶水。壶体的时代特征很明显,一般来说,年代越早,壶体越大。明代的紫砂壶,壶身稍大、气势沉稳;清代的紫砂壶则壶体偏小,以小壶居多。

2. 壶盖

紫砂壶的壶盖有嵌盖、压盖、截盖三种形式。嵌盖是指壶盖陷入壶口内;压盖是指将壶盖覆压于壶口之上,盖的直径要略大于壶口的外径;截盖是指在制坯时,将紫砂壶上端口盖相应的部位切割开来,截下部分做成盖,壶身切口做成壶口,盖合后外形完整。由于制作难度大,只有中高档紫砂壶才会采用截盖设计。壶盖上一般都会开一个内大外小的喇叭形小孔,使其不易被水汽糊住。紫砂壶烧成后,口和盖的配合应达到"直、紧、通、转"四项要求。"直",是指盖的子口,要做得很直,举壶斟茶时,壶盖也不会脱出。"紧",是指盖与口之间要做到"缝无纸发之隙",严丝合缝,盖启自如。"通",是指圆形的口和盖,必须圆得极其规正,盖合时要旋转爽利。"转",是指方形(包括六方、八方)和筋纹形的口盖,盖合就是指可随意盖合,即可扣合严密,纹形丝毫无差。紫砂壶的壶盖一般都有造型别致的盖纽,有宝珠形、桥形、牛鼻形、瓜柄形、树桩形、肖动物形等。一般圆壶多用宝珠形纽,扁壶多用桥形纽,像生壶则用瓜柄纽、树桩纽等。

3. 壶嘴

紫砂壶的嘴式可分为"一弯嘴""二弯嘴""三弯嘴""直嘴"和"流"五种基本样式。一弯嘴形似鸟喙,故又名"一喙嘴",顾名思义是指壶嘴只有一个弯;二弯嘴的根部较大,出水畅快,用于一般紫砂壶;三弯嘴的造型古朴高雅;直嘴简单实用;流又叫"鸭嘴",近代才开始流行,多用于咖啡具、奶杯,茶具相对较少。紫砂壶嘴的制作非常讲究,嘴式的长短、粗细及安装位置都要恰当,壶嘴内壁必须光滑畅通,出水流畅,收水时不滴水、不流涎。壶嘴根部的出水眼,多为独眼,因易被茶叶堵塞,从清代中期起做成网眼式。

4. 壶把

壶把是为便于握壶而设的,通常位于壶肩至壶腹下端,与壶嘴位置对称。壶把分为端把、横把、提梁三种基本式样。端把与壶嘴分别安装在壶体的两侧,大多数紫砂壶采用端把。横把安装在壶体上与壶嘴呈90度角,圆筒形壶上多用横把。提梁是把的一种特殊式样,安装在壶体的上方、形式多样,具有很强的装饰作用。提梁可分为硬提梁和软提梁两种。硬提梁与壶身连在一起,成为整体,其优点是形式感强,透出一种高雅之气,缺点是所占空间较大。软提梁也叫活络提梁,是制坯时在壶的肩部做一对用来安装提梁的系纽,壶烧成后,用金属丝、管、细藤条、细竹根等做成半圆环,装在系纽上制成。软提梁有单梁、双梁之分,金属提梁多为双梁,藤、竹提梁多为单梁。软提梁的优点是壶把可拆卸,便于包装运输。

5. 器足

器足是紫砂壶的承重部位,其设计是否得当直接关系到紫砂壶能否放置平稳,也会影响紫砂壶的美观，所以历代制壶工匠都十分重视器足的设计和制作。紫砂壶器足可分为"一捺底""加底"和"钉足"三大类。制壶工匠在制坯时会结合每一种壶式的特点而选择相应的器足，由于壶式众多，所以从这三大类中又衍生出了很多小类的器足。自明代中期以来，历代制壶工匠精心制作的紫砂壶器足，细小种类已有千种之多。

三、紫砂壶的选用

选用紫砂壶，以名为贵或以稀为贵，那是古董收藏家的事。一般选壶，不必过分讲究，只要是把好的紫砂壶，用以泡茶，善于蕴味育香；使用经久，越发光润古雅，就会给人的饮茶生活带来艺术享受和无穷乐处。在选购紫砂壶时，实用性是选购时的第一标准。优良的实用功能是指其容积和容量适当、壶把便于端拿、壶嘴出水流畅，品茗沏茶时能够得心应手。

选购紫砂壶的一些小技巧如下。

在具体选购时，首先要考虑壶的大小，根据生活习惯来选择不同容积的壶。一个人喝茶时宜用小壶，全家共饮时可选择中壶，人数过多时当选用大壶。

其次，要考虑个人所要泡的茶的品种。紫砂壶有很好的宜茶性，但茶种类较多，不同工艺、不同种类的茶有不同的泡法。因此，要从泡茶、沏茶的角度来考虑，选择形状、大小适宜的紫砂壶。如红茶挥发性强，所以要用小口高壶来泡；铁观音及半发酵类茶宜选用红泥、绿泥或其他泥种的小品壶；重发酵茶类（黑茶类）选用各种泥料的壶均可；绿茶类不可用红泥质地的壶，其它泥料的壶均可。另外，不同的茶应该使用不同的壶泡，不能交替冲泡。

购置新壶，壶的造型与外观要美，只要自己看着舒服满意，那就代表了个人的美感。壶毕竟是自己使用的，未必要追随流行样式。壶的质地，胎骨要坚，色泽要润。我们可以通过敲击壶体听声音来辨别紫砂壶的性能。根据敲击紫砂壶壶体时声音频率的高低，可以检测出壶的优劣。空壶时，声音清亮自然，证明质量较好，如低沉闷钝，则质量较差。泡茶后，敲击壳身时，声音沙、哑、沉，则说明紫砂壶内部不结晶，透气性好，能保持茶香，壶内的茶不易变味。选用新壶，可先轻拨壶盖，以音色清脆轻扬、听来悦耳者为佳。另外，敲击壶身时声音频率的高低还能测试出一把壶适合泡何种茶叶。敲击时，声音响亮的壶适合泡清香的茶叶，声音低沉的壶则适合泡浓香的茶叶。

还可以通过闻气味来辨别紫砂壶的好坏。紫砂新壶在嗅闻之下，应无任何异味。有些壶会略带土味，尚可以使用；若有杂味，则日后使用时难以处理，如带火烧味、油味或人工着色味的则不可取。新壶最忌加工污染，有些壶为了用相好看，会用油处理或金属色素涂染，外表看起来有古壶的品相，但用起来不仅败味，而且对身体有害。

壶的精密度即壶盖与壶身的紧密程度要好，否则茶香易散，不能蕴味。测定方法是注水入壶试验，手压气孔或流口，再倾壶，若涓滴不出或壶盖不落，就表示精密度高。壶的出水效果跟"流"的设计最有关系。倾壶倒水，能使壶中滴水不存者为佳。出水水束的"集束段"长短也可比较，长者为佳。壶把的力点应接近壶身受水时的重心，注水入壶约四分之三，然后慢慢倾壶倒水，顺手者则佳，反之则不佳。

此外，注意不要买假冒伪劣产品。假冒伪劣紫砂壶在业内被称为"垃圾壶"。由于紫砂原料越来越奇缺，有些商家会在不够好的紫砂泥中添加化工原料来改变颜色，或者采用油漆甚至鞋油进行表面的涂刷，会对身体健康产生危害。

中国紫砂有着得天独厚的泥质，细腻柔嫩、渗透性好、可塑性强。紫砂具有很好的透气性，但又不漏水，用透而不漏的紫砂做壶，就具有抗馊防腐的效果了。紫砂壶泡茶，冬天泡茶茶不凉，夏天泡茶茶不馊。

国家紫砂陶器新标准中提高了对紫砂陶器有害物质铅和镉的控制，为消费者提供了健康、环保的紫砂产品的保证。铅和镉等重金属污染的伤害可能导致长期用壶的人重金属中毒，表面涂刷化学物质导致的污染也会影响人们的健康。

挑选紫砂壶时，要看颜色，不宜过于鲜艳，假冒伪劣的紫砂壶壶体颜色浓重偏红，特别鲜亮，这类往往可能是色素和鞋油带来的亮丽。另外看壶的吸水性，用开水浇灌，吸水快则证明紫砂壶的泥料比较好，打了鞋油的紫砂壶是无法很好地透水的。价格也可以作为参考，假冒伪劣产品一般价格低廉。

建议在购买紫砂壶等紫砂陶器产品时，索要产品有害物质检测报告，注意有害物质指标。《紫砂陶器国家标准》于 2009 年 6 月 1 日实施。标准对紫砂陶器产品的有害物质重金属铅、镉溶出量允许极限进行了严格的要求。铅溶出量不大于 2.0mg/L。而镉溶出量要不大于 0.30mg/L。消费者在选择紫砂壶时应关注一下这两项指标。

四、紫砂壶的保养

紫砂壶若长期不用，它的胎体组织会缓慢地松散风化，变得很脆弱，胎质疏松，这从古代流传下来的陶器即能辨之。若经过泡茶使用，通过茶水滋养，可以使砂壶松散的胎体组织重新坚固起来，更能使紫砂壶保存的年代长长久久地延续下去。因此，如何用茶水滋养爱护好茶壶，则是茶人壶友们非常重视的课题。长期以来，茶人壶友们对紫砂壶的养壶文化的探索对人们如何保有或增加紫砂壶的价值起到积极的意义。一把上品紫砂壶除了选料精、做工巧、铭刻佳以外，最主要的还是靠养。养壶是成就一把精品紫砂壶的关键，它赋予紫砂壶以灵魂，因此要重视紫砂壶的保养。

养壶是指紫砂壶在日常使用中的保养，也是紫砂壶收藏的一项重要内容。一个把紫砂壶束之高阁、只藏壶而不养壶的人，并不是真正的紫砂收藏家。在使用中把玩、在使用中传世，才是紫砂壶收藏的乐趣所在。

养壶的第一个目的在于增强紫砂壶"蕴味育香"的实用功能。刚烧制出来的紫砂壶因胎骨火气重，紫砂间的微孔结构松散，故性脆，容易受热胀冷缩的影响，俗称"生壶"。只有通过调养，才能使其微孔结构趋于稳定，变成可泡出好茶的"熟壶"。

养壶的第二个目的是使紫砂壶表面慢慢形成包浆，增加紫砂壶的收藏价值，彰显高雅品位。例如黑紫砂壳，久养之后会呈瓦蓝黑色、黑而不墨，润泽生光。红泥小壶，久养之后会红若南国红豆，有书画陶刻装饰后的旧壶、古壶，久养之后纹样的立体感会加强，更具书卷之气。另外，养壶还有鉴别作用，是不是紫砂古壶，或壶所用泥质的优劣，在养壶过程都能看出来。

养壶之法并不复杂，明人周高起就说过："壶经久用，涤拭有加，自发黯然之光，入手可鉴。"这句话是用壶、养壶的根本力法。不过养壶是较长的过程，只有长期坚持，才能做到。

因紫砂壶特殊的胎体结构（双气孔结构、分子以鳞片方式排列），而能够吸附茶汤中茶浸出物（紫砂壶茶具的吸水率为 1.6%～7.05%），促使胎体发生变化，并能够散发所泡之茶的气味。玻璃、瓷质、不锈钢等材质的壶因其胎质致密而不透气，难以使茶汤长时间地保持优良品质。爱壶善饮人士，所得砂壶经过"开壶"保养、去除砂壶土腥气之后，用几类茶试壶，根据个人的喜好，而最后决定此壶泡哪种茶，尔后一直不变，做到"专壶专用"。平时泡茶依茶择壶，"一壶事一茶"，严格区分，泡茶品味。

养壶的第一步是启用新壶，也叫开壶。窑中新烧成的紫砂壶，会带有些许土腥气味，或是壶体内部有少许土渣粉末等。也有壶被用石蜡、鞋油或核桃油等处理壶体表面，使其呈现光泽，具有好卖相，这是一些壶商针对不懂砂壶的顾客而做的粉饰，这些不利于壶的日后用茶养护的异物，需要用合适的方法去除。启用新壶时，应先用水将紫砂壶里外洗干净，放入无油腻的锅中加水煮沸。水沸后加入茶叶，不久就可以熄火，用余热焖壶，待茶水稍凉，捞尽茶叶，再点火煮沸，如此三四次，就可以使新壶的土味除去，也使新壶初次受到茶叶的滋润。此时将紫砂壶取出晾干，就可以沏茶使用了。

沏茶时，先用开水浇洗壶表面，以暖壶身，并用湿布擦拭壶体，反复擦拭多次，然后沏茶。待壶温不烫手时要不断用手摩掌把玩茗壶，以达到磨口之效。因为手掌的皮肤细腻，又有微量的油脂，长期摩掌可以增加壶体表面的光润度。虽然每次摩掌后的效果并不明显，但如此坚持三四个月，一把新的紫砂壶就会养出如紫玉般的包浆。另有一种养壶的方法，即每天早晨洗茶壶茶具时，把壶中的茶渣取出，在壶体周身润擦一遍，这样既可擦去壶身上的茶垢痕，也易使壶体光润亮泽。在泡茶的过程中，还可用棉质的带有所泡茶汤的湿茶巾对壶体进行擦拭，可有效地促使茶壶变得干净整洁，微量茶汤的滋养，能够促使茶壶胎质发生变化。在用壶巾擦拭之时，需要谨慎为之，不可过度猛擦。对有些"工"有缺陷的"流涎"造型的壶，要注意及时擦拭清理壶流下部的茶汤，以免长期因保养不善造成壶整体"包浆"的缺陷。对壶身的壶流、壶把转接处，壶盖的内口外沿、壶纽等转接处要细心擦拭，这些"偏僻处"容易被忽视，长此以往，容易积垢，会影响茶壶的整体养护效果。

紫砂壶因其特有的双气孔结构以及严密的造型，能够推迟茶汤变馊的时间，对茶汤中氧气的保有时间远远长于其他茶具。为了使茶壶能够多吸收茶汁，常有人不清理或迟清理茶渣，认为可"积累茶山"，加快养壶效果。其实，长期使用的紫砂茶壶，"茶锈"还是要清理的，因为"茶水在久置后会氧化生出褐色的茶锈，其中含有镉、铅、汞等有害物质，附着在茶具内壁上，长期饮用含有茶垢的茶水会影响身体健康"。因此，每次饮泡完茶汤后，要及时清理茶渣，壶内的茶锈可定期用棉质的纱布用力蹭擦除去，但不可使用洗涤剂。清理完茶渣之后，要把壶盖和壶体分开放置于通风干燥之处，不可盖住盖子保存，否则易生霉菌，也不可放置在有异味的橱柜等地方。假若旧壶长期不用，因保养不当壶内发霉、生有菌斑等时，当用洗涤剂仔细清洗，也可按照开壶之法养护，放在窑中进行二次烧制也可以，但存风险，茶人壶友当慎为之。

泡茶之壶在长期使用过程中，每隔三五日要有干燥休息的时间，这样壶体有吸附茶汁的条件，有助于改善壶胎泥质结构。有的壶，长期的使用过程能使胎体泥质变得更好，更适宜发茶性，甚至有的壶原来渗茶的小缺陷，在长期茶汁的滋养下而消失。有些段泥壶，有时使用过程中可能会发生"吐黑"现象，可间用间停，能逐渐减轻此现象。干燥的壶体，尤其是胎质较为疏松的壶体，冲入开水之后，因其特有的双气孔结构的胎质，能听到开水滋润壶胎的嗞嗞声，随开水泡出的茶叶浸出物对改良壶胎十分有益。

紫砂壶一旦沾染到油脂，就容易发出"贼光"，易养出带有花斑的壶。壶体的内外均不可沾染到油脂。每次茶事活动，都需净手弄茶，一是使茶免受异味污染；二是茶壶能得到良好的保养。在喝茶的过程中，用洁净的手对砂壶摩掌、把玩是非常必要的。因为人手分泌的体液对于紫砂陶，甚至于竹、木头、牙、角、玉等材质均有良效，这已被诸多玩家所证实，但现在无法通过仪器分析检验出来。一般而论，新壶初始养护使用的第一年，壶体外观色泽会有较多改观，泥色会比原色沉静，盖与壶口之间会更密合，通转舒畅。从第二年开始到第五年之间，茶垢会使壶壁内外色调一致。壶基本上已脱尽燥气，渐显雅光，益茶性明显。五年之后，壶的感官变化极为缓慢，很难在十年、二十年间有大的突破。但壶的光泽却更雅致如玉，有温润之光泽，以案头清供，则愈发彰显其沉静之美。

壶经养护彰显美韵，本来就是喝茶休闲或以茶修身养性活动的一个副产品。假若过于急功近利，急于求成，茶也不喝，一心想得壶之"包浆"而"玩物丧志"，那就背离了养壶的意义。顺其自然地喝茶、养壶，才是茶人壶友积极生活、投身世事地践行茶之道与壶之道。

不同茶类的茶性相差很大，因此，冲泡各类茶的方法、水温、冲泡时间、茶具选用、饮用方法等也各有差别。明代许次纾《茶疏》中说："茶滋于水，水藉于器，汤成于火，四者相须，缺一则废。"说明了泡好一壶茶必须要做到水好、火足、具美。现在茶艺讲究"茶、水、器、火、境、技艺"和谐一致。用泉水、紫砂壶泡好一壶茶成为"水为茶之母，壶为茶之父"之说的典范。

紫砂壶所用的原料是产于宜兴丁蜀的紫砂矿土。它是一种矿石，从矿源地采掘出的紫砂矿石俗称生泥，要经过风化、摊晒除杂、配料、粉碎、陈腐、练泥等一系列的加工变化，经过检验合格之后，至少要放置六个月才能作为制作壶的原料。紫砂泥主要可分为三大类：紫泥、本山绿泥和红泥。各大类泥料又有细小的分类，且各类泥料之间又可以以不同的比例搭配、混合，澄炼成各种泥色和泥质的制壶原料。通过制壶者的艺术创作，而制得各式各样的壶艺之作。用不同的紫砂泥所制作的壶对茶汤的影响少见古人论述，但现代茶人在经验基础上有一定的总结。茶人壶友们发现同样是紫砂壶，因其材质的差异，胎质致密程度的差异，身筒、口盖造型的差异，古壶与今壶的差异等炮制不同的茶，滋味和香气差别很大，这也促使人们开始重视对茶性与壶性如何相合的探索。笔者相信，随着茶文化和紫砂壶文化研究的深入，一定会有评茶师、思想家、美学家、设计师、配泥师、制壶师等文化人共同参与制作紫砂壶，那是一把专门为某茶量身定做的散发着哲思与美的紫砂壶。虽然，目前这是一个较为前沿的研究课题，但已经有不少茶与壶文化研究实践者进行总结，随着研究的深入，茶性与壶性的理论必将在新时期为茶文化与紫砂文化的发展做出积极的贡献。

养壶，主要目的还是使壶能够得到最佳的滋养，壶体散发出茶香滋味，而经过多次的使用之后胎质发生更益茶性的变化。对壶的养护，最终还是肯定了茶人对茶味的追求，也反映了当代中华茶艺文化的主流是以味为核心的泡饮之道。

第三节　泡茶用水的选择

水是生命之源。老子曾说："上善若水，水善利万物而不争。"水是茶的载体，无水不可论茶也。中国茶人历来讲究泡茶用水，因此有"水为茶之母"之说。古代有许多品水专著，如张又新的《煎茶水记》、欧阳修的《大明水记》、田艺蘅的《煮泉小品》等。古人对水与茶的关系做了精妙的论述，如陆羽曾在《茶经》中明确指出："其水，用山水上，江水中，井水下。其山水，拣乳泉，石池漫流者上。"明代许次纾在《茶疏》中说："精茗蕴香，借水而发，无水不可与论茶也。"表明水与茶相辅相成，缺一不可。而明代张大复在《梅花草堂笔谈》中进一步阐述："茶性必发于水，八分之茶，遇十分之水，茶亦十分矣；八分之水，试十分之茶，茶只八分耳。"可见水之于茶是十分重要的。

一、古人选水

古人选水，十分重视水源，强调用活水。天落水、泉水是煮茶的首选。天落水，包括雨、雪、露、霜，被认为是灵水。泉水，则宜取其清、冽、甘、轻、洁、寒。地表水包括江河湖水，多杂质，软硬度很难估测，一般不宜直接煮茶，需澄清。井水属地下水，易受污染，硬度大。古人对水的评价有以下五个方面：①水质要"清"：无杂、无色、透明、无沉淀物。②水体要"轻"：水的比重越大，说明溶解的矿物越多。当水中铁离子超过 0.1mg/L 时，茶汤发暗，滋味变淡；当铝含量超过 0.2mg/L 时，茶汤便有明显的苦涩味；钙离子含量达至 2mg/L 时，茶汤带涩，达到 4mg/L 时，茶汤变苦。③水味要"甘"：水甘，即水一入口，舌尖顷刻便会有甜滋滋的美妙感觉。咽下去后，喉中也有甜爽的回味，用这种水泡茶自然会增加茶之美味。④水温要"冽"：冽即冷寒之意。因为寒冽之水多出于地层深处的泉脉之中，所受污染少。⑤水源要"活"："流水不腐"，活水中气体的含量较高，泡出的茶汤特别鲜爽可口。

二、古人论水之说及试水之法

古人对煮茶、泡茶用水非常重视，但又有不同观点，大致可分为等次派和美恶派。等次派中的代表人物有张又新、刘伯刍、陆羽、乾隆皇帝等，他们认为对烹茶用水以等次而论，于是对全国各地泡茶用水排定了不同的名次。如陆羽评定的天下第一泉是庐山康王谷的谷帘泉，而乾隆皇帝评定的天下第一泉则是北京的玉泉。美恶派则以宋徽宗、田艺蘅、欧阳修等人为代表，认为天下之水没有等次之分，也不必定级、排座次，只要分出美、恶就好了。如宋徽宗"水以清轻甘洁为美"，欧阳修"水味仅有美恶而已"。古人鉴别水的方法有多种，大致如下：煮试：煮熟澄清，下有沙土者，水质恶；日试：日光正射，尘埃氤氲者，水质恶；味试：无味者真水；秤试：轻者为上；丝绵试：取色莹白者，水蘸候干，无迹者为上。

三、茶与水的关系

1. 水的硬度

水中钙、镁离子 0～75mg/L 的为极软水，75～150mg/L 的为软水，150～300mg/L 的为中等硬水，300～450mg/L 的为硬水，450～700mg/L 的为高硬水，700～1000mg/L 超高硬水，71000mg/L 为特硬水。

据研究，水中低价铁超过 0.1mg/L 会使茶汤发暗，滋味变淡，高价铁则影响更大；铝、锰均会使滋味发苦；钙、铅会使味涩；铅会使味酸；镁、铅会使味淡。

2. pH 值

一般名茶用 pH 值为 7.1 的蒸馏水冲泡，茶汤 pH 值大体为 6.0～6.3，炒青绿茶 pH 值为 5.6～6.1。若泡茶用水 pH 值偏酸或偏碱，即影响茶汤 pH 值。绿茶茶汤，当 pH 值＞7 呈橙红色，＞9 呈暗红色，＞11 呈暗褐色。红茶茶汤，当 pH 值为 4.5～4.9 汤色明亮，＞5 则汤色较暗，＞7 则汤色暗褐，而＜4.2 则汤色浅薄。由此可见，泡茶用水以中性及偏酸性的较好（表 5-3-1）。

表 5-3-1　水质与茶的审评评价

水源水质		苏州寒枯泉	黄山鸣弦泉	杭州龙井	去离子水	苏州自来水	5 米浅井水	126 米深井水	京杭运河水
理化测定	总硬度/(mg/L)	1.75	1.58	9.94	0.71	4.42	14.93	19.56	7.99
	pH 值	6.16	7.76	7.93	5.60	7.50	7.51	7.72	8.05
	电导率/μV	77	80	84	2.3	91	140	110	105
	茶汤 OD 值	0.127	0.172	0.225	0.102	0.393	0.770	0.735	0.600

续表

水源水质		苏州寒枯泉	黄山鸣弦泉	杭州龙井	去离子水	苏州自来水	5米浅井水	126米深井水	京杭运河水
感官审评	香气	清香纯正	香浓	香气馥郁	纯正清浓	具酸香味	中等	带老熟气	浊香
	滋味	醇厚和顺	鲜爽	醇厚鲜爽	淡泊	欠纯	略带苦涩味	浓而欠纯	味浓厚苦涩
	汤色	清澈明亮	黄亮	清而亮略带黄绿色	清淡明亮	黄而明亮	清淡黄浊	黄浊较深	黄浊

四、泡茶用水

1.自来水

自来水是最常见的生活饮用水，其水源一般来自江、河、湖泊，是属于加工处理后的天然水，为暂时硬水。因其含有较多的氯，饮用前需置清洁容器中1～2天，让氯气挥发，煮开后用于泡茶，水质则可达到要求。

2.纯净水

纯净水是蒸馏水、太空水等的合称，是一种安全无害的软水。纯净水是以符合生活饮用水标准的水为水源，采用蒸馏法、电解法、逆渗透法及其他适当的加工方法制得，纯度很高，不含任何添加物，可直接饮用的水。

3.矿泉水

矿泉水指的是从地下深处自然涌出的或经人工开发的、未受污染的地下矿泉水，含有一定的矿物盐、微量元素或二氧化碳气体，在通常情况下，其化学成分、流量、水温等动态指标在天然波动范围内相对稳定。矿泉水里面含有丰富的锂、锶、锌、溴、碘、硒和偏硅酸等多种微量元素。

4.活性水

活性水包括磁化水、矿化水、高氧水、离子水、自然回归水、生态水等品种。这些水均以自来水为水源，一般经过滤、精制和杀菌、消毒处理制成，具有特定的活性功能，并且有相应的渗透性、扩散性、溶解性、代谢性、排毒性、富氧化和营养性功效。

5.净化水

净化水是通过净化器对自来水进行二次终端过滤处理制得，净化原理和处理工艺一般包括粗滤、活性炭吸附和薄膜过滤三级系统，能有效地清除自来水管网中的红虫、铁锈、悬浮物等机械成分，降低浊度、余氧和有机杂质，并截留细菌、大肠杆菌等微生物，从而提高自来水水质，达到国家饮用水卫生标准。但是，净水器中的粗滤装置要经常清洗，活性炭也要经常换新，时间一久，净水器内胆易堆积污物，繁殖细菌，形成二次污染。净化水易得，是经济实惠的优质饮用水。

6.天然水

天然水包括江、河、湖、泉、井及雨水。用这些天然水泡茶应注意水源、环境、气候等因素，判断其洁净程度。对取自天然的水经过滤、臭氧化或其他消毒过程的简单净化处理，既保持了天然又达到洁净，也属天然水之列。在天然水中，泉水是泡茶最理想的水，泉水杂质少，透明度高，污染少，虽属暂时硬水，加热后，呈酸性碳酸盐状态的矿物质被分解，释放出碳酸气，口感特别微妙，泉水煮茶，甘洌清香俱备。

第四节　天下名泉及传说故事

　　明代许次纾在《茶疏》中说："精茗蕴香，借水而发，无水不可与论茶也。"明代张大复甚至把"水"放在"茶"之上。他认为："茶性必发于水，八分之茶，遇十分之水，茶亦十分矣；八分之水，试十分之茶，茶只八分耳。"唐代茶圣陆羽概观前人辨水的主张和经验，将水分出优次，即"山水上，江水中，井水下"。正因为陆羽"名人效应"，古往今来，许多名人、茶人不辞辛苦地探访名山，寻找名泉，汲水烹茗，留下了许多描绘泉水美的佳话。"名山出名茶"，名山往往也有"名泉"。用山里的泉水，烹当地产的茶，茶鲜水灵，其味更佳。正如唐代张又新在《煎茶水记》中记及："夫茶烹于所产地，无不佳也，盖水土之宜，离其地，水功其半"。我国名山多，名山产名茶亦多，同时名山往往有名泉。历史上常有对天下名泉的排名排序，说法不一而足，本书罗列众家熟知名泉，无意排名分高低、先后。

一、济南趵突泉

　　趵突泉，一名瀑流，又名槛泉，宋代始称趵突泉。在山东济南市西门桥南趵突泉公园内。一向有泉城之誉的济南，有趵突泉、黑虎泉、珍珠泉、五龙潭四大泉群，而趵突泉为七十二泉之冠，也是我国北方最负盛名的大泉之一，为古泺水发源地。据《春秋》记载，公元前694年，鲁桓公"会齐侯于泺"，即在此地。

　　趵突泉，是自地下岩溶溶洞的裂缝中涌出，三窟并发，浪花四溅，声若隐雷，势如鼎沸，平均流量为1600升/秒。北魏地理学家郦道元《水经注》有云："泉源上奋，水涌若轮。"泉池略成方形，面积亩许，周砌石栏，池内清泉三股，昼夜喷涌，状如白雪三堆，冬夏如一，蔚为奇观。由于池水澄碧，清醇甘洌，烹茶最为相宜。宋代曾巩有"润泽春茶味更真"之句。

　　清代乾隆皇帝封趵突泉为"天下第一泉"。在泉池之北有泺源堂，始建于宋，清代重建。堂前抱柱上刻有元代书法家赵孟頫撰写的对联：

云雾润蒸华不注

波涛声震大明湖

　　在后院壁上嵌有明清以来咏泉石刻若干。西南有明代"观澜亭"，中立"趵突泉""观澜""第一泉"等明清石碑。池东有来鹤桥，桥东大片散泉亦汇注成池，在水上建有"望鹤亭"茶厅。古往今来，凡来济南的人无不领略一番那"家家泉水，户户垂杨""四面荷花三面柳，一城山色半城湖"的泉城绮丽风光。而清代乾隆末年，时任山东按察使的石韫玉在《济南趵突泉联》语中，则更把趵突泉等名泉胜水，描绘成天上人间的灵泉福地，飞泉流云，一派仙乐清音，令人感到有些神奇虚幻。只有灵犀相通，才能领略那半是人间半是天上，似真似幻的奇妙意蕴。

　　关于趵突泉的来历，还有一段民间传说。传说在很久以前，济南城里有个名叫鲍全的青年樵夫，天天手不离斧砍柴，仍养活不了年迈的双亲。双亲突然得了重病，没钱请医生，鲍全只好眼看着父母相继去世。从此，他拜一和尚学医，几年中救活了许多老百姓。那时济南没有泉水，遇上旱年，连煎药的水也没有，鲍全每天早起去担水，为那些买不起水的穷人煎药。一天，鲍全在担水的路上救了一位老者，并拜这位长者为干爹。干爹看鲍全一天到晚为穷人治病，忙得连饭也没空吃，就说："泰山上有个黑龙潭，潭里的水，专治瘟疫，你要能挑一担潭水回来，每个病人只要滴到鼻里一滴，就能消除百病。"鲍全拿着干爹给的拐杖，历尽艰辛，来到泰山黑龙潭，却发现这里原来是龙宫，干爹是龙王的哥哥。鲍全挑了一件龙王的礼物白玉壶，里面的水永远也喝不完。鲍全回到泉城后，为很多病人治好了病，州官听说后派人来抢夺，鲍全把壶埋在了院子里。公差在院中挖到了白玉壶，却怎么也搬不动，他们一起用力，只听"咕咚"一声，突然从平地下"呼"地窜出一股大水，溅起的水花洒满全城，水珠落在哪里，哪里便出现一眼泉水，从此济南变成了有名的泉城。人们为了纪念鲍全，把这泉叫宝泉，年深日久，人们根据泉水咕嘟咕嘟向外冒的样子，又把它叫成"趵突泉"了。

二、镇江金山中泠泉

金山，位于江苏镇江市西北，长江南岸。金山，古时曾叫作获苻山。因东晋在淝水战之中大败前秦皇帝苻坚，俘获大批俘虏囚于此山下而得名。唐代僧人裴头陀曾居此，偶然在江边掘得黄金数镒，于是皇帝赐名为金山。

新中国成立后，金山山麓辟为金山公园。在金山公园西一里多，即是古今闻名的中泠泉，中泠泉亦称扬子江南零水。用中泠泉水沏茶，茶味清香甘洌。据唐代张又新《煎茶水记》载，品泉家刘伯刍对若干名泉佳水进行品鉴，较水宜于茶者凡七等，而中泠泉被评为第一，故素有"天下第一泉"之美誉，自唐迄今，其盛名不衰。

古往今来，人们为什么如此极欲一品中泠泉水呢？是因为真正的中泠泉水是极为难得的。该泉之水原来在波涛汹涌的江心，汲取其泉水极不容易。《金山志》记载："中泠泉，在金山之西，石弹山下，当波涛最险处。"由于这些原因，它被蒙上一层神秘的色彩：据说古人汲水要在一定的时间——"子午二辰"（即夜间23时至凌晨1时，白天上午11时至下午1时），还要用特殊的器具——铜瓶或铜葫芦，绳子要用一定的长度，垂入石窟之中，才能得到真泉水，若浅若深或移位于先后，稍不如法，即非中泠泉味了。无怪当年南宋诗人陆游游览此泉时，曾留下这样的诗句："铜瓶愁汲中濡水，不见茶山九十翁。"

南宋民族英雄文天祥有咏泉诗曰：

> 扬子江心第一泉，南金来此铸文渊，
> 男儿斩却楼兰首，闲品茶经拜羽仙。

陆羽与中泠泉，有过一段传奇般的故事：唐代宗时，李季卿出任湖州刺史，碰上了陆羽在扬州，李季卿专门去拜访陆羽，说能在中泠泉水附近，碰上"茶圣"，是件千年难逢的事，怎么能错过这个机会呢？于是便命一个机灵的军士，携带着"铜瓶"，驾着小船取来了中泠泉水。陆羽拿勺在桶中舀了舀，说："江水倒是江水，可不是中泠泉水，像是岸边的江水。"那个差人辩解："我取水时有百人所见，哪敢用假的欺哄啊。"

"茶圣"头衔，不是浪得虚名的，陆羽把水倒了一半，用勺扬水说："从这里开始才是真正的中泠泉水了。"差人大吃一惊："我从泉水抱着上岸，船摇晃翻倒了一半，因恐水量不够，增添了一些江岸的水，先生判断英明，当差的再不敢隐瞒了。"李季卿和随从数十人见证奇迹，都佩服之至。

近百年来，由于长江江道北移，南岸江滩不断涨大，中泠泉到清朝末年已和陆地连成一片，泉眼完全露出地面。后人在泉眼四周砌成石栏方池，池南建亭，池北建楼。清代书法家王仁堪写了"天下第一泉"五个苍劲有力的大字，刻在石栏上，从而使这里成了镇江的一处古今名胜。

三、北京玉泉山玉泉

玉泉，在北京西郊玉泉山东麓，当人们步入风景秀丽的颐和园昆明湖畔之时，那玉泉山上的高峻塔影和波光山色立刻映入眼帘。

明代蒋一葵在《长安客话》中，对玉泉山水作了生动的描绘："出万寿寺，渡溪更西十五里为玉泉山，山以泉名。泉出石罅间，潴而为池，广三丈许，名玉泉池，池内如明珠万斗，拥起不绝，知为源也。水色清而碧，细石流沙，绿藻翠荇，一一可辨。池东跨小桥，水经桥下流入西湖，为京师八景之一，曰：'玉泉垂虹'。"

玉泉山有金行宫遗址，相传，章宗尝避暑于此，胡应麟游玉泉诗：

> 飞流望不极，缥缈挂长川。
> 天际银河落，峰头玉井莲。
> 波声迥太液，云气引甘泉。
> 更上遗宫顶，千林起夕烟。

王英咏玉泉诗：

> 山下泉流似玉虹，清泠不与众泉同。
> 地连琼岛瀛洲近，源与蓬莱翠水通。
> 出涧晓光斜映月，入湖春浪细含风。
> 迢迢终见归沧海，万物皆资润泽功。

玉泉，这一泓天下名泉，它的名字也同天下诸多名泉佳水一样，往往同古代帝君品茗鉴泉紧密联系在一起。清康熙年间，在玉泉山之阳建澄心园，后更名曰静明园。玉泉即在该园中，自清初，即为宫廷帝后茗饮御用泉水。

清乾隆皇帝是一位嗜茶者，更是一位品泉名家。古代帝君之中，尝遍天下名茶者不少，但实地品鉴天下名泉的，可能非乾隆莫属了。他对天下诸名泉佳水，曾作过深入的研究和品评，并有他独到的品鉴方法。除对水质的清、甘、洁作出比较之外，还以特制的银斗比较衡量，以轻者为上。他经过多次对名泉佳水品鉴之后，亦将天下名泉列为七品：京师玉泉第一，塞上伊逊之水第二，济南珍珠泉第三，扬子江金山泉第四，无锡惠山泉、杭州虎跑泉共列第五，平山泉第六，清凉山、白沙（井）、虎丘（泉）及京师西山碧云寺泉均列为第七品。

乾隆在《五泉山天下第一泉记》说："则凡出于山下，而有洌者，诚无过京师之玉泉，故定天下第一泉。"

四、无锡惠山石泉

惠山寺，在江苏无锡市西郊惠山山麓锡惠公园内。惠山，一名慧山，又名惠泉山，由于惠山有九个山陇，盘旋起伏，宛若游龙飞舞，故称九龙山。宋苏轼有诗曰："石路萦回九龙脊，水光翻动五湖天。"惠山素有"江南第一山"之誉。

无锡惠山，以其名泉佳水著称于天下。最负盛名的是"天下第二泉"。此泉共有三处泉池，入门处是泉的下池，开凿于宋代，池壁有明代弘治十四年（1501年）杨理雕刻的龙头。泉水从上面暗穴流下，由龙口吐入下池。上面是漪澜堂，建于宋代。堂前有南海观音石，是清乾隆年间，从明朝礼部尚书顾可学别墅中移来的。堂后就是闻名遐迩的"二泉亭"。亭内和亭前有两个泉池，相传为唐大历末年（779年），由无锡县令敬澄派人开凿的，分上池与中池。上池八角形水质最佳，中池呈不规则方形，是从若水洞浸出，据传，此洞隙与石泉是唐代僧人若冰寻水时发现的，故又称其为"冰泉"。

在二泉亭和漪澜堂的影壁上，分别嵌着元代书法家赵孟頫和清代书法家王澍题写的"天下第二泉"各五个大字石刻。

这清碧甘洌的惠山寺泉水，从它开凿之初，就同茶人品泉鉴水紧密联系在一起了。在惠山寺二泉池开凿之前或开凿期间，唐代茶人陆羽正在太湖之滨的长城（今浙江长兴县）顾渚山，义兴（今江苏宜兴市）唐贡山等地茶区进行访茶品泉活动，并多次赴无锡，对惠山进行过考察，曾著有《惠山寺记》。

惠山泉，自从陆羽品为"天下第二泉"之后，已时越千载，盛名不衰。古往今来，这一泓清泉，受到多少帝王将相、骚客文人的青睐，无不以一品二泉之水为快。唐代张又新亦曾步陆羽之后尘来惠山品评二泉之水。在此前唐代品泉家刘伯刍，亦曾将惠山泉评为"天下第二泉"。唐武宗会昌（841—846年）年间，宰相李德裕住在京城长安，喜饮二泉水，竟然责令地方官吏派人用驿递方法，把三千里外的无锡泉水运去享用。唐代诗人皮日休有诗讽喻道：

> 丞相常思煮茗时，郡侯催发只嫌迟；
> 吴关去国三千里，莫笑杨妃爱荔枝。

宋徽宗时，亦将二泉列为贡品，按时按量送往东京汴梁。清代康熙、乾隆皇帝都曾登临惠山品尝过二泉水。

至于历代的文人雅士，为二泉赋诗作歌者，则更是不计其数。如时为无锡尉的唐代诗人皇甫冉在《杂言无锡惠山寺流泉歌》云："寺有泉兮泉在山，锵金鸣玉兮长潺潺。作潭镜兮澄寺内，泛岩花兮到人间……我来结绶未经秋，已厌微官忆旧游，且复迟回犹未去，此心只为灵泉留。"而在咏茶品泉的诗章中，当首推北宋文学家苏轼了，他在任杭州通判时，于宋神宗熙宁六年（1073年）十一月至七年（1074年）五月之间，来无锡曾作《惠山谒钱道人烹小龙团登绝顶望太湖》，诗中"独携天上小团月，来试人间第二泉"之浪漫诗句，却独具品泉妙韵，诗人似乎比喻自己已化成仙，身携皓月，从天外飞来，与惠山钱道人共品这连浩瀚苍穹也已闻名的人间第二泉。这真可谓是咏茶品泉辞章中之千古绝唱了。所以为历代茶人墨客称道不已，亦曾被改写成一些名胜之地茶亭楹联以招揽游客，品茗赏联，平添无限雅兴。

五、杭州虎跑泉

虎跑泉，在浙江杭州市西南大慈山白鹤峰下慧禅寺（俗称虎跑寺）侧院内，距市区约5km。这虎跑泉的来历，还有一个饶有兴味的神话传说呢。相传唐元和十四年（819年）高僧寰中（亦名性空）来此，喜欢这里风景灵秀，便住了下来。后来，因附近没有水源，他准备迁往别处。一夜忽然梦见神人告诉他说："南岳有一个童子泉，当遣二虎将其搬到这里来。"第二天，他果然看见二虎跑（刨）地作穴，清澈的泉水随即涌出，故名为虎跑泉。张以宁在题泉联中，亦给虎跑泉蒙上了一层宗教与神秘的色彩。原来这虎跑泉水是从大慈山后断层陡壁下的砂岩、石英砂中渗出，据测定流量为 $43.2 \sim 86.4 \mathrm{m}^3/\mathrm{d}$。泉水晶莹甘洌，居西湖诸泉之首，和龙井泉一起并誉为"天下第三泉"。

虎跑泉原有三口井，后合为二池。在主池泉边石龛内的石床上，其中一头石虎正在头枕右手小臂侧身卧睡，神态安静慈善，那种静里乾坤不知春的超然境界，颇如一副寺院联语所云：

> 梦熟五更天几许钟声敲不破
> 神游三宝地半空云影去无踪

同时栩栩如生的两只老虎正从石龛右侧向入睡的高僧走来,形象亦十分生动逼真。这组"梦虎图"浮雕寓神仙给寰中托梦,派遣仙童化作二虎搬来南岳清泉之典。"虎移泉眼至南岳童子;历百千万劫留此真源"——这副虎跑寺楹联也是写的这个神话故事,只是更具有佛教寓意。

"龙井茶叶虎跑水",被誉为西湖双绝。古往今来,凡是来杭州游历的人,无不以能身临其境品尝一下以虎跑甘泉之水冲泡的西湖龙井之茶为快事。历代的诗人们留下了许多赞美虎跑泉水的诗篇。如苏东坡有:"道人不惜阶前水,借与匏樽自在偿。"清代诗人黄景仁(1749—1783年)在《虎跑泉》一诗中有云:"问水何方来?南岳几千里。龙象一帖然,天人共欢喜。"诗人是根据传说,说虎跑泉水是从南岳衡山由仙童化虎搬运而来,缺水的大慈山忽有清泉涌出,天上人间都为之欢呼赞叹。亦赞扬高僧开山引泉,造福苍生的功德。

六、庐山康王谷水帘水

江西九江庐山康王谷水帘水,又称三叠泉、三级泉,在庐山东谷会仙亭旁。唐代茶人陆羽,当年在游历名山大川,品鉴天下名泉佳水时,曾登临庐山,品评诸泉,由于观音桥东的"招隐泉"水色清碧,其味甘美,被其评为"天下第六泉",同时又将水帘水水评为"天下第一名泉",并为该泉题写了气势雄浑的联句:"泻从千仞石,寄逐九江船。"

据《桑记》载:三叠泉之水"出自大月山下,由五老背东注焉。凡庐山之泉,多循崖而泻,乃三叠泉不循崖泻,由五老峰北崖口悬注大磐石。袅袅而垂练,既激于石,则摧碎散落,蒙密纷纭,如雨如雾,喷洒二级大磐石上,汇为洪流,下注龙潭,轰轰若万人鼓也"。

若站在观山(为庐山山名之一)之上,可见一缕天泉,垂直飞泻而下,落在大盘石上,发出洪钟般的响声,泉山经过折叠散而复聚,再曲折回绕,又往下泻,谷风吹来,泉水如冰绢飘于空中,好似万斗明珠,随风散落,在阳光下,五光十色,晶莹夺目,蔚为壮观。赵孟𫖯《水帘泉》诗曰:

> 飞天如玉帘,
>
> 直下数千尺,
>
> 新月如帘钩,
>
> 遥遥挂空碧。

这康王谷水帘泉,自从陆羽品评为"天下第一名泉"之后,曾名盛一时,为嗜茶品泉者推崇乐道,如宋时精通茶道的品茗高手苏轼、陆游等都品鉴过帘泉之水,并留下了品泉诗章。如苏轼在《元翰少卿宠惠谷帘水一器、龙团二枚,仍以新诗为贶,叹味不已,次韵奉和》诗曰:"岩垂匹练千丝落,雷起双龙万物春。此山此茶俱第一,共成三绝鉴中人。"苏轼还在《西江月·茶词》中称赞:"谷帘自古珍泉。"陆游亦曾到庐山汲取帘泉之水烹茶,他在《试茶》中有"日铸焙香怀旧隐,谷帘试水忆西游"之句,并在《入蜀记》写道:"谷帘水……真绝品也。甘腴清冷,具备诸美……卓然非惠山所及……"。

七、杭州龙井泉

龙井泉,在浙江杭州市西湖西面风篁岭上,为一裸露型岩溶泉。本名龙泓,又名龙湫,是以泉名井,又以井名村。龙井村是饮誉世界的西湖龙井茶的五大产地之一。而龙泓清泉,历史悠久,相传在三国东吴赤乌年间(238—251年)已发现。此泉由于大旱不涸,古人以为与大海相通,有神龙潜居,所以名其为龙井。又被人们誉为"天下第三泉"。龙井泉旁有龙井寺,建于南唐保大七年(949年),周围还有神运石、涤心沼、一片云等诸景胜迹。近处则有龙井、小沧浪、龙井试茗、鸟语泉声等石刻环列于半月形的井泉周围。

龙井泉水出自山岩中，水味甘醇，四时不绝，清如明镜，寒碧异常，如取小棍轻轻搅拨井水，水面上即呈现出一条由外向内旋动的分水线，见者无不奇。据说这是泉池中已有的泉水与新涌入的泉水间的比重和流速有差异之故，但也有人认为，是龙泉水表面张力较大所致。

龙井之西是龙井村，满山茶园，盛产西湖龙井，因它具有色翠、香郁、味醇、形美之"四绝"而著称于世。古往今来，多少名人雅士都慕名前来龙井游历，饮茶品泉，留下了许多赞赏龙井泉茶的优美诗篇。

苏东坡曾以"人言山住水亦住，下有万古蛟龙渊"的诗句称道龙井的山泉。杭州西湖产茶，自唐代到元代，龙井泉茶日益称著。元代虞集在游龙井的诗中赞美龙井茶道："烹煎黄金芽，不取谷雨后。同来二三子，三咽不忍漱。"明代田艺蘅《煮泉小品》则更高度评价龙井茶："今武林诸泉，惟龙泓入品，而茶亦惟龙泓山为最。又其上为老龙泓，寒碧倍之，其地产茶为南北绝品。"

清代乾隆皇帝曾数次巡幸江南，在来杭州时，不止一次去龙井烹茗品泉，并写了《坐龙井上烹茶偶成》咏茶诗和题龙井联："秀翠名湖，游目频来过溪处；腴含古井，怡情正及采茶时。"历代名人的这些诗词联语，为西子湖畔的龙井泉茶平添了无限韵致，更令游人向往。

八、苏州虎丘寺石泉水

苏州虎丘，又名海涌山。在江苏省苏州市阊门外西北山塘街，距城约 3.5km。春秋晚期，吴王夫差葬其父阖闾于此。相传，葬后三日，有白虎蹲其上，故名虎丘。一说为"丘如蹲虎，以形名"。东晋时，司徒王珣和其弟王珉在此创建别墅，后来王氏兄弟将其改为寺院，名虎丘寺，分东西二刹；唐代因避太祖李虎（李渊之祖父）名讳，改名为武丘报恩寺。武宗会昌年间寺毁，移往山顶重建时，将二刹合为一寺。其后该寺院屡经改建易名，规模宏伟，琳宫宝塔，重楼飞阁，曾被列为"五山十刹"之一。古人曾用"塔从林外出，山向寺中藏"的诗句来描绘虎丘的景色。苏州虎丘不仅以风景秀丽闻名遐迩，也以它拥有天下名泉佳水著称于世。

据《苏州府志》记载，茶圣陆羽晚年，在德宗贞元中（约于贞元九年至十七、十八年间）曾长期寓居苏州虎丘。一边继续著书，一边研究茶学及水质对饮茶的影响。他发现虎丘山泉甘甜可口，遂即在虎丘山上挖筑一石井，称为"陆羽井"，又称"陆羽泉"，并将其评为"天下第五泉"。据传，当时皇帝听到这一消息，曾把陆羽召进宫去，要他煮茶。皇帝喝后大加赞赏，于是封其为"茶神"。陆羽还用虎丘泉水栽培苏州散茶，总结出一整套适宜苏州地理环境的栽茶、采茶的办法。由于陆羽的大力倡导，"苏州人饮茶成习俗，百姓营生，种茶亦为一业"。因虎丘泉水质清甘味美，在继陆羽之后，又被唐代另一品泉家刘伯刍评为"天下第三泉"。于是虎丘石井泉就以"天下第三泉"名传于世。那么，这一泓天下名泉的具体地址，究竟在哪里呢？如今来苏州虎丘的游人，有的往往未能亲临其址，一品味美甘醇的古泉之水而引为憾事。

这久已闻名天下的"虎丘石泉水"，即在这颇有古幽神异色彩的"千人石"右侧的"冷香阁"北面。这里一口古石井，井口约有一丈见方，四面石壁，下连石底，井下清泉寒碧，终年不断。这即是陆羽当年寓居虎丘时开凿的那眼古石泉，在冷香阁内，今设有茶室，这里窗明几净，十分清雅，是游客小憩品茗之佳处。

九、济南珍珠泉

珍珠泉，在山东省济南市泉城路北珍珠泉院内，为泉城七十二泉四大泉群之一，珍珠泉群之首。泉从地下上涌，状如珠串。泉水汇成水池，约一亩见方，清澈见底。清代王昶《珍珠泉记》云："泉从沙际出，忽聚忽散，忽断忽续，忽急忽缓，日映之，大者为珠，小者为矶，皆自底以达于面。"此名泉胜地曾被官府侵占。新中国成立后，重建修整，小桥流水，绿柳垂荫，花木扶疏，亭树幽雅。附近还有濯缨、小王府、溪亭、南芙蓉、朱砂等诸名泉，组成珍珠泉群，均汇入大明湖。清代刘鹗《老残游记》描绘济南"家家泉水，户户垂杨"的景色，当是这一地区。

珍珠泉水，清碧甘冽，是烹茗上等佳水，当年清乾隆皇帝在品评天下名泉佳水时，以清、洁、甘、轻为标准，将济南珍珠泉评为天下第三泉。以特制的银斗衡量，斗重一两二厘，只比被乾隆评为天下第一泉——北京玉泉之水略重二厘。以乾隆品泉标准来衡量，珍珠泉略胜闻名遐迩的扬子江金山第一泉和无锡惠山天下第二泉。

乾隆皇帝每逢巡幸山东时，喜欢以珍珠泉水煎茶。如乾隆二十年（1755年）谕旨："朕明春巡幸浙江，沿途所用清茶水……至山东省，著该省巡抚将珍珠泉水预备应用。"

历代的文人墨客亦曾在珍珠泉畔咏题诗词楹联。济南某县令赞泉联曰："逢人都说斯泉好，愧我无如此水清。"清末民初人杨度题珍珠泉联云：

随地涌泉源，时澄澈一泓，莫使纤尘涬渊鉴；

隔城看山色，祈庄严千佛，广施法雨惠苍生。

十、扬州大明寺泉水

大明寺，在江苏扬州市西北约4km的蜀岗中峰上，东临观音山。建于南朝宋大明年间（457—464年）而得名。隋代仁寿元年（601年）曾在寺内建栖灵塔，又称栖灵寺。这里曾是唐代高僧鉴真大师居住和讲学的地方。现寺为清同治年间重建。清乾隆三十年（1765年），乾隆皇帝巡幸扬州，担心民众因见"大明"二字而思念前朝（明朝），遂下令改名为"法净寺"，并亲笔题了寺名。1980年4月，鉴真大师坐像从日本回国探亲前夕，复称大明寺。在大明寺山门两边的墙上对称地镶嵌着："淮东第一观"和"天下第五泉"十个大字。每字约一米见方，笔力遒劲。著名的"天下第五泉"即在寺内的西花园里。西花园原名"芳圃"。相传，为清乾隆十六年（1751年），乾隆皇帝下江南，到扬州欣赏风景的一个御花园，向以山林野趣著称。唐代茶人陆羽在沿长江南北访茶品泉期间，实地品鉴过大明寺泉水，被列为天下第十二佳水。唐代另一位品泉家刘伯刍却将扬州大明寺泉水，评为"天下第五泉"。于是，扬州大明寺泉水，就以"天下第五泉"扬名于世。大明寺泉，水味醇厚，最宜烹茶，凡是品尝过的人都公认宋代欧阳修在《大明寺泉水记》所说"此水为水之美者也"是深识水性之论。

我国名泉众多，像一颗颗璀璨的珍珠散落在中华大地上，滋养着一代又一代的华夏子民。由于篇幅有限，本书对其他名泉名水不一一赘述。

第六章
茶书典籍及文学艺术

第一节 茶书典籍

唐代陆羽著作的《茶经》问世后，茶的专著陆续出现，形成了琳琅满目、美不胜收的古代茶书典籍，这些茶书均为当时社会茶科技、文化之结晶，其中既有内容艰深的理论专著，又有通俗易懂的普及读物；既有严谨实用的科技书籍，又有引人入胜的文化读物；既有系统全面的大型著作，又有某一事项的专题论述。

对我国古代茶书的相关内容进行学习，使我们能更好地了解茶业发展的历史踪迹，明了茶文化发展的一些相关问题。这些古代茶书，不仅是我们了解古代茶业及茶文化发展的珍贵参考资料，而且其中的许多观点仍是"真知灼见"，经过岁月的洗礼依然熠熠生辉，成为我们现代茶文化发展过程中的精神宝库。

一、古代茶书概述

在古代文明的发展进程中，茶文化作为优秀传统文化的组成部分，与"瓷器""丝绸"等文化载体成为彰显中国特色的文化符号。在 2008 年奥运会开幕式上，我们看到了一个大大的"茶"字在诉说中华五千年的文明，而茶文化之所以发展到今天还有如此强大的生命力，不仅在于其本身具有健康、高雅的特质，还在于一代又一代茶人的传承，薪火相传，才能生生不息，而将茶文化载入史册，让人们代代传阅的，自然离不开茶文化典籍，也即我们的古代茶书。打开古代茶书，我们发现了一个灿烂多彩的茶文化世界，使我们对传承至今的茶文化又多了许多了解。

茶在神农时期即被我们的祖先发现和利用，迄今已有五千多年的历史。我国先人在数千年种茶、用茶的实践过程中，积累了丰富的经验，这些经验不断被总结，自唐朝陆羽编撰第一部茶学专著《茶经》之后，我国各个朝代都有茶书被编著，到清朝末年为止，我国历史上刊印的茶书有 188 种，其中完整的茶书为 96 种，辑佚 28 种，佚书书目 64 种。以朝代分，唐代和五代为 16 种，宋元代 47 种，明代 79 种，清代 42 种，另有明清间未定朝代 4 种。这些茶书记载了历代茶叶的种植、采制、品饮、进贡、贸易等方面的情况，具有重要的学术价值，成为我们研究古代茶文化的珍贵历史资料。

古代茶书按其内容分类，大体可分为综合的、专题的、地域的和汇编的四类。

综合类的有陆羽的《茶经》、宋徽宗赵佶的《大观茶论》等。这些书记述论说茶树植物形态特征、茶名汇考、茶树生态环境条件，茶的栽种、采制、烹煮技艺，以及茶具茶器、饮茶风俗、茶史茶事等内容。

地域类的主要是福建建安（现福建建瓯）的北苑茶区和宜兴与长兴交界的罗岕茶区。前者有宋代丁谓的《北苑茶录》、赵汝砺的《北苑别录》等，后者有明代熊明遇的《罗岕茶记》、蔡襄的《岕茶汇钞》等，分别记录北苑茶和岕茶的沿革、茶产地名品、贡品以及茶的采、拣、蒸、榨、研、焙等工序。

专题类的记述各地宜茶之水，并品评高下的《煎茶水记》《煮泉小品》《水品》；煎、烹茶技艺、饮茶环境的《十六汤品》《茶寮记》；专写茶具的《茶具图赞》。

汇编类的把多种茶书合为一集的；摘录散见于史籍、笔记、杂考以及诗词、散文中的茶事资料作分类编辑的《茶书全集》《茶史》《续茶经》。

就著者论，有毕生从事茶业研究的专家陆羽，也有业余嗜好写作的皇帝如宋徽宗著有《大观茶论》，诗人温庭筠著有《采茶录》，还有从事茶业监管的官员如丁谓、蔡襄等著的《北苑茶录》《茶录》等。

二、《茶经》及唐、五代茶书

（一）陆羽与《茶经》

1. 陆羽生平

陆羽（约733—约804年），字鸿渐，一名疾，字季疵，号竟陵子、桑苎翁、东冈子等，唐复州竟陵（今湖北天门）人。

陆羽是个孤儿，3岁时被龙盖寺（后称西塔寺）的智积禅师所收养。一天早晨，智积禅师在当地城外的西湖之滨，闻到阵阵群雁的喧闹声，循声过去，发现在一片草丛中，有三只大雁正飞舞盘旋，轮流用翅膀护卫着、温暖着一个孩童。于是智积禅师把他抱回寺中，由于寺院不便抚养，便寄养寺西村李儒公家。唐玄宗开元二十九年（741年），陆羽8岁，李儒公举家迁回浙江湖州。陆羽于是回到智积禅师寺院，每日诵经读佛书，操持寺院杂事、贱务。陆羽当时还无姓名，他拿着卦为自己占卜，卦云："鸿渐于陆，其羽可用为仪"。于是将"陆羽"作为自己的名字。智积禅师要陆羽学习佛典，而倔强的陆羽却喜欢儒学，于是禅师就罚他做劳役数年。最后，13岁那年陆羽逃离了寺院，投身于杂戏班，扮演丑角，专以卖唱献艺为生，成为一名专业的"伶人"，并将自己的笑话编撰成《谑谈》出版，展示了不俗的才华。陆羽的才华被时任竟陵太守李齐物发现，李太守亲自教授其诗文，还介绍他到天门邹老夫子处就学深造。继李齐物之后，陆羽在竟陵又遇到一位叫崔国辅的老夫子，陆羽与崔公往来三年，经常在一起品茶论水，结下了深厚的友谊。崔公在学业和生活上给予了陆羽很大的帮助，天宝十五载（756年）陆羽为考察茶事，出游巴山峡川。行前，崔国辅以白驴、乌犁牛及文槐书函相赠。

在游历江南的过程中，陆羽最先结识了时任无锡尉的皇甫冉，皇甫冉也是一位多才多艺、怜才重友之士，他们一见如故，情投意合。陆羽约于唐肃宗至德二载（757年）来到了吴兴，同乌程县杼山妙喜寺皎然相识结谊，与皎然结成了"缁素忘年之交"。皎然为谢灵运第十世孙，出身于儒学世家，自幼学习刻苦，博览群书，除研究佛学外，还长期从事诗歌创作和理论研究，他们有着共同的审美情趣，结下了深厚的友谊。皎然创作的诗歌《访陆处士羽》："太湖东西路，吴主古山前。所思不可见，归鸿自翩翩。何山赏春茗，何处弄春泉。莫是沧浪子，悠悠一钓船。"表达了两人之间的深情厚谊。公元758年来到升州（今江苏南京），寄居栖霞寺，钻研茶事，次年（公元759年）旅居丹阳。"上元初，结庐与苕溪之湄，闭关对书，不杂非类，名僧高士，谭燕永日"。公元760年，陆羽隐居于盛产名茶的浙江湖州苕溪。每年茶季就亲自带着采制工具前往湖州、苏州、常州等地的深山中采制春茶，向茶农学习经验，考察茶叶生产，他将游历考察中的见闻随时记录下来，在实践中丰富了自己的茶叶知识和技能，为写《茶经》奠定了牢固的基础。陆羽渊博的茶学知识及高超的烹茶技艺，在湖州各阶层人士中赢得了声望，同时也博得了时任湖州刺史颜真卿的赏识与信赖。陆羽参与了由颜真卿主编的大型类书《韵海镜源》，主持日常工作。《韵海镜源》的编纂，先后历经三十余年，五十余名文人才子相继努力，终于大历九年（774年）最后完成。颜真卿因而对陆羽也特别关照，资助他修建青塘别业并支持他撰写《茶经》。陆羽以坚韧不拔的毅力，经过十余年的潜心研究与实践，于公元765年写出了人类文明史上第一部茶学专著《茶经》，于公元775年又对其作了修改和补充，公元780年刻印问世。

陆羽一生鄙夷权贵，不重财富，酷爱自然，坚持正义。他创作的《六羡歌》："不羡黄金罍，不羡白玉杯。不羡朝入省，不羡暮登台。千羡万羡西江水，曾向竟陵城下来。"正是其淡泊明志、志趣高远的真实写照。《茶经》问世后，陆羽声明远扬，当时的代宗曾诏拜陆羽为太子文学，又徙太常寺太祝，陆羽都未就职。又陆续在江西上饶、南昌居住停留，最终又回到湖州，于公元804年，病逝于湖州，安葬于杼山。

2. 陆羽编写《茶经》的原因

文化的兴盛繁荣必然要依赖于经济政治的繁荣，唐朝为我国历史上经济繁盛、政治稳定的时期，称为"大唐盛世"。此时，国家空前统一，经济十分强盛，人们的生活水平大幅度提高。因此，各种文化都得到了较大发展，如"唐诗"即为我国文化史上浓墨重彩的一笔，此时茶文化也是在如此大好的环境下形成与发展起来，这些部件都为陆羽创作《茶经》提供了很好的基础。

自唐初以来，饮茶之风已经普及全国，各地茶叶生产相当发达，茶叶市场繁荣，城市中出现许多茶叶商店和茶馆，文人雅士们也介入茶事活动并写出众多的茶诗、茶文。陆羽作为一个爱好茶，同时又对茶的栽培、加工、品饮深有研究的人，当然要写作一部高水平的与茶有关的作品。

其次，当时各地饮茶之风渐盛，但饮茶者并不一定都能体味饮茶的要旨与妙趣。于是陆羽决心总结自己半生的饮茶实践和茶学知识，写出一部茶学专著，以便为茶叶消费者与茶叶生产者提供正确的茶学知识。

3.《茶经》内容

全书共七千多字，分上中下三卷十章。上卷包括"一之源，二之具，三之造"三章；中卷只有"四之器"一章；下卷则包括六章的内容，分别为"五之煮，六之饮，七之事，八之出，九之略，十之图"。

（1）上卷

"一之源"，谈茶的起源、性状、名称、功效及茶与生态条件的关系。"茶者，南方之嘉木也。一尺、二尺，乃至数十尺。其巴山峡川，有两人合抱者，伐而掇之。"点明了茶树是原产于我国南方珍贵的常绿树木，并对其树型进行了描绘，有一尺、二尺的灌木型直至高达数十尺的乔木型茶树。接着是对茶树形态的描绘，"其树如瓜芦，叶如栀子，花如白蔷薇，实如栟榈，茎如丁香，根如胡桃（瓜芦木出广州，似茶，至苦涩。栟榈，蒲葵之属，其子似茶。胡桃与茶，根皆下孕，兆至瓦砾，苗木上抽）"。此句用形象生动的比喻使人们对茶树的花、果实、种子有了完整的印象。茶树起初并无专用的称呼，陆羽在此也作了说明，介绍了"茶"字的由来和茶的别称，如"其名，一曰茶，二曰槚，三曰蔎，四曰茗，五曰荈"。最后是对茶的生长环境和饮用方法及其功效进行了介绍。"其地，上者生烂石，中者生砾壤，下者生黄土"，陆羽认为种茶的土壤，以杂有烂石为最好，其次为沙质的土壤，黄土最差。"凡艺而不实，植而罕茂，法如种瓜，三岁可采"，当时由于无性繁殖的技术并不成熟，所以茶树种植的方法最好是采用种子直播，用移栽的方法种植，茶树就不能长得枝繁叶茂。一般种植三年，就可采摘，这与现在我们说的幼龄茶园三年左右即可投产是一样的，可见陆羽对茶树生长习性的研究是很全面深刻的。

"二之具"，记述采茶、制茶的工具。采茶的工具主要有"籯"，又叫"篮、笼"，容量有五升，也有一斗、二斗、三斗的，它是采茶人背着采摘茶用的。制茶的工具大约有14件，分别为"灶""釜""甑""杵臼""规""承""檐""芘莉""棨""朴""焙""贯""棚""穿"。其中"灶""釜""甑"为当时生产蒸青团茶所用的杀青的工具；当时茶叶的形状主要为团饼形的，因此有成型的工具为"规""承"；"杵臼"即为先将茶树芽叶捣碎的工具；"芘莉"则是用来放置饼的工具；"棨"又叫锥刀，供饼茶穿孔用；"朴"又叫鞭，用竹做成，用以穿解饼茶，便于搬运；"贯"，削竹制成，长二尺五寸，用来串茶烘焙；"棚"则为焙茶的双层木架；"育"则为贮藏茶叶的工具。通过此章我们能大致了解唐朝蒸青团茶加工所用的工具。

"三之造"，记述茶叶的采摘时间与方法、制茶方法及茶叶的种类和等级。首先介绍了采茶时间，"凡采茶，在二月、三月、四月之间"。然后介绍了采摘标准及阴雨天不能采茶，只有在天气晴朗时才采，这与我们现在制茶不采雨水叶等要求是一样的。"蒸之，捣之，拍之，焙之，穿之，封之，茶之干矣。"此即为蒸青团茶的加工工艺，即采下鲜叶后，经过蒸熟、捣碎、拍打成形、烘焙、穿茶、封装保存等工序，茶叶便制作成功了。随后介绍了当时饼茶形状的差别以及品质鉴定的方法，并指出了茶叶外形、色泽产生的一些原因。

（2）中卷

"四之器"，记述煮茶、饮茶的用具和全国主要瓷窑产品的优劣。主要介绍了煮茶、饮茶的用具，总共有24组29种，分别为：生火用具5种即风炉、灰承、筥、炭挝、火筴；煮茶的用具有釜、交床2种；夹、纸囊、碾、罗合和则是用来烤茶、碾茶和量茶的工具；盛水、滤水和取水的用具有水方、漉水囊、瓢、熟盂4种；唐朝时主要是煮茶法，茶煮好后还要放入盐等调味品，所以还有盛盐、取盐的用具为鹾簋和揭，碗和札则为饮茶用具；清洁用具包括涤方、滓方和巾；畚、具列和都篮则为陈列和收藏茶具用的工具。此外，对当时全国主要瓷窑产品的优劣进行了评说，认为"越州上""邢不如越"，并列举理由，"若邢瓷类银，越瓷类玉，邢不如越一也；若邢瓷类雪，则越瓷类冰，邢不如越二也；邢瓷白而茶色丹，越瓷青而茶色绿，邢不如越三也"。

（3）下卷

"五之煮"，记述烤茶和煮茶的方法及水的品第。在此章中主要介绍了唐朝的煮茶法，即先将茶在火上炙烤，以发茶香，烤好后要趁热用纸袋贮藏，使香气不致散失，待冷却后再碾成细末，然后再煮茶。煮茶用的燃料和水都是很讲究的，煮茶的燃料最好用木炭，其次用硬柴，沾了油腥味和含油脂的木材煮出来的茶会使茶含有异味。煮茶用的水为"山水上，江水中，井水下"，此外还要掌握好水沸的程度，"其沸，如鱼目，微有声，为一沸；缘边如涌泉连珠，为二沸；腾波鼓浪，为三沸。已上水老不可食也。"

"六之饮"，记述饮茶的历史、茶的种类、饮茶风俗。"茶之为饮，发乎神农氏，闻于鲁周公"，即在神农时期茶已被人们发现和利用了，在鲁周公时期茶作为饮料已为众人所知了。当时饮茶的风俗是加入葱、姜、枣、橘皮、茱萸、薄荷等一同煮沸饮用，陆羽认为如同沟渠里的废水一样。然后认为饮茶有九个难题要解决：一是制造，二是鉴别，三是器具，四是火工，五是用水，六是烘烤，七是碾末，八是烹煮，九是饮用。

"七之事"，记述古代茶的故事和茶的药效。把唐代以前有关茶事的资料，按朝代先后汇集和排列，全面系统地介绍了古代的茶叶历史。

"八之出"，记述当时全国著名茶区的分布及其评价。介绍当时全国产茶地有山南、淮南、浙西、浙东、剑南、黔中、江南、岭南等8个道、43个州郡、44个县。

"九之略"，记述采茶、制茶、饮茶的用具在某种情况下是可以省略的或者必须具备的。

"十之图"，指出要将《茶经》写在绢帛上张挂以指导茶的产、制、烹。

4.《茶经》的历史地位和学术价值

《茶经》被后世誉为"茶学百科全书"，是所有古代茶书中最重要的著作，自问世1200多年以来，传播国内外，被译成日、韩、英、俄、德、法等国文字，版本有100多种。陆羽也因此被誉为"茶圣""茶神"和"茶祖"。在中国、日本、韩国都有专门研究陆羽《茶经》的学术团体，经常开展研究活动，出版专门学术刊物。

"自从陆羽生人间，人间相学事新茶。"《茶经》的重大意义，一方面在于总结了茶叶技术，推动了茶叶生产的发展，奠定了"茶学"学科的基础，另一方面也总结了茶叶品饮等文化方面的知识，推动了后世茶文化的发展。《茶经》的重要意义有以下几个方面。

（1）《茶经》是唐代及唐代之前茶叶科学和文化的系统总结

在《茶经》之前，尽管中国产茶饮茶的历史很悠久，但没有专门的著作来介绍茶学知识，一些记载非常分散，各种民间制茶经验也是口头流传。而陆羽通过长期的生产实践和对历史资料的悉心收集、整理，对唐代及唐代之前的茶叶科学和文化进行了总结和归纳，还保留了不少现在其他地方无法看到的珍贵历史资料，为后来有关茶叶历史和文化的研究提供了很好的参考。

（2）《茶经》建立了茶学的基本框架结构

《茶经》共有十章，内容包括了茶的起源、制茶工具、制茶方法、饮茶器具、烹煮方法、饮用方法和功效、历史掌故、产茶地区等，这些内容基本上建立起了茶叶研究的基本理论框架结构。

（3）《茶经》直接促进了茶叶生产和饮用的快速发展

《封氏闻见记》"楚人陆鸿渐为茶论，说茶之功效，并煎茶、炙茶之法，造茶具二十四事，以都统笼贮之。远近倾慕，好事者家藏一副。于是茶道大行，王公朝士无不饮者。"可见《茶经》对唐代饮茶风习产生了巨大的推动作用。

（二）唐、五代其他茶书

茶文化"兴于唐"，体现的一个方面就是出现了许多茶的专著，自陆羽写成《茶经》后，饮茶的风气大为盛行，上至王宫贵族，下至平民百姓，都嗜好饮茶，因此除了《茶经》之外，一些茶人在品茶过程中，将品茶的体会总结成书，主要有张又新的《煎茶水记》和苏廙的《十六汤品》及温庭筠的《采茶录》，五代毛文锡的《茶谱》。

《煎茶水记》：张又新著，成书于825年前后。论述煎茶用水对茶叶色、香、味的影响。列出了陆羽所品20种水的品第，并指出善烹、洁器也很重要。

《十六汤品》：唐代苏廙撰，成书于 900 年前后。论述煮水、冲泡注水、泡茶盛器以及烧水燃料的不同，并将汤水分成若干品第：煮水老嫩分三品，冲泡注水缓急分三品，盛器不同分五品，燃料不同分五品，共计 16 汤品。

《茶谱》：毛文锡编著，成书于 925 年前后。记述了各产茶区的名茶，对其品质、风味及部分茶的疗效均有评论。书中还记述了多种散叶茶，说明当时除饼茶外，散茶已有生产与发展。

三、《大观茶论》及宋代茶书

（一）宋徽宗与《大观茶论》

1. 宋徽宗简介

宋徽宗赵佶（1082—1135 年），北宋皇帝，同时也是书画名家。当皇帝时不励精图治，而大兴土木，信奉道教，任用蔡京、梁师成等奸臣，导致政治腐败，民不聊生。靖康元年闰十一月二十五日（1127 年 1 月 9 日），金兵攻进京城汴梁，赵佶、赵桓以及赵氏宗族、亲属等三千多人，都做了金人的俘虏（史称"靖康之耻"），后死在"五国城"（今黑龙江省依兰县）。在位期间，特别注重对画院的重视和发展。于崇宁三年（1104 年）设立了画学，正式纳入科举考试之中，以招揽天下画家。画学分为佛道、人物、山水、鸟兽、花竹、屋木六科，摘古人诗句作为考题。考入后按身份分为"士流"和"杂流"，分别居住在不同的地方，加以培养，并不断进行考核。入画院者，授予画学正、艺学、待诏、祗候、供奉、画学生等名目。当时，画家的地位显著提高，在服饰和俸禄方面都比其他艺人为高。宋徽宗提倡柔媚的画风。他擅长花鸟画，据说他画鸟雀，常用生漆点睛，小豆般地凸出在纸绢之上，十分生动。陆续描写过各种奇花异鸟，命名为《宣和睿览集》。他要求所画花卉，能够画出不同季节、不同时间下的特定情态，他对人物、山水画等，也有一定的造诣。受吴元瑜影响，书法师黄庭坚，后自创一种瘦劲锋利如"屈铁断金"的"瘦金体"。宋朝在福建建安（现福建建瓯）设立贡茶院，生产北苑贡茶，皇室贵族尤喜品茶，而且为别庶饮，还在上面刻上龙凤的图案，专供皇室享用。宋朝的皇帝大都爱好书法，爱茶嗜茶，作为深具文人气质的宋徽宗，自然也爱品茶，对宋代点茶也是深有研究，据说他点茶时能使汤面呈疏星朗月、纤幻如画的现象。

2.《大观茶论》内容及其价值

《大观茶论》全文 2800 多字，首先是绪言，正文内容为地产、天时、采择、蒸压、制造、鉴辨、白茶、罗碾、盏、筅、瓶、杓（勺）、水、点、味、香、色、藏焙、品名、外焙二十篇，是一部综合性的茶学专著，从茶的种植、茶叶采摘、茶叶加工、茶叶品质鉴定、品茶技艺等多方面都有介绍。整部书中对宋代点茶的介绍非常详细完整，是考察宋代点茶技艺不可多得的资料。

绪言部分，以谷粟等物与茶作对比，认为茶是一种吸收天地灵气的高洁之物，饮之可"祛襟涤滞，致清导和"，而且非一般人能体会得到，其"中澹间洁，韵高致静"的品格更不是一时能领会得到的。随后介绍了北苑贡茶的生产情况，认为"龙团凤饼，名冠天下""采择之精，制作之工，品第之胜，烹点之妙，莫不盛造其极"。

地产部分，主要介绍了适合茶生长的环境，"植产之地，崖必阳，圃必阴""阴阳相济，则茶之滋长得其宜"。

天时部分，介绍采茶制茶的时机，强调"以得天时为急"。茶工若能"从容致力"，则

"其色味两全"，反之，若"蒸而未及压，压而未及研，研而未及制"，则"茶黄留积，其色味所失已半"。这与现代茶叶加工要掌握好茶叶的做形、提香的时机是一样的。

采择部分，即介绍茶叶的采摘。要求"撷茶以黎明，见日则止"。为保证鲜洁，采时还需带上新鲜的泉水洗去茶芽身上的不洁之物，"茶工多以新汲水自随，得芽则投诸水"，并指出所采之茶的优劣标准，嫩度越高，茶叶质量越优异，与当今名优绿茶加工时茶叶采摘标准相似。

蒸压部分，即当时蒸青团茶杀青、成型的工序，认为茶的好坏，蒸压是起决定作用的，"蒸太生"与"过熟"之弊，"压久"与"不及"之害，并且指出正确的蒸压方法"蒸芽欲及熟而香，压黄欲膏尽亟止。如此，则制造之功，十已得七、八矣。"

制造部分，要求"涤芽惟洁，濯器惟净"，认为洁、净是茶叶加工中必须注意的，这与现在倡导的茶叶清洁化生产如出一辙。

鉴辨部分，提出了鉴别蒸青团茶的标准，从茶叶色泽、制造工艺等方面去判断茶叶的好坏。用对比的手法，以"膏稀者"对"膏稠者"，以"即日成者"对"越宿制造者"，以"肥凝如赤蜡者"对"缜密如苍玉者"，以"光华外暴而中暗者"对"明白内备而表质者"，最后提出好茶的标准："色莹彻而不驳，质缜绎而不浮，举之凝结，碾之则铿然，可验其为精品也。"

白茶部分，指出白茶是北苑贡茶中一个特殊的品种，"自为一种，与常茶不同"，"其条敷阐，其叶莹薄"，而且产量很少"有者不过四五家，生者不过一二株，所造止于二三胯而已"。

接下来的罗碾、盏、筅、瓶、杓几篇的内容，便是对宋代点茶法的用具的介绍。宋代点茶时先要用茶碾将饼茶碾成极细的粉末，然后还要过筛，即用茶罗将碾好的茶粉筛细。同时要准备好专用茶盏。

罗碾部分中对碾的制作材料进行了评说，认为"以银为上，熟铁次之"，生铁不可，是因为"害茶之色尤甚"。随后介绍了碾槽、碾轮、罗的外形特点及该外形选择的原因，使我们能大致了解碾的材质和形状。

盏部分专门介绍宋代斗茶时所用的茶盏，"盏色贵青黑，玉毫条达者为上"，因为宋代茶汤尚白，用黑盏才能衬托茶汤的颜色。其次介绍盏的形状，"底必差深而微宽"，又讲盏的大小与茶量的配合，最后强调盏必热，否则点茶难以成功。

筅部分，介绍了点茶必备的茶筅，先介绍了筅的制作材料，"以觔竹老者为之"；再讲形状，"身欲厚重，筅欲疏劲。本欲壮而末必眇。当如剑瘠之状"。因为茶筅在当时为常见之物，所以在这一篇中作者只用了很少的字数进行介绍。

瓶部分介绍汤瓶质地及形状要求。因宋代点茶已不似唐代煮茶，故汤瓶这一盛装热水器具也是点茶盛行的必然产物。点茶对注汤要求很高，汤的力道紧并且速度可控制，则可保证茶面不受破坏，所以在汤瓶的形状上便做足了文章，"注汤害利，独瓶之口嘴而已。嘴之口差大而宛直，则注汤力紧而不散；嘴之末欲圆小而峻削，则用汤有节而不滴沥"。

杓部分更惜笔墨，区区三十七字，只讲杓之大小，"当以可受一盏茶为量"。

水部分讲点茶对水质的要求。自古饮茶便对水质要求颇多，有尚泉水者如茶圣陆羽，甚至有尚化雪之水者如栊翠庵中的妙玉，其他如井水、江水、隔年的雨水等也有诸多讲究。《大观茶论》认为，"水以清轻甘洁为美"，中泠、惠山一类的上好泉水并不易得，故"但当取山泉之清洁者"。"其次，则井水之常汲者为可用。若江河之水，则鱼鳖之腥，泥泞之污，虽轻甘无取。"《大观茶论》认定常汲之井水可用，而江河之水不可用，这与陆羽的观点是不同的，陆羽认为煮茶用水"山水上，江水中，井水下"。

点部分是《大观茶论》中最为引人瞩目的一篇，近四百字，二十篇中笔墨最多。此篇专讲点茶手法、过程。文中首先说"点茶不一"，可见点茶并非易事，正误做法不在少数。文中指出两种不恰当的点茶方法，即"静面点"和"一发点"，并分析失败原因。继而描述"妙于此者"的正确做法，如何调膏，如何注汤，如何击拂，均有明确指点。点茶共注七汤，即注水七次，每次注水量不同，用筅击拂的手法也不同。在此过程中须观察茶面的颜色、状态，一汤后"疏星皎月，灿然而生"，二汤后"色泽渐开，珠玑磊落"，三汤后"表里洞彻，粟文蟹眼，泛结杂起"，四汤后"清真华彩，既已焕发，云雾渐生"，五汤后"结浚霜，结凝雪"，六汤后"乳点勃结"，七汤后"乳雾泅涌，溢盏而起，周回旋而不动，谓之咬盏"，此时便可分而饮之。点茶过程中，很重视筅的使用。"手重筅轻""击拂无力"不可，"手筅俱重""指腕不圆"也不可。正确做法是：一汤"渐加击拂，手轻筅重，指绕腕旋"，二汤"击拂既力"，三汤"渐贵轻匀，周环旋复"，四汤"筅欲转稍宽而勿速"，五汤"筅欲轻匀而透达，如发立未尽，则击以作之；发立已过，则拂以敛之"，六汤"缓绕拂动"。在筅用于点茶击拂之前，多用茶匙搅拌。而瀹茶法取代点茶法后，筅也退出了中国茶史舞台。在今日日本茶道中，还存有茶筅，而日本茶道正是在宋代点茶法基础上演变而来，这也正印证了"中原失礼，求诸四夷"。

味部分强调茶味的重要，"夫茶以味为上""卓绝之品，真香灵味，自然不同""香甘重滑，为味之全，惟北苑壑源之品兼之"。说明此时北苑茶确已独占鳌头。文中又提到了茶枪、茶旗不同时期采摘对茶味的影响。此篇谈到"其味醇而乏风骨者，蒸压太过也"，用"风骨"这一品评人物或文章之语评价茶味，可见饮者对茶味要求之高，不仅要醇厚，更要绵长而又力道恰当可回味。如同西方善治香水之人，讲究前味、中味、后味，而不仅仅要"香"，那么茶也不仅仅要"醇"。

香部分侧重茶留给人的嗅觉感受，与上一篇强调的味觉感受不同。"茶有真香，非龙麝可拟"。有关饮茶是否保持真味，各家观点不尽相同，陆羽在《茶经·六之饮》中说："或用葱、姜、枣、橘皮、茱萸、薄荷之等，煮之百沸，或扬令滑，或煮去沫，斯沟渠间弃水耳，而习俗不已。"在陆羽看来，茶中加入其他气味浓烈之物，是万万不可取的，但是唐代饮茶习俗中仍有加盐一事。蔡襄在《茶录》中说："茶有真香，而入贡者微以龙脑和膏，欲助其香，建安民间皆不入香，恐夺其真。若烹点之际，又杂珍果香草，其夺益甚。正当不用。"至《大观茶论》，也明确提出茶中不可掺杂龙脑、麝香等香料，恐夺茶之真香。

色一篇讲对茶色的要求。"点茶之色，以纯白为上真，青白为次，灰白次之，黄白又次之。"茶色不同取决于两种因素，"天时得于上，人力尽于下"，又详细论述了各种非纯白的原因。宋代茶色尚白也便如前所述，要求用青黑色盏，以求黑白相衬，更显茶色。

藏焙一篇近二百字，讲焙茶藏茶之要。茶不可数焙，亦不可失焙，同时讲究焙茶方法，文中还详细说明了火量、火温，以人体温作比，切实可感。

品名一篇讲茶的不同种类，共列举十一种，"各擅其美，未尝混淆，不可概举"。后有人为这些品名相争，而作者对此早有见地："不知茶之美恶，在于制造之工拙而已，岂岗地之虚名所能增减哉。焙人之茶，固有前优而后劣者，昔负百今胜者，是亦园地之不常也。"

外焙一篇专讲茶之"赝品"。官方的"正焙"之外，尚有"外焙""浅焙"，自然品质不及正品。文中讲外焙、浅焙之品的外观及其对点茶的危害，也谈到了造假方法，如优劣掺半，甚至"采柿叶桴榄之萌，相杂而造"。贪利之民禁之不绝，也可证明茶特别是北苑茶在当时地位与价值之高。

宋徽宗《大观茶论》，一是详细记载和介绍了北苑茶的种植、采造和藏焙技术；二是饼茶鉴辨技术；三是点茶技艺和品茶技术。从一个侧面反映了北宋时期我国茶业的发达程度和制茶技术的发展状况，也为我们认识宋代茶道留下了珍贵的文献资料。

（二）宋代其他茶书

宋代茶书较唐代茶书的内容又广泛些，有采茶、制茶、茶的品质与品饮方法、专门论述宜茶之水以及茶业经济法规方面的书籍。宋代近30种茶书，记载了这一时代茶业生产的兴盛和品饮艺术的探索。宋徽宗赵佶的《大观茶论》，记载了程序繁复、要求严格、技巧细腻的宋代斗茶。丁谓的《北苑茶录》，记载北苑园焙之数和图绘器具，并叙述了采制入贡法式。蔡襄的《茶录》记载斗茶时色香味的不同要求并提出斗茶胜负的评判标准，追求整合技巧和审美内涵的统一。

（1）蔡襄著《茶录》

蔡襄于宋仁宗时，在1049—1054年间撰写了一本著名的《茶录》，进贡给仁宗皇帝，很得仁宗的珍视。继蔡襄之后有不少文人著写贡茶的茶书。

蔡襄（1012—1067），字君谟，也称蔡惠忠、蔡端明。宋天圣八年（1030年）进士，后当宋仁宗和英宗朝代的著名官家，同时也是著名的文学家和书法家。他系福建仙游县枫亭人，自幼勤俭好学，十八岁时便考上进士，先在泉州任职，后调任福建路转运使职。在这时他建议将北苑的"研青茶"，应用细嫩的芽梢改制为小型的龙团凤饼茶，当时每斤有28个饼（有的称20饼），外观精巧，内质优异，被称为"上品龙茶"，进贡给宋仁宗，甚得宋仁宗的喜爱，于是北苑茶随"上品龙茶"广为传开，被诗人称赞"建安茶品甲天下"之誉。

蔡襄为了弘扬北苑贡茶特撰了《茶录》一书，分为两篇献给仁宗，是一本著名的茶事佳作。该书专论烹试之法。上篇茶论，分色、香、味、藏茶、炙茶、碾茶、罗茶、候汤、熘盏、点茶十目。下篇器论，分茶焙、茶笼、砧椎、茶铃、茶碾、茶罗、茶盏、茶匙、汤瓶九目。据此，可知宋时团茶饮用状况和习俗。

（2）宋代其他茶书

《本朝茶法》：沈括著，成书于1091年前后，共1000多字，记述了宋朝茶税和茶叶专卖之事。

《品茶要录》：黄儒著，成书于1057年前后，约1900字，主要论述了茶叶品质的优劣，并分析造成劣质茶的原因。

《茶具图赞》：审安老人撰，茶具专著。成书于公元1269年，将焙茶、碾茶、筛茶、泡茶等用具的名称和实物图形编辑成书，附图12幅，并加说明，使后人对宋代茶具的具体形状有明确的了解。

《东溪试茶录》：宋子安著，成书于1064年前后，通过详尽的调查记录，介绍了建安产茶的基本情况，如产地、茶树品种、采制、品质及优劣茶产生的原因等，还介绍了建溪茶的采摘时间与方法，并指出采制不当则出次品茶。

《宣和北苑贡茶录》：熊蕃著，为福建建阳人，专门介绍北苑贡茶，主要介绍了北苑贡茶的历史、各种贡茶发展概略，并有各色模板图形造出贡茶附图38幅，使后人得以了解宋代贡茶的具体形状。

《北苑别录》：赵汝砺著。作者于淳熙十三年（1186年）任福建转运使主管账司时，深感熊蕃《宣和北苑贡茶录》不够详尽，补充资料写成此书，作为续集。全书约2800字，内容包括序言、御园（御茶园）、开焙（开园采摘）、采茶、拣茶、蒸茶、榨茶、研茶、造茶（装模造型）、过黄（焙茶与过汤出色）等制茶过程，并将北苑贡茶的等级分为12个纲。

四、《茶谱》《茶疏》及明代茶书

（一）朱权与《茶谱》

1.朱权简介

朱权（1378—1448年）生于明洪武年间，薨于正统年间，谥宁献王，为明太祖朱元璋第十七子。他自幼体貌魁伟，聪明好学，人称"贤王奇士"。燕王起兵后，由于政治原因，迫将朱权从原封地河北大宁（今内蒙古宁城县），改封到远离京畿的江西南昌。创巨痛之余，他为求清静和韬晦，于南昌郊外"构精庐一区，鼓琴读书其间"。朱权晚年信奉道教后，更是"托志举"，不但亲手制作各种器皿以陶冶情性，而且悉心著述达百三十余种，二百余卷。其内容涉及诗文史乘、诸子百家"自经、子、九流、星历、医卜、黄冶诸术皆具"，《茶谱》即为其中之佳作。

2.《茶谱》内容

约二千字，此书独创蒸青茶叶的烹饮方法，与传统方法不同，倡导简约茶风，大胆改革传统品茶方法和茶具，为形成新颖简朴的茶饮方式奠定了基础。同时反对制蒸青团茶杂以诸香料，以求茶香之本真。《茶谱》的内容，可分为序与正文两部分，正文中亦可分为茶说与茶目两部分。

"茶谱序"用近二百字的篇幅，描绘了一幅"渠以东山之石，击灼然之火，以南涧之水，烹北园之茶""岂白丁可共语哉"莘子雅士品茶时傲然蔑世的情景，并以"予常举白眼而望青天，汲清泉而烹活火，自谓与天语以扩心志之大，符水火以副内炼之功，得非游心于茶灶，又将有裨于修养之道矣，其惟清哉"句，抒发了这位曾显赫一时而后期又步履维艰的老人著作《茶谱》的真正用心。

正文茶说约五百余字，文字隽永畅丽，是一篇言近旨远地谈及茶与茶事的优秀短文。在茶说中朱权首先谈及茶的功用"助诗兴""伏睡魔""倍清谈"。指出"食之能利大肠，去积热，化痰下气，醒睡，解酒，消食，除烦去腻，助兴爽神。得春阳之首，占万木之魁。"很好地总结了茶的功效。"盖羽多尚奇古，制之为末。以膏为饼，至仁宗时，而立龙团、凤团、月团之名，杂以诸香，饰以金彩，不无夺其真味。然无地生物，各遂其性，莫若茶叶，烹而啜之，以遂其自然之性也。"对陆羽等前朝古人的饮茶方法进行了总结与评述，认为茶叶本是生于自然的灵物，只有叶茶的生产与烹饮方法才是顺应其性质的品饮方法。因此，"予故取烹茶之法，末茶之具。崇新改易，自成一家"，即对以往古人的饮茶方式进行改革，研究新的饮茶方式，希望能自成一家。

茶说的余文中，言词中充溢对"或会于泉石之间，或处于松竹之下，或对皓月清风，或坐明窗静牖，乃与客清谈欺（同款）话，探虚立而参造化，清心神而出尘表"的向往与追求。这对一位饱经政治风霜的人而言，不是最好的归宿与追求吗？只有在自然、洁净、宁谧的环境中，才能享受到品茶之乐。随后还对品茶的过程进行了描绘"命一童子设香案携茶炉于前，一童子出茶具，以瓢汲清泉注于瓶而炊之。然后碾茶为末，置于磨令细，以罗罗之，候汤将如蟹眼，量客众寡，投数匕入于巨瓯。候茶出相宜，以茶筅摔令沫不浮，乃成云头雨脚，分与啜瓯，置之竹架，童子捧献于前。主起，举瓯奉客曰：'为君以泻清臆。'客起接，举瓯曰：'非此不足以破孤闷。'乃复坐。饮毕，童子接瓯而退。话久情长，礼陈再三，遂出琴棋，陈笔研。"。

朱权《茶谱》所列茶目共十六项，分品茶、收茶、点茶、熏香茶法、茶炉、茶灶、茶磨、茶碾、茶罗、茶架、茶匙、茶筅、茶瓯、茶瓶、煎汤法、品水16则。大体可分为饮茶方法、制茶方法、饮茶用具三类。品茶、品水、煎汤法、点茶四项为饮茶方法的内容。朱权认为品茶当品"谷雨"茶，用水当用"青城山老人村杞泉水""山水""扬子江心水""庐山康王洞帘水"等。煎汤要掌握"三沸之法"，点茶"凡欲点茶，先须供烤盏。盏冷则茶沉，茶少则云脚散，汤多则粥聚。以一匕投盏内，先注汤少许调匀，旋添人，环回击拂，汤上盏可七分则止。着盏无水痕为妙。"，即点茶要经"烤盏""注汤小许调匀""旋添人，环回击拂"等几道程序，并以"汤上盏可七分则止，着盏无水痕为妙"。茶目谈及收茶、制茶方法有两条，"收茶、薰香茶法"。朱权认为"茶宜蒻叶而收""焙用木为之，上隔盛茶，下隔置火"。"收茶"条目中，还专门提及收天香"日午取收，才不夺茶味"。"薰香茶法"条目中，朱权认为所用花"百花有香者皆可……有不用花，用龙脑薰者亦可"。这种提法虽不至一语中的，但可见这位帝王之后对茶叶研讨之精奥。茶目中讲述最细，篇幅较大的却是饮茶用具。朱权所列的饮茶用具有茶炉、茶灶、茶磨、茶碾、茶罗、茶架、茶匙、茶筅、茶瓯、茶瓶共十件，从这些器具用途上看，还是饮用末茶的器具。较多地沿袭了唐宋时期的煮茶方式，只不过其过程已大为简化了。明代叶子奇在《草木子》一书中所言"民间止用江西末茶，各处叶茶"。由此可知，尽管明代叶茶出现，但江西末茶生产仍然兴盛。因此朱权虽推崇叶茶"遂其自然之性"，但迫于时好，仍记载的是末茶饮用器皿。这亦可看作大智若愚的举止。

（二）许次纾与《茶疏》

许次纾（1549—1604年），字然明，号南华，钱塘人。他好蓄奇石，好品泉，又好客。自己没有多少酒量，但宴请宾客时则常通宵达旦，有饮则尽，非常爽快。许次纾的父亲是嘉靖年间的进士，官至广西布政使。许次纾因为有残疾没有走上仕途，终其一生不过作个布衣。他的诗文创作甚富，可惜失传大半，只有《茶疏》传世。许次纾深谙茶理，嗜茶，在《茶疏》中写道："余斋居无事，颇有鸿渐之癖，"说自己和陆羽的喜好一样。每年春茶新上时，他一定要去浙江长兴、吴兴一带，长兴顾渚有茶园和他的故交，许次纾去那里与故友一道细啜新茗、品议茶事。许次纾也曾在福建游历，对福建的茶事颇为了解。他著的《茶疏》被后人以较高的评价，认为是"深得茗柯至理，与陆羽《茶经》相表里"。

《茶疏》成书于1597年，全文约6000字，因为许次纾是浙江人，熟悉绿茶的产制，对炒青绿茶的加工记述得比较详细，尤其在产茶和采制方面论述得较前人深入。而他最突出的一个贡献，是促进了后人对茶的文化内涵的理解。该书内容丰富，包括产茶、古今制法、采摘、炒茶、收藏、取用、择水、贮水、汤候、饮啜等，对于泡茶技艺的各个方面提出要求，是研究古代茶艺的重要著作。

在产茶部分，首先指出"天下名山，必产灵草。江南地暖，故独宜茶"。认为江南是生产名茶的好地方，而大江以北的六安地区，由于人们没有掌握好茶叶的加工技术，因此做出的茶"仅供下食，奚堪品斗"。接着介绍了江南各地所产的好茶，指出阳羡茶和建茶分别为唐宋时期的贡茶，而作者最推崇的是武夷山的雨前茶。指出了在当时，人们所崇尚的是长兴的罗芥茶，然后认为安徽歙县、江苏虎丘茶、钱塘龙井茶"香气浓郁，并可雁行与芥颉颃"。接着介绍了黄山、浙江天台山等名山所产茶的品质，并指出加工方法尤为重要，否则"然虽有名茶，当晓藏制。制造不精，收藏无法，一行出山，香味色俱减"。

今古制法部分，对古代茶叶制法、品饮的方法提出批评，认为"不若近时制法，旋摘旋炒，香色俱全，尤蕴真味"。

采摘部分首先指出采茶时机，"清明谷雨，摘茶之候也。清明太早，立夏太迟，谷雨前后，其时适中。若肯再迟一二期，待其气力完足，香烈尤倍，易于收藏"。即清明谷雨的时候，是采摘茶叶最好的时节。清明的时候太早，立夏的时候又太迟，谷雨前后刚好合适。如果能够再迟一两天，等到茶的气力完好，香气就更加浓烈了，便于收藏。然后着重介绍了芥茶的采摘。

炒茶部分，对茶叶加工研究颇为深入，"生茶初摘，香气未透，必借火力以发其香。然性不耐劳，炒不宜久。多取入铛，则手力不匀，久于铛中，过熟而香散矣。甚且枯焦，尚堪烹点"。即刚采摘的鲜叶，香气还没有完全散发出来，必须要借助于火力才能使香味散发出来。然而茶的性质不耐劳，翻炒的时间不能太久。如果取太多茶叶放进锅里，手上的力气就没有办法均匀，茶叶在锅里的时间太长，过熟的话那香气就散失了，甚至变得枯焦，不能用来烹点。其次对炒茶用的器具、炒茶用的燃料、火候进行了详细的介绍。文中指出，炒茶的器具，最忌讳用新的铁器。"铁腥一入，不复有香"，即一旦铁腥味进入茶里，那茶叶就没有香气了。最大的忌讳是油脂和油腻，它的危害比铁更严重，必须预先准备一口锅，专门用来炒茶，不能用作其他的用途。炒茶的柴火，只可用树枝，不能用干叶。因为干的叶子火力猛烈，叶子烧火易导致火焰容易冒起或熄灭。茶叶下锅后，"先用文火焙软，次加武火催之"，即先用文火把它焙软，然后再用武火快炒。待有微微的香气散发出来，就是火候已经到了，立即将茶叶用小扇收起放入准备好的竹笼中，下面衬上大的绵纸，将茶烘焙干燥，等茶变冷了之后，再放进瓶子里面储藏起来。这一部分详细介绍了当时茶叶加工的情况，做茶尤其要注意火候和异味的影响，同时要及时地烘焙，这与当今茶叶加工的要求是一样的。

芥中制法部分则专门对罗芥茶的加工进行了介绍，"芥之茶不炒，甑中蒸熟，然后烘焙"，可见罗芥茶的加工还是保留蒸青团茶的蒸青工序。然后又介绍了一种特别细小的炒芥，是从其他山里采摘的，烘焙后用来欺骗那些好奇的人。作者认为茶叶不要采摘得太细嫩，认为这样会伤害到茶树的根本，可以采得迟一些，然而由于他没尝试过，所以不敢随便发表这样的见解。

收藏、置顿、取用、包裹、日用顿置几部分则是对茶叶贮藏时应注意的事情，同时在日常取用时也要尤其注意对茶叶品质的保管。

"收藏宜用瓷瓮，大容一二十斤，四围厚箬，中则贮茶，须极燥极新"。即保存茶叶的时候要用瓷瓮，大的可容纳一二十斤，用很厚的一层竹叶围在四周，中间就用来贮藏茶叶，而且指出瓷瓮必须特别干燥和新鲜，专门用来装茶叶。装茶的瓷瓮使用的时间越长越好，不必每年都更换。茶叶必须筑实，仍然用很厚的竹叶把瓮口填实，再盖上竹叶。用真皮纸将瓮口包裹起来，再用麻绳扎紧，把大而新的砖压在上面，千万不要让空气进入到里面，可以储存到接上新茶。"茶恶湿而喜燥，畏寒而喜温，忌蒸郁而喜清凉"指出茶叶讨厌潮湿而喜欢干燥，畏惧寒冷而喜欢温暖，忌讳蒸热而喜欢清凉，因此茶叶应保存在干燥的板房里，同时要透风。日常取用时，要在晴朗的天气，根据天数取出适量的茶叶，每天所需要的茶，储存在小瓶里面，用竹叶包裹起来，不要让它见风。茶应该放置在案头，不要放在毛巾、箱子、书籍的边上，最忌讳的就是与吃饭的器具放在一起。茶放在香料的边上就会沾染上香料的气息，放在海味的边上就是沾染了海味的气息，其他的东西依次类推。不过一个晚上，茶色就改变了。这几部分对茶叶的贮藏和取用的注意事项论述得非常细致，对我们现在茶叶的贮藏仍有参考价值。

后面几部分的内容则是从水的选择、贮存、火候、烹点、品饮、品饮环境等方面作了详细的论述。"精茗蕴香，借水而发，无水不可与论茶也。"指出水对于茶是尤为重要的，茶的香气必须通过水才能发出来，这与"水为茶之母"的观点是一样的。对古人品水进行了评价，指出当时人们比较推崇无锡惠山泉。随后，介绍了对"两浙、两都、齐鲁、楚粤、豫章、滇、黔"等地山川上的水的考察,认为"江河溪涧之水,遇澄潭大泽,味咸甘冽。唯波涛湍急,瀑布飞泉,或舟楫多处,则苦浊不堪"。泡茶之水要取新鲜的山泉水,取回后贮存在大瓮中,但不要用新的瓷器,因为容易生虫且对水产生不良影响,尤其注意不要用木桶贮水,舀水的器具也要用瓷瓯。"火必以坚木炭为上",而且要"先烧令红,去其烟焰,兼取性力猛炽,水乃易沸"。

许次纾指出了饮茶的环境,应是"心手闲适,披咏疲倦,意绪梦乱,听歌闻曲,歌罢曲终,杜门避事,鼓琴看画,夜深共语,明窗净几,洞房阿阁,宾主款狎,佳客小姬,访友初归,风日晴和,轻阴微雨,小桥画舫,茂林修竹,课花责鸟,荷亭避暑,小院焚香,酒阑人散,儿辈斋馆,清幽寺观,名泉怪石",不要在作字、观剧、大雨雪等不宜饮茶的时间品茗。这些提法有文人的意趣所在,不无道理,直至今日,饮茶讲究氛围,也还是茶馆努力营造的一部分,茶馆的设置安排,也常见人为的茂林修竹、小桥画舫,座间佳客高谈阔论、课花赏壶,多少都照着许次纾描述的境界安排茗事。这也证明了许次纾为中国茶文化定义的中国式茶境,有很强的生命力。许次纾在《茶疏》中,列有"饮时""宜辍""不宜用""不宜近"等目,详论品茶宜忌,认为饮茶之"良友"为"清风竹月、纸帐楮衾、竹床石枕、名花琪树"。

(三)明代其他茶书

明代多部茶书相继问世,成为中国古代茶书数量最多的时期。朱权《茶谱》论"清饮之说",把品茗作为表达志向和修身养性的方式,贯穿着求真、求美、求自然的追求,其所持之说,被称为"朱权茶道",并予日本茶道以影响。

《茶谱》钱椿年著,成书于1530年前后。钱椿年,字宾桂,人称友兰翁,江苏常熟人。关于钱椿年及其《茶谱》,赵之履《茶谱续编·跋》云:"友兰钱翁,好古博雅,性嗜茶。年逾大耋,犹精茶事。家居若藏若煎,咸悟三昧,列以品类,汇次成谱,属伯子奚川先生梓之。"

《茶谱》:顾元庆著,成书于1541年,是根据钱椿年的《茶谱》及赵之履《茶谱续编》删校而成,主要内容包括:茶略(茶树的性状)、茶品(各种名茶)、艺茶(种茶)、采茶、藏茶、制茶诸法(花茶制法)、煎茶四要(择水、洗茶、候汤、择品)、点茶三要(涤器、盏、择果)、茶效(饮茶功效)等。书中提倡清饮,有关花茶制法的记载也很有价值。

《煮泉小品》:田艺蘅著,成书于1554年,约5000字,重在记述煮茶所用之水,分为源泉、石流、清寒、甘香、宜茶、灵水、异泉、江水、井水、绪谈十类。汇集历代论茶与水之诗文,评论夹杂考据。

《茶说》:屠隆著,成书于1590年前后。内容包括茶寮(茶室)、茶品、采茶、日晒茶、焙茶(炒青)、藏茶、花茶、择水、养水、洗茶、候汤、注汤、择器、择薪等。

《茶考》:陈师著,成书于1593年,论述蒙顶茶、天池茶、龙井茶、闽茶的品质状况,杭城的烹茶习俗,即"用细茗置茶瓯,以沸汤点之,名为撮泡"。提倡清饮,不用果品。

《茶录》:张源著,成书于1595年前后,约1500字,内容较广泛,包括采茶、造茶、辨茶、藏茶、火候、汤辨、汤用老嫩、泡法、投茶、饮茶、香、色、味、点染失真、茶变不可用、品泉、井水不宜茶、贮水、茶具、茶盏、拭盏布、分茶盒、茶道等。

《茶解》:罗廪著,成书于1605年,是作者采茶、制茶实践的总结。约3000字,分为总论、原、品、艺、采、制、藏、烹、水、禁、器等节。

《阳羡茗壶系》:周高起著,是记载宜兴紫砂壶的最早文献,分为序、创始、正始、大家、名流、雅流、神品、别派及有关泥土等杂记,是研究紫砂壶历史的重要资料。

徐献忠《水品》有两卷，上卷为总论，分源、清、流、甘、寒、品、杂说等目；下卷论述诸水，自上池水至金山寒穴泉，凡三十七目，都是对宜茶水品的介绍与品鉴。

《茶马志》：陈讲著，茶马制度专著。

《茶董》：夏树芳撰，茶诗、典故资料汇编。

五、《续茶经》及清代茶书

（一）陆廷灿与《续茶经》

1.陆廷灿简介

陆廷灿，字秋昭（四库全书作"秩昭"，疑误），自号幔亭，清代江苏嘉定人，曾任福建崇安知县。为官洁身爱民，颇有廉政声名，当时人民评价他，"衣冠举止，望而知非俗吏也！"这位富有学识的县令，在崇安知县期间，遍览前人赞颂、载记的武夷茶诗文，因而对茶产生了浓厚兴趣。常自言为茶圣陆羽之后，为"家传旧有经"而自豪。他认为："《茶经》著自桑苎翁（陆羽之号）迄今已千有余载，不独制作各异，而烹饮迥异，即出产之处亦多不同。"即在陆羽之后千余年间茶叶的制作和烹饮已发生了很大变化，茶叶的产区也多有不同，对于茶事及其发展，应有新作予以记载和论述，于是他将自己多年积累的从唐、宋、元、明直到清代的有关资料，按照《茶经》的体例，摘要编辑成册，定名为《续茶经》问世。

2.《续茶经》内容

从现存的中国古代茶书来看，若论内容之丰富，卷帙之浩繁，征引之繁富，当首推《续茶经》。《续茶经》属于总结前代茶文化成果的一部典范作品，也是我国古代茶书中少有的鸿篇巨制。此书以分类摘录为主，虽然没有作者自己的写作，但是书中向人们展示出了一帧自远古至清代茶文化发展的巨幅长卷，保存了大量罕见的茶文化史料，因而具有较高的学术价值和史料价值。

《续茶经》一书，完全按照唐陆羽《茶经》的体例编成，也依照陆羽《茶经》将书分为十目，不是自己的系统写作，而是多种古书上有关资料的摘要分录，是清代最有代表性的一部茶学著作。作者从历代数以百计的正史、野史、方志、小说、笔记、文集、丛书、类书以及茶叶专著等各种典籍文献中，多角度、多层面分门别类地摘录了自汉代以来除《茶经》以外的各种不同类型的茶文化史料，使该书既博大精深，又条理分明，成为名副其实的《茶经》续篇。全书共七万余字，分上、中、下三卷，目次与陆羽《茶经》相同。卷上为茶之源、之具、之造，卷中为茶之器，卷下为茶之煮、之饮、之事、之出、之略、之图，共十目，分别与《茶经》各章相对应，但部分章节的内容与《茶经》有某些差异，书中所收茶文化史料的内容，大致涉及下列方面：茶的起源与历史，茶树的种植特性，茶叶的种植方法与采制工艺，历史上的不同时代制茶工具，茶叶的烹饮方法与品茶技艺，宜茶水品的鉴别，历代茶具的变迁，各种茶事典故，茶人逸事，历史上著名的产茶区域和茶叶名品，历代茶叶诗文选句，茶的专门著作和茶画名目等。

（二）清代其他茶书

《茶马政要》，鲍承荫著，成书于1644年前后。

《虎丘茶经注补》，陈鉴著，成书于1655年，全书约3600字。依照陆羽《茶经》分为十目，每目摘录有关的陆氏原文（无关的不录），即在其下加注虎丘茶事，性质类似而超出陆氏原文范围的，就作为"补"接续在各项目陆氏原文后面，属研究虎丘茶的重要资料。

《茶史》，刘源长著，1669年，全书约33000字，分两卷，卷一分茶之原始、茶之名产、茶之分产、茶之近品、陆鸿渐品茶之出、唐宋诸家品茶、袁宏道龙井记、叶清臣述煮泉小品、贮水（附滤水、惜水）、候汤、茶之辩论、茶之高致、茶癖、茶效、古今名家茶咏、茶录、志地。大抵杂引古书，虽有一些好资料，但略嫌芜杂。

第二节 茶与文学艺术

文学艺术来源于社会生活，有语言、表演、造型等多种艺术体现形式，属于社会意识形态，又同其他社会意识形态相互影响、渗透，是时代文明发展水平的标志之一。茶是中华民族的举国之饮，发于神农，闻于鲁周公，兴盛于唐宋，普及于明清。四五千年来，我国的饮茶活动逐渐形成了特定的文化——茶文化，而文学艺术也伴随着茶文化的延续而不断地发展与演化。广义上，茶与文学艺术涉及茶与语言艺术（一般包括茶诗、茶词、茶赋、茶联、小说等）、茶与表演艺术（茶歌、茶戏剧、茶艺等）、茶与造型艺术（茶书法、茶画、茶雕塑、茶具等）。本节主要介绍与茶相关的诗词、茶赋茶歌、茶联与茶谚以及有关茶的书法和美术的内容。

一、茶诗

（一）唐代

古往今来，人们在饮茶中领悟着人与自然的融合，体会着天人合一的境界，而文人墨客更将其升华为一种富有哲理的儒释道精神的载体，一种抒发情怀的托物言志的媒介，他们借由诗词歌赋等语言艺术将这种情思记载下来。据考证，我国第一首以茶为主题的诗是西晋文学家左思的《娇女诗》，陆羽引其 12 句，如下：

> 吾家有娇女，皎皎颇白皙，
> 小字为纨素，口齿自清历。
> ⋯⋯⋯⋯⋯
> 其姊字蕙芳，面目粲如画。
> ⋯⋯⋯⋯⋯
> 驰骛翔园林，果下皆生摘。
> ⋯⋯⋯⋯⋯
> 贪华风雨中，眴忽数百适。
> ⋯⋯⋯⋯⋯
> 止为茶荈据，吹嘘对鼎立。
> ⋯⋯⋯⋯⋯

这首诗写了两个小女儿吹嘘对鼎，烹茶自吃，因口渴难熬，模仿着大人嘴吹炉火的生活妙趣，从娇女饮茶中透出对生活的热爱，透出一派活泼的生机，充满了生活气息。

有学者专家认为，在魏晋以前的文字记载属于茶的自然史范畴，保留着其被食用或药用的自然属性，尚未形成文化层面。唐朝是我国各种文学空前繁荣时期，也是茶文化发展史上的转折点，是具有划时代意义的重要时期。从文学作品的角度看，茶诗从唐代开始大量涌现，仅在《全唐诗》中咏茶的诗和诗句就有 600 多首，其中以茶字为题的诗歌约有 112 首。其中有以茶叙事类的，例如卢仝的著名茶诗《走笔谢孟谏议寄新茶》，又名《七碗茶诗》，其中描述了七饮阳羡茶的感觉：

> ⋯⋯⋯⋯⋯
> 一碗喉吻润，两碗破孤闷。
> 三碗搜枯肠，唯有文字五千卷。

四碗发轻汗，平生不平事，尽向毛孔散。

五碗肌骨清，六碗通仙灵。

七碗吃不得也，唯觉两腋习习清风生。

············

白居易的《萧员外寄新蜀茶》："蜀茶寄到但惊新，渭水煎来始觉珍。满瓯似浮堪持玩，况是春深酒渴人"叙述了对萧员外所赠蜀地新茶的无比喜爱之情。这些叙事的茶诗多半相对古朴，之中又融合了诗人对茶的"赞美之爱、煎煮之好、品饮之趣"，体现了追求天人合一的和谐之美。

茶诗中也有以茶言志的，例如《畴昔篇》"茹茶空有叹，怀橘独伤心"，骆宾王以茶之苦味借指自己的苦难；皎然的《饮茶歌诮崔石使君》："此物清高世莫知，世人饮酒多自欺"，诗人以茶喻君子，茶能为人们洗去烦忧，虽然同百草一起生长，但是只有高尚节操的君子才能与其共语。这些诗大多借茶寓意，抒发自己内心的感触。

此外，很多唐诗沾染禅趣，这与唐代饮茶之风起源于寺庙是息息相关的。文士们通过品茶进而参悟禅意、体悟生命，追求养生、得悟和体道的三重境界，也就是后来的"禅茶一味"。李白的《答族侄僧中孚赠玉泉仙人掌茶》：

常闻玉泉山，山洞多乳窟。

仙鼠如白鸦，倒悬清溪月。

茗生此中石，玉泉流不歇。

根柯洒芳津，采服润肌骨。

丛老卷绿叶，枝枝相连接。

曝成仙人掌，似拍洪崖肩。

举世未见之，其名定谁传。

宗英乃禅伯，投赠有佳篇。

清镜烛无盐，顾惭西子妍。

朝坐有馀兴，长吟播诸天。

诗仙李白用雄奇豪放的诗句描写了仙人掌茶的生长环境和品饮之趣，在参禅的高度表达不畏权贵的浪漫色彩和近乎痴狂的体道之境。刘真在87岁高龄时创作的《七老会诗》，借茶所营造出来的意境表达禅茶一味的思想：

············

山茗煮时秋雾碧，玉杯斟处彩霞鲜。

临阶花笑如歌妓，傍竹松声当管弦。

虽未学穷生死诀，人间岂不是神仙。

唐代与茶相关的作品不得不提的还有一首著名的词牌令《一七令》，又叫宝塔诗，为元稹所创作，将品茶的意境和心灵感受描写到极致。

茶。

香叶，嫩芽。

慕诗客，爱僧家。

碾雕白玉，罗织红纱。

铫煎黄蕊色，碗转曲尘花。

夜后邀陪明月，晨前独对朝霞。

洗尽古今人不倦，将知醉后岂堪夸。

（二）宋代

茶文化兴于唐，盛于宋。到了宋代，由于朝廷提倡饮茶，因而饮茶、斗茶之风大兴，上至皇室贵族，下到贩夫走卒，各种茶宴和斗茶活动层出不穷。茶事活动的盛行促进了茶叶种植和生产技艺的提升，也刺激了诗词创作，因此宋代的茶诗较唐代还要多。当时几乎所有著名诗人均有传世的咏茶佳作，其中陆游咏茶诗写得最多，有三百余首，苏轼也有百首之余。相比唐代文人的浪漫豪壮，宋代文人则表现为高雅精致、心性内敛，他们似乎更加喜欢"感情戏"。受此影响，宋代文人更看重内心情感与茶的精神联系，有学者认为"宋人对茶的审美认识逐步提高，茶在宋代最终形成了独立的品格与美学内涵"。

宋代文人有着鲜明的历史性格，那就是积极入世，又内敛自省，能自由进退在积极进取和超然豁达之间，在这样的时代风尚下创作出的文学作品自然有着超凡脱俗的艺术成分。

洪适《次韵黄子馀惠双井茶二首》中有云："白雪有芽鹰作爪，黄粱无梦蝶何心。"作者以鹰爪比拟舒展的茶芽；黄庭坚《双井茶送子瞻》："我家江南摘云腴，落硙霏霏雪不如。"描写了芽头丰腴的茶芽，皆描写了自然茶芽的形态之美；范仲淹"斗茶味兮轻醍醐，斗茶香兮薄兰芷"，黄庭坚"香芽嫩茶清心骨"，文彦博"露芽云液胜醍醐"等诗人借由感官传达出对茶香茶味的无比喜爱，其中又渗透着不同的人生体悟。陆游一生可谓是空怀满腔爱国志，饱含热情却屡遭贬黜，在万籁俱寂的寒冬，月光下看着独自绽放的蜡梅，自己静静地汲水煮茶，仿佛刹那间化解了愁肠，参悟了人生真谛，写下《夜汲井水煮茶》的诗句：

> 病起罢观书，袖手清夜永。
> 四邻悄无语，灯火正凄冷。
> 山童亦睡熟，汲水自煎茗。
> 锵然辘轳声，百尺鸣古井。
> 肺腑凛清寒，毛骨亦苏省。
> 归来月满廊，惜踏疏梅影。

宋代诗词中有关茶的内容丰富，涵盖了茶道、茶艺、茶俗等各个方面，也涉及茶树种植、制茶技艺、煮饮标准、择茶选水、边贸茶集等多个社会角度，洋洋大观，可谓丰富。苏轼《汲江煎茶》："活水还须活水烹，自临钓石取深清。大瓢贮月归春瓮，小杓分江入夜瓶"；程邻《西江月》："琼碎黄金碾里，乳浮紫玉瓯中"；谢逸《武陵春·茶》："捧碗纤纤春笋瘦，乳雾泛冰瓷"；梅尧臣《次韵和永叔尝新茶杂言》："兔毛紫盏自相称，清泉不必求虾蟆"等是受斗茶活动的盛行而在选水择具方面产生的感触。王千秋《风流子·夜久烛花暗》："笑盈盈，溅汤温翠碗，折印启缃纱。玉笋缓摇，云头初起，竹龙停战，雨脚微斜"；李处全《柳梢青·茶》："九天圆月。香尘碎玉，素涛翻雪。石乳香甘，松风汤嫩，一时三绝。"等描绘了点茶的优雅娴静和茶汤在茶盏中的状态，惹人心旌摇曳。

（三）元代

"教你当家不当家，及至当家乱如麻。早晨起来七件事，柴米油盐酱醋茶"，从这首散曲中便可以看出茶在元代已经成为人们生活中的必需品而"飞入寻常百姓家"了。这一点在周德清的一则小令【双调·蟾宫曲】《别友》中也可看出茶在生活中的必备性：

> 倚篷窗无语嗟呀，七件儿全无，做甚么人家？柴似灵芝，油如甘露，米若丹砂。酱瓮儿恰才梦撒，盐瓶儿又告消乏。茶也无多，醋也无多。七件事尚且艰难，怎生教我折柳攀花。

元代受蒙古文化和汉文化相互碰撞、融合的影响而产生极其多元的文化形态，在这样文化背景下产生的元曲，不仅是可以同唐诗、宋词相提并论的文学精髓，也是研究元代茶文化的重要史料。据统计，"茶饭"一词在《全元曲》中出现了79次，可见在百姓日常生活中茶几乎已经与饭一样平常了。也正因为这样，元代的咏茶作品不像宋代那样超凡脱俗和风韵典雅，反而更加平易近人起来。

柴野愚小令【双调·枳郎儿】："访仙家，访仙家，远远入烟霞。汲水新烹阳羡茶。瑶琴弹罢，看满园金粉落松花。"乔吉【双调·卖花声】《香茶》："细研片脑梅花粉，新剥珍珠豆蔻仁，依方修合凤团春。醉魂清爽，舌尖香嫩，这孩儿那些风韵。"马致远《吕洞宾三醉岳阳楼》第四折（驻马听）："你将我袍袖揪揉，误了你龙麝香茶和露煮。"孙周卿小令【双调·蟾宫曲】《自乐》："草团标正对山凹，山竹炊粳，山水煎茶。"贾仲明小令【双调·吊李宽甫】："金叵罗醉斟琼酿，青定瓯茶烹凤团。"从这些元曲中可以看出元代保留了宋代对茶种类、器具、水源方面的考究。关汉卿【杂剧·杜蕊娘智赏金线池】"普天乐"中唱到"茶儿是妹子"；张可久【越调·寨儿令】《春情》："烟冷香鸭，月淡窗纱，擎著泪眼巴巴。媚春光草草花花，惹风声盼盼茶茶"，作者均以女子比拟茶，把对女子的赞誉借茶体现出来。

元代亦有"旋烹紫笋犹含箨，自摘青茶未展旗"（仇远《宿集庆寺》），"铁色皱皮带老霜，含英咀美入诗肠。舌根未得天真味，算观先通圣妙香。海上精华难品第，江南草木属寻常。待将肤凑浸微汗，毛骨生风六月凉"（刘秉忠《尝云芝茶》）等大量咏茶的诗。总体上，元代关于茶文化创作的数量明显少于唐宋，但是元曲中关于茶文化作品的内容仍然很丰富，更加贴近人们日常生活，感情上也相对细腻。

（四）明清

唐朝的煮茶，宋代的点茶，到明代，开始了真正意义的泡茶。洪武二十四年九月十六日，明太祖朱元璋下诏废团茶，改贡叶茶。自此，从宋代便一直时兴的团茶改制了叶茶，此时在《万历野获编·补遗》中也有记载"罢造龙团，惟采芽茶以进，其品有四：曰探春、先春、次春、紫笋。置茶户五百，免其徭役"。明代文人陶望龄（1562—1609）《胜公煎茶歌兼寄嘲中郎》："杭州不饮胜公茶，却訾龙井如草芽。夸言虎丘居第二，仿佛如闻豆花气。罗岕第一品绝情，茶复非茶金石味。我思生言问生口，煮花作饮能佳否？茶于花气已非伦，瀹石烹金味何有……"，诗人描绘了龙井、虎丘、罗岕等绿茶在香气和口感上的细微差别，其中虎丘茶的"豆花气"的产生与明代加工制法由蒸青变为炒青有关。

明代与茶相关文学作品的突出代表作是许次纾的《茶疏》。其中有〈饮时〉这样一段：

心手闲适，披咏疲倦，意绪棼乱，听歌闻曲，

歌罢曲终，杜门避事，鼓琴看画，夜深共语，

明窗净几，洞房阿阁，宾主款狎，佳客小姬，

访友初归，风日晴和，轻阴微雨，小桥画舫，

茂林修竹，课花责鸟，荷亭避暑，小院焚香，

酒阑人散，儿辈斋馆，清幽寺观，名泉怪石。

作者用二十四个短语描摹了二十四种情景，耐人玩味。明代文士从元代的"柴米油盐酱醋茶"的生活又提升到"棋书画诗酒茶"的艺术感。

明代的不少戏曲里也有以茶为题材的情节，如汤显祖代表作《牡丹亭》中《劝农》一折，当杜丽娘的父亲、太守杜宝在风和日丽的春天下乡劝勉农作，来到田间时，只见农妇们边采茶边唱道："乘谷雨，采新茶，一旗半枪金缕芽。呀，什么官员在此？学士雪炊他，书生困想他，竹烟新瓦。"杜宝见到农妇们采茶如同采花一般的情景，不禁喜上眉梢，吟曰："只因天上少茶星，地下先开百草精，闲煞女郎贪斗草，风光不似斗茶清。"还有不少表现茶

事的情节与台词，如昆剧《西园记》的开场白中就用"买到兰陵美酒，烹来阳羡新茶"之句；昆剧《鸣凤记·吃茶》一折，杨继盛趁吃茶之机，借题发挥，怒斥奸雄赵文华可谓淋漓尽致。

明代作品在茶的精神诉求方面，并没有过多地对轰轰烈烈的政治运动描绘，颇贴合茶自身的品格，疏淡雅致，宠辱不惊。明代文人在当时政治经济环境下，很多人选择了归隐。而生于幽野之中的南方嘉木，便是与这种"隐"之间最妙的契合。文人借茶以自喻，借茶以自省，渗透着对朴素哲学的思考。

清代茶诗很多，但大多是歌功颂德的俗品，当然也有一些饱含真切感情的好作品。如卓尔堪的《大明寺泉烹开夷茶浇诗人雪帆墓》是一篇以茶为祭的典型诗章，犹如一篇祭文，但把茶的个性、诗人与茶的关系写得十分巧妙。又如黄宗羲的《凤鸣山茶》：

> 檐溜松风方扫尽，轻阴正是采茶天。
>
> 相要直上孤峰顶，出市都争谷雨前。
>
> 两篓东西分梗叶，一灯儿女共团圆。
>
> 炒青已到更阑后，犹试新分瀑布泉。

这首茶诗是作者茶季到上虞探亲访友时写的，诗题又名《瀑布山茶》或《制新茶》。茶诗写了采茶、制茶的具体细节，以及茶农为抓季节，白天黑夜不分男女老幼辛勤劳作的场景，写出了茶农争分夺秒、勤苦而又兴奋的心情。

清代最著名的小说当属《红楼梦》了。据统计，在《红楼梦》中提到茶的就有98回之多，所涉茶文化内容非常丰富，描写得生动活泼、多姿多彩，具有很高的审美价值和文献价值。茶的出现有着不同的作用，有的借茶寓宝玉纯善的性情，第8回："宝玉吃了半碗茶，忽又想起早起的茶来，因问茜雪道：'早起沏了一碗枫露茶，我说过那是三四次后才出色的，这会子怎么又沏了这个来？'"有的借茶彰显贵族气派或者人物性格，第25回大家来怡红院看望宝玉遇着了林黛玉，王熙凤问她送给别人的茶叶好不好，自己也说："那是暹罗进贡来的。我尝着也没什么趣儿，还不如我每日吃的呢。"又如第41回"品茶栊翠庵"一节，贾母带领刘姥姥等一班人游赏大观园，后又来到栊翠庵向妙玉要好茶喝，妙玉听了，忙去烹了茶来，"贾母道：'我不吃六安茶。'妙玉笑说：'知道。这是老君眉。'"如此这般文学巨著，其经典绝妙之处难以分说，读者需自己读来细品方解其中味。

（五）近现代

近代以来，由于战事频繁，经济和文化一度处于低迷状态，但当时政府开始重视国家之间的茶事交流，并开设茶务学堂，茶文化在曲折中缓慢发展。现代以来，由于时代发生了天翻地覆的变化，茶诗的内容和思想也大不同于历代偏于清冷、闲适的气氛。新时代的茶诗，更突出了茶的豪放、热烈的一面，突出了积极参与、和谐万众的优良茶文化传统。例如陈毅的《访梅家坞即兴》，朱德的《看西湖茶区》和《赞庐山云雾茶》，郭沫若的《赞高桥银峰茶》等。也有借茶言事的，如毛泽东的《七律·和柳亚子先生》，用严子陵隐居垂钓富春江畔这件事，劝柳亚子不要归隐，继续积极参与新时期国家建设：

> 饮茶粤海未能忘，索向渝州叶正黄。
>
> 三十一年归旧国，落花时节读华章。
>
> 牢骚太盛防肠断，风物长宜放眼量。
>
> 莫道昆明池水浅，观鱼胜过富春江。

也有传承古风以茶诗入禅的，例如赵朴初的《吃茶》，化用唐代诗人卢仝的《七碗茶》的诗意，引用唐代高僧从谂禅师"吃茶去"的禅林法语自然贴切、生动明了，是体现茶禅一味的佳作。

同时期也出现了一批以茶事茶馆为背景的话剧、电影。现代著名剧作家田汉的《梵峨璘与蔷薇》中也有不少煮水、沏茶、奉茶、斟茶的场面。戏剧与电影《沙家浜》的剧情就是在阿庆嫂开设的春来茶馆中展开的。老舍的话剧《茶馆》通过裕泰茶馆的兴衰和各种人物的遭遇，披露了旧社会的腐朽和黑暗。

随着新技术的不断进步，涌现出不少与茶相关的电视剧（《茶颂》《茶道》《铁观音传奇》《茶是故乡浓》《第一茶庄》等）、纪录片（《茶马古道》《茶》《茶，一片树叶的故事》等）、电影（《喜鹊岭茶歌》《绿茶》《茶色生香》《斗茶》《龙顶》等）、音乐剧等新的艺术表现形式，也有获茅盾文学奖的《茶人三部曲》等优秀文学作品不断涌现，茶文化呈现出百花齐放的态势。

二、茶赋茶歌

（一）茶赋

茶赋是一种特殊的文学体裁，兼具茶韵文和茶散文特点，亦诗亦文，既有茶诗的整齐句式和谐音韵，又有茶文的杂散句式和行文气势，是茶文化长河中的一朵奇葩。目前存世的茶赋数量不多，但茶赋所涵盖的信息容量却非常大，是赋文学与茶文化的结晶。

茶赋的历史可以追溯到中国茶文学的源头。我国第一篇以茶为主题的文学作品是西晋杜育的《荈赋》，在赋中作者写道"弥谷被岗"的植茶规模，秋茶的采摘，陶瓷的宜茶以及茶汤的"沫沉华浮"。《荈赋》开启了茶文学创作的大门。

倘若论及茶赋的经典之作，莫过于唐代顾况的《茶赋》和王敷的《茶酒论》了，均极具历史文献价值和文学审美价值。《茶赋》用艺术的文学手法真实地记录了唐代的茶事、茶文化活动，语言具有震撼感和冲击力，如："如罗玳筵。展瑶席。凝藻思。间灵液。赐名臣。留上客。谷莺啭。宫女颦。泛浓华。漱芳津。出恒品。先众珍"一气连排十二个三字句，以铺陈、排比的手法充分写出了皇家内苑的奢华。《茶酒论》是茶赋中唯一一篇俗赋，是敦煌遗书中发现的十几篇俗赋中的一篇。《茶酒论》以市井通俗的语言风格贯穿，以市井小民的口吻罗列了茶的优点："百草之首，万木之花……自然尊贵，何用论夸？""商客来求，舡车塞由""名僧大德，幽隐禅林。饮之语话，能去昏沉。供养弥勒，奉献观音。千劫万劫，诸佛相钦""我三十成名，束带巾栉。蓦海（骑）江，来朝今室"；后又罗列出茶的缺点："自古至今，茶贱酒贵""不可把茶请歌，不可为茶教舞""茶吃只是腰疼，多吃令人患肚"等充满趣味，成为茶赋中的一枝独秀。

宋代的茶赋数量在各朝代中是最多的。其中吴淑的《茶赋》辞采典丽，对仗工整："夫其涤烦疗渴，换骨轻身，茶荈之利，其功若神。则有渠红薄片，西山白露；云垂绿脚，香浮碧乳。挹此霜华，却兹烦暑"；黄庭坚的《煎茶赋》饱含着生活哲理："盖大匠无可弃之材，太平非一士之略"；梅尧臣的《南有嘉茗赋》历述茶民之苦和官吏之贪："抑非近世之人，体惰不勤，饱食粱肉，坐以生疾，借以灵荈而消腑胃之宿陈？"方岳《茶僧赋》采用拟人化的写作手法，论述了茶与禅的前世今生、因缘关系，秋崖人问茶僧曰："咨尔小子，多生纠缠，今者得度，以何因缘？岂能重译陆羽之经，饱参赵州之禅也？"。

明清时期逐渐摆脱元代茶赋的萧条，继承起茶赋的重任。明代吴梅鼎《阳羡茗壶赋》的问世得益于明代文人雅士对茶具的追求，这是一篇赞美宜兴紫砂壶的赋，也是迄今为止发现以诗赋形式赞美紫砂和壶艺风格最早的文献。清代全望祖的《十二雷茶灶赋》气势非凡，不仅有华丽铺排的辞藻，也融入了真挚的情感："四明四面兮俱神宫，就中翠谲兮尤清空。大阆峨峨兮称绝险，蜀冈旁峙兮分半峰。其间剡湖则西兮，蓝溪则东峰。回溪转兮非人世，酿为嫩雪兮茸茸。百七日兮寒食过，廿四番兮花信终。二百八十峰兮土膏动，一万八千丈兮云气浓"。清代纪昀的《荷露烹茶赋》极具文学艺术价值，是茶赋中的文学盛宴，如："松花兰气，试旋煮以清泠；雷荚冰芽，觉莫名其风韵""飘飘意远，都忘溽暑之蒸濡；习习风生，但觉清虚之吐纳"。仅这段文字，作者就将煮茶时茶芽成朵、在茶汤中亭亭玉立、婀娜多姿的色泽变化、饮茶时齿颊留香、味含淡泊，饮茶后溽暑皆消、飘飘意远、顿生习习凉风的神奇而美妙的感受描摹得惟妙惟肖。

（二）茶歌

茶歌和诗、词、赋一样，是由茶叶生产、饮用这一主体文化派生出来的一种茶文化现象。从现存的茶史资料来说，茶叶成为歌咏的内容，最早见于西晋的孙楚《出歌》，其称"姜桂茶荈出巴蜀，椒橘木兰出高山"，这里所说的"茶荈"，就是指茶。

茶歌的来源之一，是由诗或赋为歌，即由文人的作品而变成民间歌词的，如陆羽的茶诗《六羡歌》："不羡黄金罍，不羡白玉杯。不羡朝入省，不羡暮登台。千羡万羡西江水，曾向竟陵城下来"；又如清代郑板桥的《竹枝词》，以民歌形式写恋爱中少女纯真的心意："溢江江口是奴家，郎若闲时来吃茶。黄土筑墙茅盖屋，门前一树紫荆花"。

茶歌来源之二，是由谣而歌，民谣经文人的整理配曲再返回民间，如明清时杭州富阳一带流传的《贡茶鲥鱼歌》，是由韩邦奇根据民歌《富阳谣》改编的，这首歌以当地茶农的口吻，通过一连串的问句，唱出了富阳地区采办贡茶和捕捉贡鱼时百姓遭受的侵扰和痛苦，其歌词曰："富阳江之鱼，富阳山之茶，鱼肥卖我子，茶香破我家。采茶妇，捕鱼夫，官府拷掠无完肤。昊天胡不仁，此地亦何辜？鱼胡不生别县，茶胡不生别都。富阳山，何日摧？富阳江，何日枯？山摧茶亦死，江枯鱼始无。山难摧，江难枯，我民何以苏。"

茶歌来源之三，由茶农自己创作的民歌或山歌，这也是最多的一种茶歌形式，以口头形式在民间流传，如清代的《采茶歌》："凤凰岭头春露香，青裙女儿指爪长。渡洞穿云采茶去，日午归来不满筐。催贡文移下官府，那管山寒芽未吐。焙成粒粒比莲心，谁知侬比莲心苦"；又如流传在江西的《茶山小调》："清明过了谷雨边，背起包袱走福建。想起福建无走头，三更半夜爬上楼。三捆稻草搭张铺，两根杉木做枕头。想起崇安真可怜，半碗腌菜半碗盐。茶叶下山出江西，吃碗青茶赛过鸡。采茶可怜真可怜，三夜没有两夜眠。茶树底下冷饭吃，灯火旁边算工钱。武夷山上九条龙，十个包头九个穷。年轻穷了靠双手，老来穷了背竹筒"。

江西、福建、浙江、湖南、湖北、四川各省的地方志中，都有不少茶歌的记载。茶歌开始并未形成统一的曲调，后来在演变过程中逐渐孕育产生出了专门的"采茶调"，并与山歌、盘歌、五更调、川江号子等并列，发展成为我国南方一种传统的民歌形式，后来采茶调的内容就不仅局限于茶事的范围了。

现代，随着经济生活的不断提高，精神文化的日益繁荣，茶农的茶歌也逐渐变向采茶舞、采茶戏等多种表现形式。如周大风词曲的《采茶舞曲》："溪水清清溪水长，溪水两岸好呀么好风光。哥哥呀，你上畈下畈勤插秧，妹妹呀，你东山西山采茶忙。插秧插得喜洋洋，采茶采得心花放；插得秧来匀又快呀，采得茶来满山香，你追我赶不怕累呀，敢与老天争春光，争呀么争春光。"采茶戏的人物表演，与民间的"采茶灯"相近。茶灯舞一般为一男一女或二男二女，所以亦叫二小旦、一小生或一旦一生一丑参加演出。另外，有些地方的采茶戏，如蕲春采茶戏，在演唱方式上，也多少保持了过去民间采茶歌、采茶舞的一些传统。其特点是一唱从和，即由一名演员演唱，其他演员和乐师在演唱到每句句末时，和喝"啊嗬"

"咿哟"之类的帮腔，演唱、帮腔、锣鼓伴奏，使曲调更婉转，节奏更鲜明。

三、茶联与茶谚

（一）茶联

茶联是以茶为题材的对联，是茶文化的一种文学艺术兼书法形式的载体。现代历史学家、语言学家陈寅恪称赞茶联为"最具中国文学特色"的一种文学体裁。茶联广泛应用于茶馆、茶庄、茶座、茶艺、茶居、茶亭、茶人之家等，内容广泛，意味深长，雅俗共赏。茶联寥寥数语，或幽默风趣却含蕴哲理，或抒发情怀而意味无穷，在高雅古朴的茶文化中得到美好的艺术享受。

古往今来，文人雅士们写下了大量多姿多彩、妙趣横生的茶联。茶联的美感方面，有的以工整的对仗为美，如四川天师洞的茶联："云带钟声采茶去，月移塔影啜茗来。"工整的对仗，清幽的意境，读来仙风道骨，令人遐想。又如："泉从石出清宜冽，茶自峰生味更圆。"此联言辞俱美，温润可感，让人心生向往。再如："龙井云雾毛尖瓜片碧螺春，银针毛峰猴魁甘露紫笋茶"，仅以不同茶名组成上下联，却读来朗朗上口，不禁让人想走进茶馆一探究竟。再如抗战时期重庆的一茶馆的茶联："空袭无常，盅客茶资先付；官方有令，国防秘密休谈"，言辞俏皮，读来让人忍俊不禁。

茶联的美感还体现在字数上，有的以短为美，如汉口天一茶园的茶联："天然图画，一曲阳春。"该茶联每句只有四个字，却双关地暗示了茶事的美景与喝茶的暖意。有的以长为美，如湖南永州东门茶亭的茶联，上联：世路少闲人，春帐萍飘，夏惊瓜熟，秋归客燕，冬赏宾鸿。慨仆仆长征，只赢得栉风沐雨，几经历红桥野店，紫塞边关，名利注心头，到处每从忙里过。下联：郊原无限量，西流湘浦，南峙嶒峰，东卧金牛，北停石马。奈茫茫无际，都付诸远水遥山，止收拾翠竹香茗，缘天息影，图画撑眼底，劝君曷向憩中看？上联以四季写人生，下联则言豁达，寓意深刻。有的以长短结合为美：坐，请坐，请上坐；茶，敬茶，敬香茶。又如：忙什么？喝我这雀舌茶百文一碗；走哪里？听他摆龙门阵再饮三杯。再如：四大皆空，坐片刻，不分你我；两头是路，吃一盏，各奔东西。茶联有景有情，又富含禅机，惹人深思。

茶联的美感有的还蕴藏在趣味文字中。如湖北潜江竹仙寺茶楼的茶联："品泉茶三口白水，竹仙寺两个山人"。上联品为三口组成，泉由白水组成，下联竹是两人"个"，仙是山加单人旁，故下联为"竹仙寺两个山人"，汉字玄机，读来妙趣横生。又如："处处飞花飞处处，潺潺碧水碧潺潺"。此联正读倒读一样。另外还有回文联，可顺读，也可倒读："趣言能适意，茶品可清心"。

（二）茶谚

许慎《说文解字》中有云"谚：传言也"，是指群众口头相传的一种易讲、易记而又富含哲理的俗话，人们通过这朗朗上口的语言形式总结劳动经验或对自然社会的认识。茶谚是我国茶文化发展过程中派生出的又一文化现象，它不只是我国茶叶科学的一宗宝贵遗产，也是我国民间文学中一枝娟秀的小花。

就茶谚内容来分，大致分为茶叶生产、茶叶储藏和茶叶饮用三类。茶叶生产方面的茶谚，早在明代就有一条关于茶树管理的重要谚语，叫作"七月锄金，八月锄银"，意思是说，给茶树锄草最好的时间是七月，其次是八月。广西农谚说："茶山年年铲，松枝年年砍。"浙江有谚语："若要茶，伏里耙。"湖北也有类似谚语："秋冬茶园挖得深，胜于拿锄挖黄金。"

关于采茶，湖南谚曰："清明发芽，谷雨采茶""吃好茶，雨前嫩尖采谷芽"。湖北茶谚："谷雨前，嫌太早，后三天，刚刚好，再过三天变成草"。浙江茶谚："清明时节近，采茶忙又勤""谷雨茶，满把抓""早采三天是个宝，迟采三天变成草""立夏茶，夜夜老，小满过后茶变草""头茶不采，二茶不发""春茶留一丫，夏茶发一把""春茶苦，夏茶涩，要好喝，秋露白"，等等。

茶叶储藏方面的茶谚，流传下来较早的有唐人苏廙《十六汤品》中关于茶叶存放的记载："谚曰：茶瓶用瓦，如乘折脚骏登山。""瓦"，是指粗陶，意思是说用粗陶瓶存放茶叶，容易受潮，变质，犹如爬山骑用跛脚马，不理想。明清间还有"茶是草，箬是宝"的茶谚，是说茶叶的收藏防潮，主要用竹箬，以箬封口的办法。《月令广义》中"谚曰：善蒸不若扇炒，善晒不如竹箬"，讲蒸青不如炒青，晒青不如烘青，代表了一部分地区对不同绿茶的偏好。

茶叶饮用方面的茶谚则更为口头化，如"早晨开门七件事，柴米油盐酱醋茶""宁可三日无盐，不可一日无茶""酒后一杯茶，饭后一支烟""茶头酒尾饭中间""一天三餐油茶汤，一餐不吃心里慌"等谚语表达一种生活程序或生活习惯，或一种习惯。还有饮茶对于保健的茶谚则更为通俗，如"吃萝卜，喝热茶，医生急得满街爬""酒吃头杯，茶吃二盏"等。

四、茶与书法

茶与中国传统艺术结下了不解之缘。茶，被视为"国饮"，而书法则被誉为"国粹"，它们共同传承文化，于文人本身则修身养性。二者的产生和发展走过了漫长的道路，至今看来仍灿烂辉煌，美不胜收。关于茶的书法，在唐代才逐渐增多，比较有代表性的是狂草书法家怀素和尚的《苦笋贴》，为一幅信札："苦笋及茗异常佳，乃可迳来，怀素上"十四字章法气韵生动，神采飞扬（图6-2-1）。

图6-2-1 《苦笋贴》临摹

宋代是茶和书法史上一个极为重要的时代，可谓茶人迭出，书家群起，不少茶人同时是书法名家。例如"苏、黄、米、蔡"四大书家之一的蔡襄在制茶实践上有一部影响甚大的理论著作《茶录》，而其书迹本身即是一幅名品佳作，此外还有《北苑十咏》《精茶帖》等茶的书迹（图 6-2-2）。

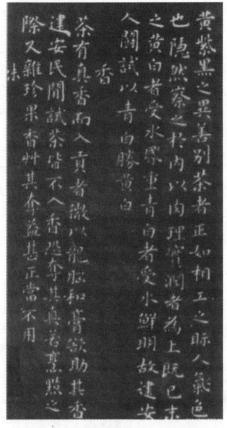

图 6-2-2　蔡襄《茶录》拓本选摘

宋代之后，茶与书法的关系便更为密切，作品也有较多流传下来，如苏东坡的《一夜帖》（图 6-2-3）、米芾的《苕溪诗》、郑板桥的《竹枝词》、汪巢林的《幼孚斋中试泾县茶》等。

近现代的书法佳品则更多了，比较著名的有启功和范曾。启功书赠张大为一幅立轴绝句："七碗神功说玉川，生风枉托地行仙。赵州一语吃茶去，截断群流三字禅。"启功的行楷纯雅平和，之中又透着一种高雅与夭娇不俗。范曾的书法追求是清新俊逸，书法用笔讲究粗细之变，细可比游丝，粗可如枝干，但线条要结实，有张力，笔锋自然转换，线断而意不断（图 6-2-4）。

五、茶与美术

（一）茶绘画

唐代不只是茶和诗的蓬勃发展年代，也是我国国画的兴盛时期，当时杰出画家吴道子，曾为长安、洛阳两地道观寺院绘制壁画三百余间。这些书画家把当时社会生活和宗教生活中新兴的饮茶风俗，吸收到画作中去。据专家考证，唐朝的《萧翼赚兰亭图》是现今记载最早的关于茶的绘画。

宋代重视图画创作，设立了翰林图画院，在国子监也开设了画学课程，所以在宋代以后，特别是与今较近的明清，以茶为画，不仅有关记载而且存画也逐渐多了起来。宋代画家

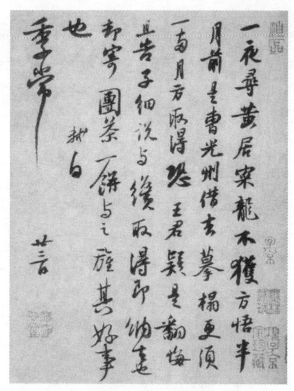

图 6-2-3 苏轼《一夜帖》

张择端的《清明上河图》，是我国古代绘画中极其珍贵的代表作品，事无巨细地描绘了宣和年间的汴京风貌。图分三部分，其第三部分是为市井部分，酒楼茶肆、宅第店铺鳞次栉比，货物五光十色、种类繁多，市招高挂，买卖兴隆。街市上，士农工商，男女老幼，骑马的、乘轿的、购物的、叫卖的，摩肩接踵，熙熙攘攘。画面的各种商铺中，最多的就是茶坊，据统计有二十余家，这个数目和比例关系足以说明当时茶在社会生活中的重要性。比较著名的茶画还有南宋刘松年的《茗园赌市图》，元代赵孟頫的《斗茶图》，明代唐寅的《事茗图》、文徵明的《惠山茶会图》等。南宋刘松年擅长山水兼工人物，施色艳丽，和李唐、马远、夏圭并称"南宋四家"。

赵孟頫是一代书画大家，开创元代新画风，对后世影响很大，被称为"元人冠冕"。《斗茶图》中共画四个人物，旁边放有几副盛放茶具的茶担，左前一人手持茶杯，一手提一茶桶，袒胸露臂，显得满脸得意的样子。身后一人手持一杯，一手提壶，作将壶中茶水倾入杯中之态，另两人站一旁，又目注视前者。由衣着和形态来看，斗茶者似把自己研制茶叶，拿来评比，斗志激昂，姿态认真。斗茶始见于唐，盛行于宋，元朝贡茶虽然沿袭宋制进奉团茶、饼茶，但民间一般多改饮叶茶、末茶，所以《斗茶图》可以说是我国斗茶行消失前的最后留画（图 6-2-6）。

明代唐寅《事茗图》开卷但见群山飞瀑，巨石巉岩，山下翠竹高松，山泉蜿蜒流淌，一座茅舍藏于松竹之中，环境幽静。屋中厅堂内，一人伏案观书，案上置书籍、茶具，一童子煽火烹茶。屋外板桥上，有客策杖来访，一童子携琴随后。画面构图严谨，别出新意，人物山水用笔工细，画风清劲秀雅，兼融元人笔墨，景物开阔，意境清幽，层次分明。近景巨石侧立，墨色浓黑，皴染圆润，凹凸清晰可辨；远处峰峦屏列，瀑布飞泉，屋舍置于四山环抱的幽谷之中，为唐寅秀逸画格的精作，透过画面，似乎可以听见潺潺水声，闻到淡淡茶香。

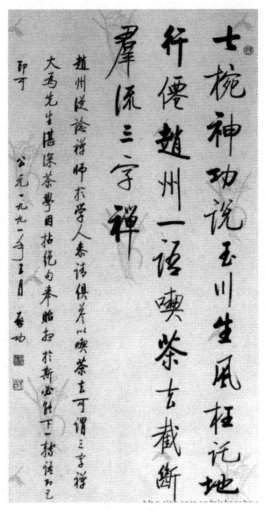

图 6-2-4　启功的茶书法

图 6-2-5　范曾的茶书法

幅后自题诗："日长何所事，茗碗自赉持。料得南窗下，清风满鬓丝。"引首有文征明隶书"事茗"二字，卷后有陆粲书《事茗辨》（图 6-2-7）。

　　现代关于茶的绘画佳作也不少。书画家范曾多以茶圣陆羽为题画，神态各异：或凝神或疾书或传道或聆听。造型最独特的一幅是作于 1989 年的《茶圣图》（图 6-2-8），图中茶圣陆羽俯卧在一个高古的床榻之上，专注地指点一个茶童烹茶；而在床头边上，另一个茶童则笑眯眯地看着他的小师兄扇火。在这幅画上，范曾题跋："茶字，不见于古籀，不见于说文，不见于魏晋刻石，而魏晋文人惟识酒与药耳。至唐，乃有陆羽

图 6-2-6　赵孟頫《斗茶图》

图 6-2-7　唐寅《事茗图》

《茶经》。茶之为道，应在隋唐之际。日人承袭衍进而为大道，吾国有识之士当不使茶道式微也。"

（二）茶雕塑

茶雕塑主要集中在茶具和团茶（图 6-2-9）、饼茶的造型及饰面上。如宋朝北苑的龙、凤贡茶，其饰面的花纹特别讲究。

宋代现存最完整的茶事美术作品，首推北宋的"妇女烹茶画像砖"（图 6-2-10），现藏于中国历史博物馆。砖为青白色，质地细腻，坚硬如石。长 35.2cm，宽 16.2cm，厚 2.2cm。一高髻妇女，穿宽领短上衣，长裙，系长带花穗，在一炉灶前烹茶，左手下垂，右手执火箸夹拨炉中火炭。炉上有一长柄带盖执壶，造型优美古雅。砖为雕刻，刻工熟练精致，人物比例匀称，形象生动，风格清新，为宋画像砖中的佳作。

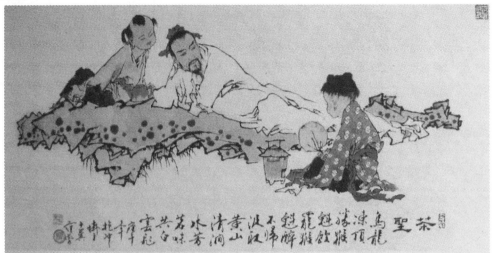

图 6-2-8　范曾《茶圣图》

图 6-2-9　团茶
摘自《探究宋代贡茶与茶文化的起源》

图 6-2-10　妇女烹茶画像砖

有关茶事的雕塑经常出现在工艺雕塑中，如清代著名雕刻家陈祖章在一件"东坡夜游赤壁"（图 6-2-11）的橄榄核雕中，刻有一船，船上七人风姿各异，船头有一童子在持扇烹茶，茶盘中有三只茶杯，清晰可见。

图 6-2-11 台北故宫博物院收藏清代雕刻家陈祖章的"东坡夜游赤壁"橄榄核雕

第七章
饮茶习俗

第一节　中国的饮茶习俗

我国地域广阔，劳动人民在长期的生活过程中形成了不同地域特色的饮茶习俗。

一、成都盖碗茶

盖碗，作为饮茶的器具在国人眼中早已不那么陌生，然而要选择一个使用盖碗饮茶作为地标的城市，那非成都莫属。

成都地处"天府之国"的四川盆地中心地带，也是茶的故乡。经济、文化、物产的丰饶孕育了成都人饮茶的情调，滋养着巴蜀地区饮茶文化的蓬勃发展。成都街巷大大小小的茶馆，"龙行十八式"穿游其间，一成不变的是茶客掌中发散着茶香的盖碗。成都人对盖碗茶的热爱，着实令初到此地的异乡人称奇。成都产茶，更产茶馆，所谓"头上晴天少，眼前茶馆多"，正是对以成都为代表的巴蜀特色的"茶馆文化"的真实写照。

成都人喜欢茶，饮茶的种类又因个人喜好多有不同，即使茶汤有万般变幻，贯穿始终的却是成都人捧起的盖碗，"盖碗茶"也顺理成章地成为成都饮茶文化的城市名片。所谓"盖碗茶"无外乎用盖碗做饮杯泡茶，成都人为何对此如此执着，今时也没有一个准确的结论，或许是对传统的固守。相传唐代西川节度使崔宁之女使用环蜡的木盘子来承托茶杯，便是最早的茶船，以船托碗，便是今天盖碗的先祖。盖碗分托、碗、盖三部分，以碗冲泡茶汤，以盖轻抚汤水中悬浮的叶片，嗅香、恒温，以托提碗，既不烫手也不会灼伤桌面。成都人对盖碗的执著似乎就在这里，既是对传统的坚守，又不失风雅情趣。

成都的盖碗茶，从茶具配置到服务格调都引人入胜。用铜茶壶、锡杯托、景德镇的碗泡成的茶，色香味形俱配套，饮后口角噙香，而且还可观赏到一招冲泡绝技。成都人饮盖碗茶，好似一场仪式，饮茶前将托、碗、盖以温水洗净，称"净具"；所选之茶，必当是用锦江水冲泡的茉莉花茶才最具成都风味。在成都茶馆常见到茶博士（"茶博士"现多指煎茶、煮茶、沏茶、泡茶的师傅，不能望文生义地认为是茶事专业的博士学位）以铜壶煮水，冲茶时，在离桌 1m 外站定，水柱临空而降，泻入茶碗，翻腾有声；须臾之间，戛然而止，茶水恰与碗口平齐，碗外无一滴水珠。再用手指把碗盖一挑，一个一个碗盖跳了起来，把茶碗盖得严严实实。整个过程使人感到"茶不醉人人自醉"，用这种风格冲泡出来的盖碗茶，便是

正宗巴蜀风味。茶泡好后，则用左手提碗托，右手持盖嗅香。倘若叶片浮于汤面，可使碗盖轻轻拂去，茶汤徐徐入口，清冽之气涌入舌根，荡涤心神。

成都人爱茶，爱进茶馆，喜欢品鉴茶汤时"摆龙门阵"。今天成都的经济、文化等各个方面都在向大都会迈进。那些地域文化浓郁的老茶馆也逐渐为现代茶馆所代替，但喝盖碗茶的风习却始终融合在成都城市发展的血脉中（图 7-1-1）。

图 7-1-1　盖碗茶

二、北京大碗茶

若是要认真推荐一个民族文化的聚集地，寻遍塞北、江南，那么目光终将汇聚到北京身上。几百年来，当北京城成为巍巍中华的都城那刻开始，便以其宏大的包容力吸引四海文化汇聚在此。茶，也是如此。推开门，踏进今天的北京茶楼，既能寻得江南茶道的精巧，也能觅得塞北饮茶的豪迈，还能体悟巴蜀茶馆的闲适，气象万千。然而最具京味儿的茶韵，却是胡同口摆在挑子头的一碗大碗儿茶。

"挑子"就是扁担，是早年间北京城内做大碗茶生意的标准配置，挑子前头是个短嘴儿绿釉的大瓦壶，后头篮子里放几个粗瓷碗，还拎着俩小板凳儿。一边走一边吆喝。碰上了买卖，摆上板凳就开张。早先的什刹海海沿上、各个城门脸儿附近、天桥一带，随处可见挑挑子卖大碗茶的。

大碗茶风靡于新中国成立之前旧时的老北京，茶有两种：一种是煎茶，即把茶叶投入开水直接煎熬；还有一种是特有成茶，是由大碗盛有煮好的茶加盖上玻璃之类的盖子等待过路口渴的行人。喝茶时 5 人一组，分得一个大茶碗。一般情况下是 2 分钱一碗。大碗茶多用大壶冲泡，或大桶装茶，大碗畅饮，热气腾腾，提神解渴，好生自然。这种清茶粗犷，颇有"野味"，它随意，不用楼、堂、馆、所，摆设简便，一张桌子，几张条木凳，数只粗瓷大碗即可，大碗茶便以此爽冽的性格，为往来过客解渴小憩。

比大碗茶成名更早的，似乎是北京城的茶馆文化，但经营的始终还是那爽冽的大碗茶。新中国成立前，北京这座四九城的街面上，到处都有大大小小的茶楼、茶园、茶馆，一天到晚接待着三教九流的茶客。茶馆是个公共的社交场所，是各类社会信息聚集和传播的地方，这一点和国外的咖啡馆其实是一样的。茶客们在这儿评茶、论鸟、拉家常、讲时事、会朋友、谈买卖，一坐就是半天，花钱不多，收获不少。有些茶馆为了招徕生意，又搭起舞台，添上大鼓、评书、京戏，茶馆又成了娱乐场所。北京城有名的广和、天乐、同乐等大戏园子，早先都是茶园。

无论是茶摊、茶馆，老北京人选用的大都是花茶。其实大多数北京人喝起北京大碗茶来，既不那么讲究，也不那么将就。不管经济条件如何，北京人总能找出一种适合自己的北京大碗茶文化来（图7-1-2）。

图 7-1-2　北京大碗茶

三、潮汕啜乌龙

明代开始，自由的泡茶法取代了程式复杂的点茶法，中国茶道进入了一个全新的时代。茶的制作方式在这一时期，由炒青取代蒸青，散茶取代茶饼，茶不再被吃下去，人们更乐于通过泡茶品味茶的原味和香气。今天我们要探索泡茶品茶记忆的始点，潮汕地区便是保留明代风貌的最好代表。

在潮汕地区，泡茶是大街小巷的普及技艺。就像某个纪录片采访潮汕一位老奶奶时，老奶奶说潮汕几乎每一百米就有一家茶店，每二十米就有人在泡茶。潮汕人从懂得喝水那天起便喝起了茶，一旦喝上茶，这种习惯会延续到他生命的结束，泡茶、饮茶已经深深地融入潮汕人的记忆中。

在潮汕，冲泡乌龙茶有这样一个顺口溜："高冲低洒，刮沫淋盖，关公巡城，韩信点兵。"这是几百年来潮汕人所恪守的乌龙茶冲泡技艺。其程序相当考究，选用宜兴产的小陶壶和白瓷上釉茶杯，这种茶杯口径只有银元大小，如同小酒杯小陶壶（罐里装入乌龙茶和水，放在小炭炉或小酒精炉上煮）。茶煮好后，拿起茶壶在摆成品字形的三个瓷杯上面做圆周运动，依次斟满每一个小杯，此时就可以捧起香气四溢的小茶杯慢慢品尝。

乌龙茶的品饮称为啜茶，源自饮茶时为使茶汤迅速充满口腔而急速吸入口中所发出的声响。啜茶用的小杯，称之若琛瓯。啜乌龙茶很有讲究，与之配套的茶具，诸如风炉、烧水壶、茶壶、茶杯，谓之"烹茶四宝"。泡茶用水应选择甘洌的山泉水，而且必须做到沸水现冲。经温壶、置茶、冲泡、斟茶入杯，便可品饮。啜茶的方式更为奇特，先要举杯将茶汤送入鼻端闻香，只觉浓香透鼻。接着用拇指和食指按住杯沿，中指托住杯底，举杯倾茶汤入口，含汤在口中回旋品味，顿觉口有余甘。一旦茶汤入肚，口中"啧！啧"回味，又觉鼻口生香，咽喉生津，"两腋生风"，回味无穷。

潮汕人数百年来恪守着泡茶、啜茶的方式，不在于止渴，其实是养心。潮汕人始终在一碗茶汤中感悟着自己生命的真谛。

茶房四宝：

若琛瓯——四个小杯子——供饮茶之用

孟臣罐——紫砂茶壶——供泡茶之用

玉书碨——专供烧水之用

潮汕风炉——作生火加热之用

四、藏族酥油茶

初到西藏，感慨雪域高原的雄浑之余，总会听到许多美丽的传说。这些传说中，有这样一则民间爱情故事：两个部落，曾因发生械斗，结下冤仇。辖部落土司的女儿美梅措，在劳动中与怒部落土司的儿子文顿巴相爱，但由于两个部落历史上结下的冤仇，辖部落的土司派人杀害了文顿巴，当为文顿巴举行火葬仪式时，美梅措跳进火海殉情。双方死后，美梅措到内地变成茶树上的茶叶，文顿巴到羌塘变成盐湖里的盐，每当藏族人打酥油茶时，茶和盐便再次相遇。这则由茶俗引发出的故事便被认为是酥油茶的故事。酥油茶是否由此而来，已不亦细究，故事本身揭示了酥油茶已与美丽的爱情一样融入藏族人民的生活点滴中。

现存可考史料中对酥油茶的记载，始见于索南坚赞所著《西藏王统记》中。索南坚赞记载文成公主下嫁到吐蕃时，创制了奶酪和酥油，并用酥油茶待客。由此算来，藏民饮酥油茶的历史已有 1300 多年。酥油，藏语称之为"芒"，色泽为金黄或乳白色，是藏民用传统的手工工艺从牛奶中提炼分离出来的。提取酥油的方法既简单又别致：先煮熟鲜牛奶，等晾冷倒入高约 1.2m、直径约 0.3m 的小木桶，桶口装有与内口径大小一样的圆盖，中心竖木杆，下按小木圆盘，打酥油者握紧木杆不停地上下抽拉，牛奶在圆盘中来回翻动，油即从乳汁中分离并浮在上面，一边用冷水浸过的手捞取，边挤捏拍压，捏成圆团，压装于皮囊中，以便平时食用，这个过程就叫"打酥油"。夏秋是藏区盛产牛奶的季节，而藏族妇女根据每个人的不同口味，在烧滚的开水中按比例兑茶水、食盐、酥油于特制的筒中搅打，使三者融为一体，即成了色香味俱全的酥油茶。

高原的冬天是寒冷的，酥油茶中含有极高的热量，可以驱寒保暖，是最适合高原气候和地理环境的饮品。一般来说，藏民清晨先饮酥油茶暖暖身才去放牧，平时在帐房从早到晚饮十几碗之多。酥油茶还是接待亲友的应酬品。每当贵客临门，主人便会端来美味可口的酥油茶。客人喝茶前先要用无名指沾茶少许，弹洒三次，奉献给佛、法、僧三宝。饮茶时不能太急太快，更不能一饮而尽，而是要轻轻吹开茶水表面上的浮油分饮数次，留一半左右等待主人添茶，喝一次添一次，随喝随添；细心的主人，使客人茶碗常满、茶味常温，才算尽到了主人的职责；客人喝茶时不能作响，而是要轻轻饮吸，若发出声响就被看成是缺少修养的表现；到藏胞家坐客，不能喝一碗就离去，一般以喝三碗为吉利；若你的茶碗已添满不能再喝时，便不必再动茶碗，等到辞别时再端碗一气饮下，以示对主人的答谢。

藏族笃信藏传佛教，在藏区的寺院茶俗中，更重视佛事中的茶事。他们往往把茶叶与经书、珠宝一道装进每尊新塑成的佛像体内，并经活佛加持开光，佛像才有灵气。向寺庙求"神物"时，有药品、神水，还有茶；每逢藏历新年或是其他重大节日，总要在神龛前供上几块优质茶砖。拉萨大昭寺至今珍藏着上千年的陈砖茶，茶被看作佛赐的圣物。清代的徐瀛《旅林纪略》卷二曾叙述拉萨大昭寺正月大法会喇嘛施茶的情景："烧茶之区。有大铜锅二，一盛水，一煮茶。每锅均数百石，十余万喇嘛一锅即能遍及。四面以干柴围绕，茶熟甚速。诏内银壶以千计，式样如一，蛮役用皮条挂置胸前。至散茶时，各喇嘛自带木碗，自怀取出，挨次接茶。"如此场面甚为壮观。

酥油茶是藏区生活的基本元素，也是藏传佛教信仰构成的重要拼图。在藏民心中酥油茶已是出于意表、言于话外，是生的遐想，是性灵的寄托（图7-1-3）。

图 7-1-3　藏民酥油茶制作

五、回族茶俗

回族以大分散、小集中的方式居住在全国各地，地域的差异逐渐促使各地回族形成了不同的饮茶习惯。

回民讲究茶具。过去煮茶和沏茶的壶一般都是用银和铜制作的，形式多样，别具一格，有长嘴铜壶、银鸭壶、铜火壶等。现在一般用锡铁壶、紫砂壶等。回族的茶盅、茶杯品种繁多，千姿百态，特别是有花鸟山水图案的盖碗颇受欢迎和喜爱。

北方部分回民聚居区流行罐罐茶，茶罐系粗沙黑釉烧制或铁皮制成。高三四寸，直径约一寸半，且底粗口细。饮茶时，先在茶罐里放入砖茶或陕青茶，然后倒上凉水放到火炉上熬，待滚过三沸后，将茶沁到小杯中，喝完再加水熬。这种茶色浓稠，味较涩苦，使人兴奋。不习惯者饮用常有"醉茶"之说。

在云南的回民聚居区有饮烤茶的习俗，饮烤茶时，先将茶叶放到茶罐里，然后置在火炉上将茶叶烤黄，再沏上滚开沸水，然后饮用。

在青海等回民聚居区的回族同胞喜欢喝奶茶。回民饮奶茶除了在茶罐内加茯茶，还要加盐，待茶熬好后再加奶烧开，并放入花椒等佐料，待客时还要放两粒烧熟或煮熟的大红枣。

在西北部分地区还有一种麦茶。不少家庭都喜欢饮麦茶，将麦子炒成半焦，捣碎倒入茶罐中，佐以食盐盛水熬煮。麦茶熬成后看似琥珀，其味如咖啡。现在饮此茶者已不多见。

盖碗茶是全国各地回民较为普遍的饮茶方式。盖碗，回民称"三炮台"，民间叫盅子，上有盖子，下有托盘，盛水的茶碗口大底小，精致美观。每到炎热的夏天，许多回族群众觉得喝盖碗茶比吃西瓜还要解渴。到了严寒的冬天，回族群众早晨起来，围坐在火炉旁，或烤上几片馍馍，或吃点撒子，"刮"上几盅盖碗茶，是一种常见的早餐方式。盖碗茶配料不一，名目繁多，根据不同的季节选用不同的茶叶。常见的有"八宝茶"，除了放茶外，还放冰糖、红枣、核桃仁、桂圆干（肉）、芝麻、葡萄干、枸杞、菊花、莲芯等。一般回族家庭饮"八宝茶"配料不齐时，多饮"三香茶"［茶叶、冰糖、桂圆干（肉）］；有的饮"白四品"（茶叶、白糖、柿饼、红枣）；还有的喜欢"红四品"（砖茶、红糖、红枣、干果）和五味茶（绿茶、山楂、芝麻、姜片）等。

各地回民诸多的饮茶风习，充分说明地域文化与民族文化交汇时，所衍生出新的饮茶习惯是茶文化多元化发展的基本诱因（图 7-1-4）。

图 7-1-4　盖碗茶

六、蒙古族的咸奶茶

乳制品与茶，在游牧文明与茶的碰撞中，总是显得分外夺目。蒙古族人民同样没有错过这美妙的交融，不同于藏族同胞加工酥油制茶，蒙古族所崇尚的奶茶如同其民族性格般豪迈，是将茶、牛奶、盐巴直接煮沸而成的咸奶茶。

咸奶茶用的多为青砖茶和黑砖茶，并用铁锅烹煮。煮咸奶茶其实很讲究手法，蒙古族女子视其为家传技艺，并在新婚时，向宾客展示煮茶技艺，以显示良好的教养，煮咸奶茶时，应该先把砖茶打碎，并将洗净的铁锅置于火上，盛水 2～3kg。至水沸腾时，放上捣碎的砖茶约 7.5g 再沸腾 3～5min 后，掺入奶，用量为水的五分之一左右，随后加入适量盐巴，等整锅奶茶开始沸腾时，就算把咸奶茶煮好了，这看似简单的过程，其中的技巧很难被外人理解，蒙古族同胞认为，只有器、茶、奶、盐、温五者相互协调，才能煮出咸甜相宜、美味可口的咸奶茶来。

蒙古族人喜欢边喝茶边吃炒米（蒙古族的炒米一般是指用稷的种子做成的，要经过煮、炒、碾三道工序才能做成炒米），每日清晨起来，主妇们都会先煮上一锅咸奶茶，供全家整天饮用。过去，一家人通常只在晚上放牧回家后才正式用一次餐，但早、中、晚三次喝咸奶茶一般是不能少的。如果晚餐吃的是牛羊肉，那么睡觉前全家还会喝一次茶。喝咸奶茶，除了解渴外，也是补充人体营养的一种主要方法。蒙古族喜欢喝热茶，早上，他们一边喝茶，一边吃炒米，将剩余的茶放在微火上暖着，以便随时取饮。

在牧区，他们习惯于"一日三餐茶，一顿饭"。蒙古族牧民以食牛、羊肉及奶制品为主，粮菜为辅。砖茶是牧民不可缺少的饮品，喝由砖茶煮成的咸奶茶，是蒙古族人们的传统饮茶习俗（图 7-1-5）。

图 7-1-5 蒙古族咸奶茶

七、侗族打油茶

侗家没有品茗的习惯，却有常年吃油茶的习俗。但凡到过侗家的人，都忘不了那清香爽口、充饥解渴、脆甜味浓、别具风味的"打油茶"。

清明前后，侗族姑娘们成群结队地上山采茶。鲜茶叶采回后，先放在锅里蒸煮至叶黄，取出沥干水，加入少许米汤揉搓后用明火烤干，装入竹篓，吊挂于灶膛上熏烤。制打油茶时，先将铁锅烧热放油入锅，油熟后将茶叶倒入锅中翻炒，至茶叶发出清香时加入芝麻、生姜等佐料炒片刻，然后加水煮沸即成。

侗家人非常好客，如遇客人到家，必以油茶相敬。待客时，将沸茶水盛入装有肉丁、鸡丁、豆粒、葱花、香菜、花生等食品的碗中，美味可口，油而不腻。

主人视在座人数往餐桌上摆碗筷，每个碗里放入一勺油炸花生和一小撮芝麻，冲半瓢油茶水，连同筷子一并递给客人，说："请吃茶。"但第一碗必须递给在座的长者或者上宾。客人吃完后，将空碗递给主人，主人依次摆在桌上。第二次往碗里放入小片的糕粑、糯饭等，冲入茶水后，主人又依次递给每位客人，如此三番五次。客人到主人家喝油茶不能客气，否则一般会被认为是对主人的不恭。喝够了只要将主人发的一双筷子架到碗上，主人便不会再斟茶给你。侗家男女青年还以喝油茶作为相恋相爱的媒介（图 7-1-6）。

图 7-1-6 侗族打油茶

八、土家族的擂茶

　　湘、鄂、川、黔四省交汇处，盘踞着素有"八千奇峰，二白秀水"之称的武陵山。这里古木参天，绿树成荫，有"芳草鲜美，落英缤纷"之誉。山美、水美的武陵山区造就了优质名茶生长的天堂。千百年来世居于此的土家族人，延续着名山秀水带来的馈赠，使用最古老的方式饮用擂茶。

　　擂茶，又称"三生汤"。关于"三生汤"的由来，流传三种说法。说法之一：因擂茶在初创时所用的原料是生嫩茶叶、生姜、生米，先混合研捣成糊状物，然后加水煮沸或用沸水冲熟。三种原料都是生的，故名"三生汤"。说法之二：在汉朝伏波将军马援受汉光武帝之命远征交趾时，途经湘、粤边界，因南方气候炎热、潮湿、多变，北方将士多染疫病倒下，将军只好安营扎寨。在马援将军焦虑无奈之际，一白发苍苍的老人献上秘方，马将军命部下依方以生茶叶、生姜、生米擂捣，冲泡成"三生汤"让将士饮用，果然治好了病。说法之三：在三国时，张飞带兵进攻武陵地区的壶头山（今湖南常德市境内），当时正值炎夏酷暑，瘟疫蔓延，多数人染疾病倒。在这危难之时，一位老中医有感张飞部下对百姓秋毫无犯，献上擂茶祖传秘方，为其部下治好了病。其实，茶能提神祛邪，洁火明目。姜能理脾解表，去湿发汗。米仁能健脾润肺，和胃庄火。将士服下擂茶，果然身体恢复了好多。张飞感激万分，称老汉为"神医"，并说得到他的帮助"实是三生有幸！"从此以后，人们便把擂茶称为"三生汤"了。擂茶的制法和饮用习俗，随着土家族的南迁，逐步传到闽、粤、赣、台等地区，并得到改进和发展。

　　擂茶，顾名思义，就是把茶叶和一些配料放进擂钵里擂碎冲入沸水而成擂茶。做擂茶时，双腿夹住一个陶制的擂钵，抓一把绿茶放入钵内，握一根半米长的擂棍，频频舂捣、旋转。边擂边不断地给擂钵内添些芝麻、花生仁、草药（香草、黄花、香树叶、牵藤草等）。待钵中的东西捣成碎泥，茶便擂好了。然后，用一把捞瓢筛滤擂过的茶，投入铜壶，加水煮沸，一时满堂飘香。品擂茶，其味格外浓郁、绵长……据说擂茶有解毒的功效，既可作食用，又可作药用；既可解渴，又可充饥。喝擂茶一要趁热，二要慢咽，只有这样才会有"九曲回肠，心旷神怡"之感。

　　喝擂茶时一般不加调味品，以保持原辅料的本味。第一次喝擂茶的人，品第一口时常感到有青涩味，细品后才渐渐感到擂茶甘鲜爽口，洁香宜人。这种苦涩之后的甘美，恰如醍醐的法味，不加雕饰，不事炫耀，那种清淡和自然的味道，让人无法忘怀。

　　土家族人中午干活回家，在用餐前喝上几碗擂茶。有的人如果一天不喝擂茶，就感到全身乏力，精神不爽，他们视喝擂茶如同吃饭一样。如有亲朋进门，喝擂茶时还必须设有几碟茶点。茶点以清淡、香脆食品为主，诸如花生、薯片、瓜子、米花糖、炸鱼片之类，用以添加喝擂茶的情趣（图7-1-7）。

九、白族三道茶

　　大理自古出名茶，也是"南方丝路"与"茶马古道"的交叉路口，产区与交通要道的交融，这得天独厚的地理优势催生了大理白族独特的"三道茶"文化。

　　早在唐代《蛮书》中就有记载，一千年前的南诏时期，白族就有了饮茶的习惯。明代的徐霞客来大理时，也被这种独特的礼俗所感动。在他的游记中这样描述它"注茶为玩，初清茶、中盐茶、次蜜茶"。所谓"注茶为玩"，就是把饮茶作为一种品赏的艺术活动，也即是后人所称的茶道。

　　三道茶，白语叫"绍道兆"，是白族待客的一种风尚，寓意人生"一苦，二甜，三回味"

图 7-1-7　土家族擂茶

的哲理。过往，一般由家中或族中长辈亲自司茶。现今，也有小辈向长辈敬茶的。制作三道茶时，每道茶的制作方法和所用原料都是不一样的。

　　第一道茶，称之为"清苦之茶"，寓意做人的哲理："要立业，先要吃苦"。制作时，先将水烧开，再由司茶者将一只小砂罐置于文火上烘烤。待罐烤热后，随即取适量茶叶放入罐内，并不停地转动砂罐，使茶叶受热均匀，待罐内茶叶"啪啪"作响，叶色转黄，发出焦糖香时，立即注入已经烧沸的开水。少顷，主人将沸腾的茶水倾入茶盅，再用双手举盅献给客人。由于这种茶经烘烤、煮沸而成，因此，看上去色如琥珀，闻起来焦香扑鼻，喝下去滋味苦涩，故而谓之苦茶，通常只有半杯，一饮而尽。

　　第二道茶，称之为"甜茶"。当客人喝完第一道茶后，主人重新用小砂罐置茶、烤茶、煮茶，与此同时，还得在茶盅内放入少许红糖、乳扇、桂皮等，待煮好的茶汤倾入八分满为止。

　　第三道茶，称之为"回味茶"。其煮茶方法虽然相同，只是茶盅中放的原料已换成适量蜂蜜，少许炒米花，若干粒花椒，一撮核桃仁，茶容量通常为六七分满。饮第三道茶时，一般是一边晃动茶盅，使茶汤和佐料均匀混合；一边口中"呼呼"作响，趁热饮下。这杯茶，喝起来甜、酸、苦、辣，各味俱全，回味无穷。它告诫人们，凡事要多"回味"，切记"先苦后甜"的哲理。

　　在白族当地，饮三道茶有一种调节人际关系和传扬民族文化的作用。不论是在街头巷尾，还是在公园船头，饮用三道茶的形式和内容都丰富多彩。尤其是在欢迎客人和来宾的重要场合，显得更加隆重和热烈。目前，白族传统"三道茶"，尤其是大理白族三道茶可谓是民族茶文化中的一绝，其精美的配料做工、高雅的礼仪氛围，已经让品尝"三道茶"更富含人生先苦后甜再回味的深刻哲理了（图7-1-8）。

十、苗族茶俗

（一）八宝油茶

　　在苗族的饮茶习俗中，最贴近生活的当数八宝油茶。八宝油茶，其意思是在油茶汤中放有多种食物之意。所以，与其说它是茶汤，还不如说它是茶食更恰当。八宝油茶的烹调比较复杂，先将玉米（煮后晾干）、黄豆、花生米、团散（一种米薄饼）、豆腐干丁、粉条等分别用茶油炸好，分装入碗待用。接着是炸茶，特别要把握好火候，这是制作的关键技术。具体

图 7-1-8　白族三道茶

做法是放适量茶油在锅中，待锅内的油冒出青烟时，放入适量茶叶和花椒翻炒，待茶叶色转黄发出焦糖香时，即可倾水入锅，再放上姜丝。一旦锅中水煮沸，再徐徐掺入少许冷水，等水再次煮沸时，加入适量食盐和少许大蒜、胡椒之类，用勺稍加拌动，随即将锅中茶汤连同佐料，一一倾入盛有油炸食品的碗中，这样就算把八宝油茶汤制好了。

待向客人敬八宝油茶时，主妇用双手托盘，盘中放上几碗八宝油茶汤，每碗放上一只调匙，彬彬有礼地敬奉客人。这种油茶汤，由于用料讲究，烹调精细，一碗到手，清香扑鼻，沁人肺腑。喝在口中，满嘴生香。它既解渴，又饱肚，还有特异风味，堪称中国饮茶技艺中的一朵奇葩。

（二）万花茶

提到苗族茶俗，不得不提的是苗族的万花茶，人们常会联想到苗家人热情好客、用万花茶待客的习俗。万花茶清香沁人心脾，喝一口，余馨经久不散，风味独特，别具一格。

万花茶晶莹透亮，是苗家人敬客的上乘饮料。这种茶的制作十分独特，其程序是：把成熟的冬瓜与未老的柚子皮，切成手指模样大小、形状各异的片片条条，接着在上面加工，雕刻出花色多样、形象靓丽、栩栩如生的虫、鱼、鸟、兽、花草等吉祥如意的图案。这些图案有的活灵活现、酷似彩蝶飞舞花间，有的活像喜鹊欢聚枝头，还有的则仿佛"鱼欢秋水""银树挂果""百鸟朝凤""龙凤呈祥""新荷含苞""蝶恋牡丹"，如此等等，宛若百花园中的奇花异草，各放光彩，各显其姿，实在美不胜收，情意融融。

每当秋天到来的时候，秋高气爽，苗家姑娘们一个个身着花边褶裙、头缠花帕、体态婀娜地围坐在村口的高大树荫底下，右手捻着小刻刀，左手捏着冬瓜片、精雕细刻着万花茶。经过雕镂的果皮，还得再将之浸泡于稀稀的生石灰水中，让它去掉生涩苦味，接着与明矾一起用文水煮沸返青，使之仍然脆嫩、新鲜。然后再把水沥干，添加等量的白糖、桂花香精或少量的蜂蜜细心地搅拌均匀，再反复暴晒，达到透亮若白玉的样子，方大功告成。饮用时，抓几片置于杯碗中，用滚开的水冲泡，就成为浓郁香甜、美名远扬的万花茶了。用这种清香浓郁的茶种招待宾客，苗家人是有他们的习俗规格的。

万花茶是苗家姑娘勤快、智慧和苗家高尚习俗的产物，更是我国茶文化百花园中一朵独放的奇葩，是出自苗家人手中的艺术珍品。苗家姑娘别出心裁、心灵手巧地把他们对幸福生活的真挚追求，对美好人生的爱恋憧憬，毫无保留地雕镂进了美丽、香甜、情意浓郁的万花茶之中（图7-1-9）。

图 7-1-9　苗族万花茶

（三）虫茶

湖南城步苗族自治县的苗族同胞尤爱饮虫茶，清代光绪年间的《城步乡土志》记载："茶有八峒茶……亦有茶虽粗恶，置之旧笼一二或数日，茶悉化为虫，余名曰虫茶。"所以虫茶又叫城步虫茶。虫茶约米粒大小，黑褐色，一碗开水，撮入10余粒，初时，只见茶粒漂浮于水面，继而徐徐释放出一根根绵绵"血丝"盘旋在水中，犹如晨烟雾霭，袅袅娜娜，蜿蜒起伏，散落水中，然后如飞絮般缓缓地散落到杯底。

虫茶是利用鳞翅目昆虫幼虫，诸如山化香夜蛾、米黑虫等幼虫取食化香树、苦丁茶、苦藤茶等植物叶后所排出的粪粒加工而成。虫茶约米粒大小，黑褐色，开水冲泡后为青褐色，几乎全部溶解，像咖啡一样，饮用十分方便。当地山民收集拾粪，经特殊处理后，得到颗粒细圆、油光金黄的"虫茶"。泡出茶来，香气四溢，喝上几口，味道醇香甘甜，沁人心脾，令人回味无穷。虫茶汁水呈淡古铜色，甘醇爽口，香气清郁宜人，颇似高档绿茶。

饮用虫茶时要先在杯中倒入开水后放入适量虫茶，盖好盖子。虫茶粒先漂浮在水面，待其缓缓下沉到杯底并开始溶化时即可饮用。用虫茶泡出的茶水清香宜人，沁人心脾，饮之令人顿感心旷神怡（图7-1-10）。

图 7-1-10　虫茶

十一、基诺族凉拌茶

基诺山素有云南古六大茶山之首的美称，对于茶文化，基诺人有自己独特的理解方式，基诺族自古以来不仅种茶、饮茶、制茶，还把茶叶作为一种佳肴，其中以凉拌茶最为有名，凉拌茶的种类很多，有牛肉干巴凉拌茶、橄榄果凉拌茶、螃蟹凉拌茶、嘎哩啰凉拌茶等。

基诺族的凉拌茶是极为罕见的吃茶法，将刚采收来的鲜嫩茶叶揉软搓细，放在大碗中加上清泉水，随即投入黄果叶（即生长黄皮果的黄皮树的叶子，为芸香科、黄檗属绿灌木或小乔木）、酸笋、酸蚂蚁（热带丛林中的一种细长的黄蚂蚁）、白生（西双版纳当地少数民族喜欢吃的一种野生菌类）、大蒜泥、辣椒粉、盐巴等配料拌匀，便成为基诺族喜爱的"拉拨批皮"，即凉拌茶。这种凉拌茶用糯米饭佐餐，清香甘甜，余味悠长，满口甘醇，甜润回肠，使人们饭量倍增，浑身有劲，夏食消毒，冬食驱寒（图 7-1-11）。

图 7-1-11　基诺族凉拌茶

基诺族的另一种饮茶方式，就是喝煮茶，这种方法在基诺族中较为常见。其方法是先用茶壶将水煮沸，随即取适量已经过加工的茶叶，投入到正在沸腾的茶壶内，经 3 分钟左右，当茶叶的汁已经溶解于水时，即可将壶中的茶汤注入到竹筒，供人饮用。竹筒，基诺族既用它当盛具，劳动时可盛茶带到田间饮用，又用它作饮具。因它一头平，便于摆放，另一头稍尖，便于用口吮茶，所以，就地取材的竹筒便成了基诺族喝煮茶的重要器具。

十二、傣族竹筒茶

竹筒茶，是傣族人民世代相袭的一道待客的传统茶饮。

"竹筒香茶"傣语称"腊踔"，又名"姑娘茶"，属绿茶紧压茶类。外形呈圆柱，直径 3～8cm，长 8～20cm，柱体香气馥郁，具有竹香、糯米香、茶香三香一体的特殊风味，滋味鲜爽回甘，汤色黄绿洁澈，叶底肥嫩黄亮。自古名山出名茶，古老的竹香筒茶出自耿马的名山——户南山。这里常年气候温和，植被覆盖率高，群山之中分布有许多千年以上的原始古茶树，用此原料制作的竹筒茶尤为珍贵，曾被列为"土司贡茶"中的极品。后来成为世人争相品啜的珍品，加之户南山位于边陲山川之中，普通人难得品饮茶制品，更显其弥足珍贵。

西双版纳的傣族同胞将青毛茶放入特制的竹筒内，在火塘上边烘烤边舂压，直到竹筒内的茶叶舂满并烤干后，就剖开竹筒取出茶叶用滚开水冲泡饮用。竹筒茶既有浓郁的茶香，又有清新的竹香。

俗话说，"头泡洁、二泡汤、三泡四泡是精华"。竹筒茶自古多是供给土司王和大佛寺长老饮用，或者招待外来贵宾的饮品，如今成为傣族人的一种普通茶饮。傣族人在田间劳动或进原始森林打猎时，常常带上制好的竹筒香茶。休息时，他们砍上一节甜竹，上部削尖，灌入泉水在火上烧开，然后放入竹筒香茶烧几分钟，待竹筒稍变凉后慢慢品饮，细细品味是难得的享受。人们如此边吃野餐，边饮竹筒香茶，别有一番情趣（图7-1-12）。

图 7-1-12　傣族竹筒茶

十三、纳西族"龙虎斗"茶

居住在云南丽江、香格里拉、维西、宁蒗等地的纳西族，是喜爱喝茶的民族，他们既饮有奇异色彩的"龙虎斗"茶，又喝有特殊风味的盐茶、油茶和糖茶。其中最引人注目的要数能祛寒湿、治感冒的"龙虎斗"。

"龙虎斗"茶的调制方法：先将一小把晒青绿茶放入小陶罐，再用铁钳夹住陶罐在火膛上烘烤，并不断转动陶罐，使之受热均匀。待茶叶焦黄、茶香四溢时，冲入热开水。接着像煎中药一样，在火膛上煮沸 5～6min，使茶汤稠浓。同时，另置茶盅一只，内放半盅白酒，再冲入刚熬好的茶汁（注意：不能反过来将酒倒入茶汁中），即成"龙虎斗"茶。这时茶盅中发出"嗤……"的声响，待声音消失后，就可将"龙虎斗"茶一饮而尽了。有时还要在其中加上一些辣子，使"龙虎斗"更富于刺激性。

过去的纳西族人认为，用"龙虎斗"茶治疗感冒，比单纯吃药要灵验得多。将"龙虎斗"茶趁热喝下，会使人浑身发热冒汗祛湿，睡一觉后，就会感到头不再昏，全身有力，感冒也就完全好了。从中药学的角度看，茶有清热解毒之功，酒有活血散寒之效。凡因外受风寒雨湿，畏寒发热、头涨、鼻塞流涕者，及时饮服，疗效颇佳。古人认为，酒之热性，独冠群物，通行一身之表；热茶借酒气而升散，故能祛风散寒、清利头目。

调制"龙虎斗"茶，一般取茶叶5～10克，酒量因各人情况以适宜为度。"龙虎斗"茶对于常年身居高湿闷热山区的居民来说，确实是一种强身保健的良药。此外，盐茶可预防盛夏中暑，油茶可在寒冬提高人体热量，糖茶可在春秋时节为人体增加营养。这些茶同"龙虎

"斗"茶一样，都是纳西族喜爱的强体健身饮料（图7-1-13）。

图 7-1-13　纳西族"龙虎斗"茶

十四、维吾尔族的奶茶与香茶

在地理位置上，维吾尔族人分散于新疆南北，由于天山山脉横跨于新疆中部，使得以天山为界的南北两疆气候各异，因此生产有别：北疆的维吾尔族人多以畜牧业为主，而南疆的维吾尔族人则以农业生产为主。正是由于气候环境条件的限制，南北两疆的维吾尔族人食物结构、生活方式也不同，因此同一民族的饮茶习惯大相径庭。大体说来，北疆的维吾尔族人以喝加牛奶的奶茶为主，而南疆的维吾尔族人以加有香料的香茶为主，但不管奶茶和香茶，用的都是茯砖茶。茯砖茶属于全发酵茶，是用湖南出产的黑毛茶加工而成的一种茶叶，它的冠突散囊菌是其独有的。

北疆的维吾尔族人爱喝奶茶。对于牧民来说，几乎家家户户，长年累月，终日必备。这种茶即可在用餐时就着抹酥油或蜂蜜的馕一起吃，也可长期温在炉子上作日常饮用的饮料。一般的牧民家庭，在帐篷的中间，都悬挂着一把铝制茶壶，壶底放在终日燃烧着的炉火上，热气腾腾的奶茶可以随时取饮。做奶茶的方法并不复杂，先将砖茶敲成小块块，抓一把放进盛有八分水的茶壶里，放在炉火上烹煮。当沸腾到4～5分钟时，加上一碗牛奶或几个奶疙瘩和适量的盐巴，再让其沸腾5分钟左右，一壶热乎乎、香喷喷、咸滋滋的奶茶就算制好了。这种茶汤如果一时喝不光，加上若干水、茶叶、牛奶和盐巴，让其慢慢烹煮，可以随时饮用。

北疆的维吾尔族牧民喝奶茶，早、中、晚三次必不可少，中老年牧民还得在每天的上午和下午各加一次，有的甚至一天要喝七八次。如果有客人自远方来，主人就会迎入帐内，席地围坐。好客的女主人当即在地上铺一块洁净的白布，摆上烤羊肉、馕、奶油、蜂蜜、苹果等食品招待来者，同时奉上一碗奶茶。主人与客人一边谈事一边喝茶进食时，女主人始终在旁为客人敬茶劝吃。如果客人吃饱喝足了，按照当地的习惯，客人只需在主人献茶时，用右手分开五指，轻轻地在茶碗上一盖，就表示："请不要再加了。"这时，女主人心领神会，不会再添加了。喝奶茶，对初饮者来说，会感到滋味浓涩不大习惯，但只要在高寒、少蔬菜、多食奶肉制品的北疆住上十天半月，就会感到喝奶茶其实是在补充营养，是去腻消食不可或缺的饮料。

南疆的维吾尔族人饮用的香茶，是将打碎的茯砖茶和研成细末的胡椒、桂皮等香料一起加水烹制而成的。煮香茶时，他们使用的是铜制的长颈茶壶，也有用陶质、搪瓷或铝制长颈壶的，喝茶用的是小茶碗。通常制作香茶时，先将茯砖茶敲碎成小块状。同时，在长颈壶里加水七八分满，放在炉火上加热。当水刚沸腾时，抓一把碎块砖茶放入壶中，水再次沸腾约5分钟后，将预先准备好的胡椒、桂皮等细末香料，放进煮沸的茶水中，轻轻搅拌，再煮3~5分钟即成。现代医药学表明：胡椒能开胃，桂皮可益气，茶叶能提神，三者相互调补，相得益彰，使茶的药理效用充分发挥。维吾尔族人把香茶看作"既是一种营养食品，又是一种保健饮料"，看来有些道理。他们在倒茶时，为防止茶渣、香料混入茶汤，在煮茶的长颈壶上套有一个过滤网，以免茶汤中带出茶渣。

南疆的维吾尔族人饮用香茶，也是日喝三顿，与早、中、晚三餐同时进行。通常是一边吃馕，一边喝香茶，既有情趣，又有益于身体健康。这种饮茶方式在南疆，与其说茶是一种饮料，不如说茶是一种汤料，是一种以茶代汤、用茶作菜之举。需要特别说明的是，在四大名著《红楼梦》第二十二回中，贾母元宵时备下的香茶，其实是用茉莉花和玫瑰花制成的一种花香茶，与南疆维吾尔族人饮用的香茶根本不沾边。

第二节　外国的饮茶习俗

一、东亚及东南亚茶俗

（一）日本茶俗

最早将茶的种子带到日本的是僧人，让日本人爱上茶的也是僧人。"禅"是日本茶道冠以始终的精神诉求。

《日吉社神道秘密记》中记载："传教大师（最澄）入唐之时，将来茶子，云云。传教，桓武天皇延历廿三年（804）随遣唐使渡唐，延历廿四年归朝。归而传天台之法，献经论佛像。"佛法与茶，伴随着最澄入唐，紧密地联系在日本文化的始点中。

南宋初年，日本僧人荣西两次来到中国，学习禅茶文化，荣西带回茶种后，日本才开始真正大规模种植茶树，荣西后来被日本人奉为茶祖，而日本茶道从此打上宋朝的烙印。随着宋朝的结束，中日文化交流日渐减少，两国的茶道也开始沿着不同的方向各自发展。

室町时代，日本创立了一种在书院建筑里饮用的书院茶，气氛严肃，礼仪庄重，是一种贵族式饮茶方式。之后，僧人村田珠光将书院茶、茶寄合以及寺院茶礼相结合，创制了草庵茶。从此，日本饮茶即称茶道。茶道的内涵是："一味清净，法喜禅悦。人入茶室，外却人我之相，内蓄柔和之德。至交相接之间，谨分敬分，清分寂分，卒以及天下太平。"这就是珠光提出的"谨敬清寂"的茶道主旨。

16世纪中叶，僧人千利休将草庵茶进一步深化推广，特别规定了草庵闲寂茶的方式、茶花、怀石料理的法则以及作为茶人的资格，将"谨敬清寂"改为"和敬清寂"，成为现在日本茶道的主旨。因此，千利休成为日本茶道的集大成者。

《南方录》中所载，千利休道："茶道的技法以台子技法为中心，其诸事的规则、法度有成千上万种，茶道界的先人们在学习茶道时，主要是熟记、掌握这些规则，并且将此作为学习茶道的目的。"千利休制定的茶道礼仪和规则，非常详细繁琐，从茶室建筑、茶具、烹点技法、服饰、动作乃至应对语言等方面，无不规定得很细致入微。甚至一碗茶要分几口喝完，何时可以提问，何时行何礼都规定得很详细。

"和、敬、清、寂"于日本茶道来说是礼节，更是通过茶获得心灵宁静的途径。

"和"，日本圣德太子《宪法十七条》第一条说："以和为贵，无杵为宗。"强调以和为

贵，上和下睦，事理自通，何事不成？这与中国《礼记》"喜怒哀乐之未发，谓之和。发而皆中节，谓之和。中也者，天下之大本也。和也者，天下之达道也。致中和天地位焉万物育焉。"的含义是一样的。

"敬"，日本圣德太子《宪法十七条》第二条说："笃敬三宝。三宝者一佛法僧也。即四生之终归，万国之极宗也。何世何人莫不贵是法耶"在饮茶时，要双方恭敬，进而敬奉一切事务，达到较高的人生境界。

"清"，饮茶时的环境就是清雅幽静，进入茶室的人，要保持这种清净之心，无杂念，少纷争，保持这种心境，才能排出污浊，清静人心。

"寂"，无烦恼无妄念的境界。用饮茶的过程，回归于无，遁离尘世，追觅安乐无念之境。

于日本茶道来说，茶境即是禅境。僧人千利休的高徒山上宗二在《山上宗二记》中说："茶汤风体，皆禅也。"日本饮茶从一开始就作为贵族、僧人的饮品，所以夹带了更多的礼仪内容，繁琐复杂，在民间很少流行。作为一种学习来的先进文化，他们恭敬谨慎地宣传保持着，所以普通下层民众参与较少，其形成的茶道主旨较少改变，使之一直保留至今。中国的饮茶文化和日本的茶道，虽有联系，但区别甚大，其相互之间的联系性也是少之又少了。

（二）韩国茶俗

韩国栽茶、制茶、饮茶技术都是从中国传入的，在中国的影响下开始认识到茶具有药效和保健功能，饮茶习俗与中国、日本有相似之处。开始是饮绿茶，后来饮用煎茶。非业务往来的客人多在家中接待，均用传统饮料茶和传统膳食招待。韩国的"茶道"与日本"茶道"可谓如出一辙，韩国"茶道"精神是"敬、和、俭、真"。"敬"是尊重别人，以礼待人；"和"是要求人们心地善良，和睦相处；"俭"是俭朴廉政俭德精神；"真"是真诚相待，为人正派。

（三）东南亚的肉骨茶

到了东南亚的华人聚集区，一定要吃一次肉骨茶。肉骨茶，实际上就是边吃猪排骨边饮茶。肉骨选用上等的包着厚厚瘦肉的新鲜排骨，然后加入各种作料，炖得烂烂的，有的还加入各种滋补身体的名贵药材。也有用猪蹄、牛肉或鸡肉的。烧制时，肉骨先用作料进行烹调，文火炖熟。有的还会放上党参、枸杞、熟地等滋补名贵药材，使肉骨变得更加清香味美，而且能补气生血，富有营养。在吃肉骨的同时，必须饮茶，显得别具风味。"茶"字上学问也很多，其一，必须是福建特产的乌龙茶，如大红袍、铁观音之类；其二，茶具须是一套精巧的陶瓷茶壶和小盅；其三，要有"功夫"，每桌旁边有一壶烧开的水，头遍冲水要倒掉，称为"洗茶"，第二遍才敬客；斟茶时要不起泡沫。大家围在桌旁品尝，有说有笑，有时饮这么一次茶竟要花半天工夫，所以也称"工夫茶"。在新加坡、马来西亚以及中国的香港特别行政区等地的一些超市内，都可买到适合自己口味的肉骨茶配料。

（四）马来西亚的拉茶

奶茶最初由印度移民带到马来西亚（时称马来亚），马来西亚人发现将茶与奶混合后，用拉这个动作可以获得更为香浓丝滑的味道。拉茶，用料与奶茶差不多。调制拉茶的师傅在配制好料后，即用两个杯子像玩魔术一般，将奶茶倒过来、倒过去，由于两个杯子的距离较远，看上去好像白色的奶茶被拉长了似的，成了一条白色的粗线，十分有趣，因此为被称为

"拉茶"。拉好的奶茶像啤酒一样充满了泡沫，喝下去十分舒服。

（五）缅甸"怪味茶"

缅甸人爱喝一种怪味茶，说怪是因为它的制法和味道特殊。首先将茶叶泡开，然后与黄豆粉、洋葱末、虾米松、酱油和炒熟的辣椒粉拌匀后饮用，有时还要放点盐。此茶辣、涩、腥、甘、咸五味俱全。缅甸人喝得津津有味，别人只好叹为观止了。

二、南亚茶俗

（一）印度茶俗

19世纪，茶叶贸易的丰厚利润以及中国茶叶的垄断地位，促使西方人开拓中国之外的茶叶产区，当时还是英国殖民地的印度成为首选之地。

今天风靡世界的大吉岭红茶，种植的历史还不到二百年。印度是中国的邻国，两国自古就有贸易往来，中国的饮茶习俗传到印度，比印度茶叶种植要早得多。

1824年，一个英国军官在印度阿萨姆发现了野生茶树，这大大坚定了英国人在印度开创茶产业的决心。十多年后，第一批产自阿萨姆的八箱茶叶运到伦敦，但当年阿萨姆生茶的质量未能赢得英国人的信任，英国人主流的意见还是倾向于从中国获得茶种和技术。

印度真正生产茶叶的历史还不到二百年，但它却一度超过中国成为世界第一大茶叶出口大国。最初印度所产茶叶几乎全部运抵英国，直到某一天，印度茶多到英国人根本喝不完，于是英国人鼓励印度人养成喝茶的习惯，在此之前印度人喜欢糖和牛奶，印度最流行的饮料就变成了奶茶。今天印度出产的茶70%被印度人自己喝掉了，几乎每一个街角都会有一个茶摊。

印度人好喝奶茶，也爱喝一种加入姜或小豆蔻的"萨马拉茶"。此茶的制作简单，但是喝茶的方式却颇为奇特，茶汤制好后，不是斟入茶碗或茶杯里，而是斟入盘子里，不是用嘴去喝，也不是用吸管吸饮，而是伸出舌头去舔饮，故当地人称为"舔茶"。另外，绝不用左手递送茶具，因为左手是用来洗澡和上厕所的。

（二）巴基斯坦茶俗

巴基斯坦大多习惯于饮红茶，普遍爱好的是牛奶红茶。一般早、中、晚饭后各一次，有的甚至达到5次。大多采用茶炊烹煮法，即先将壶中水煮沸，尔后放上红茶，再烹煮3~5min，随即用过滤器滤去茶渣，然后将茶汤注入茶杯，再加上牛奶和糖调匀即饮，另外，也有少数不加牛奶而代之以柠檬片的，又叫柠檬红茶。在巴基斯坦的西北高地以及靠近阿富汗边境的牧民，也有爱饮绿茶的。饮绿茶时多配以白糖并加几粒小豆蔻，以增加清凉味。巴基斯坦人待客多数习惯用牛奶红茶而且还伴有夹心饼干、蛋糕等点心，大有中国广州早茶"一盅两件"之风味。

在号称"奶茶王国"的巴基斯坦，茶馆也是比比皆是。每天早上，大多数巴基斯坦人都要喝杯奶茶。这种奶茶是用茶叶（多是红茶）加水煮浓后，取出茶叶，倒入鲜奶和糖制成的。

三、俄罗斯、东欧及中亚茶俗

（一）俄罗斯茶俗

俄国人对茶叶的热爱由来已久，中俄两国穿越西伯利亚绵延万里的茶叶之路从18世纪中叶开始成为世界上最活跃的贸易路线之一。遥远的旅程使茶叶在俄国成为极其昂贵的商品，

将茶叶移植到触手可及的地方是俄国人的梦想。黑海沿岸的格鲁吉亚因为气候较为温暖，成为首选之地。

俄罗斯及东欧诸国是从17世纪开始传入中国饮茶法，到17世纪后期，饮茶之风已普及到各个阶层。19世纪，俄国茶俗、茶礼、茶会的文学作品也一再出现。如普希金就曾记述俄国"乡间茶会"的情形。还有些作家记载了贵族们的茶仪。俄罗斯上层社会饮茶是十分考究的。有十分漂亮的茶具，茶炊叫"沙玛瓦特"，是相当精致的银制品。茶碟也很别致，俄罗斯人习惯将茶倒入茶碟再放到嘴边。玻璃杯也很多。有些人家则喜欢中国的陶瓷茶具。茶壶式样与中国壶相仿，壶身上的花纹亦为中国式人物、树木花草，但壶身有欧洲特色，瘦劲、高身，流线形纹路带有金道，是典型的中西合璧的作品，虽不十分精致，但很能说明中西文化交融的历史。俄罗斯上层饮茶礼仪也很讲究。这种茶仪绝不同于普希金笔下的"乡间茶会"那样悠闲自在，而是相当拘谨，有许多浮华做作的礼仪。但这些礼仪，无疑对俄罗斯人产生了重大影响，俄罗斯民族一向以"礼仪之邦"而自豪，他们学习欧洲其他国家贵族们的派头，也对中国的茶礼、茶仪十分有兴趣。所以在俄罗斯"茶"字成了许多文物的代名词。有些经济、文化活动中也用"茶"字，如给小费便叫"给茶钱"。许多家庭也同样有来客敬茶的习惯。去俄罗斯旅行，列车上还会以茶奉客。

俄罗斯人调煮红茶时用的俄式茶炊，做工精细，造型别致。这套茶炊包括炭炉、烟道、容器、壶、杯、碟、盘等，不下十余种，而且烹制时，强调火候调节与冲泡技巧，给人以温馨、浪漫的感觉。

（二）格鲁吉亚茶俗

格鲁吉亚位于亚洲西部高加索地区，1991年苏联解体后，格鲁吉亚成为一个独立的国家。苏联之前它属于沙皇俄国的版图，今天已经很少有人知道这里曾是重要的茶叶产区，当时苏联消费的茶叶80%来自格鲁吉亚。

格鲁吉亚的烹茶方式近似欧洲，但又不完全与欧洲相同。格鲁吉亚式饮茶属清饮系统，但做法有点类似中国云南的烤茶。这种泡茶法需用金属壶，饮茶时先把壶放在火上烤至100℃以上，然后按每杯水一匙半左右的用量将茶叶先投放炙热的壶底，随后倒温开水冲泡几分钟，一壶香茶便冲好了。这种泡法要求色、香、味俱佳，不但要看着红艳可爱，而且在烹调时闻得幽香，还要在倒水冲茶时发出噼啪的爆响。所以，要求在炙壶的火候、操作的方法上都十分精巧熟练方能取得最佳效果。这在俄罗斯亚洲地区一些民族中很流行。

（三）东欧茶俗

东欧国家习惯上以饮红茶为主。饮红茶时，多崇尚牛奶红茶和柠檬红茶，即以红茶为主料，用沸水在壶中冲泡或烹煮，再与糖、牛奶或糖、柠檬为伍。当然也有清饮红茶的。

近年来，东欧国家对乌龙茶和绿茶的消费也开始上升，认为从营养和保健而言，绿茶优于红茶，因此，绿茶已受到关注。1999年还在捷克开张了第一家茶馆。在茶的消费大国俄罗斯，普遍爱好的是红茶，其次是绿茶和砖茶。近年来流行乌龙茶，其饮茶方式依人们的生活习惯和茶的品类不同，大致分为西方式和民族式。西方式饮的是牛奶红茶或柠檬红茶；民族式饮的是砖茶，它类似中国少数民族饮用砖茶风俗。烹煮时，先将砖茶打碎，投入壶中加热煮沸，再兑入牛奶、香料、盐、糖等作料，旋即续煮，重新煮沸，待茶香溢出，即滤去茶渣，入杯饮用。另有一种清饮法，主要在饮绿茶时应用，介于西方式和民族式之间，多用茶壶冲泡，少数也有酌情加糖后再饮的。

（四）土耳其茶俗

土耳其人喜欢喝红茶，不少土耳其人早上一起床，首先是一壶茶，然后才洗脸、刷牙、吃早饭。土耳其人煮茶很有风趣。他们使用一大一小两个茶壶，煮茶时，大的茶壶盛满水放在炉子上，小的茶壶装上茶叶放在大壶上面。等水煮开时，把大壶里的开水冲入小壶里的茶叶中，然后再煮上片刻。最后把小壶里的茶，根据每个人所需的浓淡程度，多少不均地倒入小玻璃杯里，再把大壶里的开水冲到小杯里，加上一些白糖，搅拌数下便可以喝了。

土耳其人往往喜欢夸奖自己煮茶的功夫。茶煮得恰到好处时，色泽透明，香味扑鼻，饮时可口。相反，没有掌握好火候时，茶呈暗黑色，喝起来就不醇香。

到土耳其没喝过苹果茶就如同没到过土耳其一样。土耳其人好客热情，请喝茶更是他们的一种传统习俗。主人们热情地提供土耳其茶、土耳其咖啡或是苹果茶。土耳其茶喝起来较苦，虽然茶味较浓，却是那么讨喜。土耳其咖啡香郁扑鼻，然而浓得化不开感觉并不是每个初尝者都可以接受的。只有土耳其盛产的苹果茶，可以说是老少咸宜，男女皆爱。酸酸甜甜的苹果茶，浓浓的苹果味加上茶香，尤其是在透着清寒的秋日喝来格外的舒爽。

（五）阿富汗茶俗

阿富汗人嗜好喝茶。一般地说，城里人爱喝红茶，乡下人爱喝绿茶。一些生活贫困的人，宁可在其他方面少花钱，也要喝上几杯清茶。所以，无论在城市或农村，随处都可见到挤满茶客的小茶馆或茶棚，在显眼的地方，都放有熬茶用的大铜壶。他们认为，不论红茶还是绿茶，都需要放入铜壶中煮，喝时再加糖，味道就更好了。

阿富汗人认为"中国茶叶世界第一"，他们最爱用中国茶叶。在阿富汗，茶馆到处可见，人们以茶代酒，无论生活多么困苦，每天也要喝几杯清茶。

四、西欧茶俗

（一）英国茶俗

英王查理二世（1630—1685年）于1662年与葡萄牙公主凯瑟琳联姻。凯瑟琳出身于葡萄牙的布拉干萨家庭，她出嫁时带着丰厚的嫁妆入英，包括殖民地孟买港和一箱价值不菲的中国红茶，她把喝茶当作一种宫廷乐趣，饮茶之风便从宫廷传播开来，也是茶叶进入英国的标志性事件。不久，英国朝廷大臣、贵族、社会名流纷纷效仿，天长日久，喝茶的风气逐渐遍及全英国。今天，饮茶不仅是英国人所喜爱的消遣方式，而且是一项重要的生意，英国有许多茶叶公司。

茶是英国据说是最流行的饮料之一，将近一半的人口喜欢饮茶。人们普遍认为茶能医治百病，有的人竟到了饭可以不吃，茶不可不喝的地步。一位英国剧作家曾经说过："有茶就有希望"。喝茶在英国已成为一种习惯，一种风俗。茶的重要性也体现在英国人的语言——英语中，并逐渐融入英国文化中。英语中也出现了许多与茶（tea）有关的短语，如：sb's cup of tea（某人的一杯茶），指"正合口味，正中下怀"。英语中也产生许多与tea有关的词组，如：tea cup（茶杯），tea caddy（茶筒），tea pot（茶市），tea tray（茶盘），teapoy（茶几），tea garden（茶园），tea cake（当茶点用的一种饼子），tea dealer（茶商）。英国人喝茶比较定时，不像中国人那样随时随地都可以喝茶。英国人习惯于三餐两茶。每天，人们工作、学习一段时间后，需要停下来休息一刻钟左右，喝杯茶，吃点东西，这段时间叫 Tea break（茶休），茶休一般为一天两次：Morning tea（上午茶）和 Afternoon tea（下午茶）。上午茶一般在10点半左右，下午茶一般在下午四五点钟时喝下午茶的习惯源于英国18世纪

的一位女公爵，她每天在午餐和晚餐之间总感到有点饿，于是就在每天下午 4 点到 5 点之间喝点茶，吃点儿点心、三明治等，这种饮食法很快在英国盛行起来，成为今天的 Afternoon tea。

茶休在英国是"雷打不动"的休息时间，这在别的西方国家是没有的。英国人喝茶与中国人不同。中国人大多喜欢喝清茶，即不往茶里加任何东西；而在英国，人们主要喝奶茶和什锦茶，他们常在茶里掺入橘子、玫瑰等佐料。据说茶中加了味，就会使易于伤胃的茶叶碱减少，更能发挥茶的健身作用。冲奶茶时，先在茶里放少许牛奶，再放热开水。有的英国人还喜欢在奶茶中加点儿糖，当然要不要加糖、加多少糖完全凭个人的喜好而定。冲什锦茶时，在清茶里加些柠檬汁、橘子、玫瑰等作料，但不能同时在茶里又加奶又加柠檬汁。讲究礼仪的英国绅士认为，英国人在小饭馆或快餐店边吃饭边喝茶是不文雅的，他们认为吃饭时不能喝茶。英国一些家庭喜欢在周末下午请朋友共享茶点，举行个小小的 Tea party（茶会）。这种非正式的茶会，少则二三人，多则数十人。一般家庭都备有茶叶、茶具、茶点。下午茶一定要浓，主人在厨房将茶和各色点心准备好后，用茶车（Tea wagon）推入客厅或户外，供客人享用，客人们边品茶，边聊天，情尽在茶中。

（二）德国茶俗

德国人也喜欢饮茶。德国人饮茶，有些既叫人笑又叫人爱的地方。比如，德国也产花茶，但不是我国用茉莉花、玉兰花或米兰花等制成的茶叶，他们所谓的"花茶"，是用各种花瓣加上苹果、山楂等果干制成的，里面一片茶叶也没有，真正是"有花无茶"。中国花茶讲究花味之香远；德国花茶追求花瓣之真实。德国花茶饮时需放糖，不然因花香太盛，有股涩酸味。德国人也买中国茶叶，但居家饮茶是用沸水将放在细密的金属筛子上的茶叶不断地冲，冲下的茶水通过安装于筛子下的漏斗流到茶壶内，之后再将茶叶倒掉。有中国人到德国人家做客，发觉其茶味淡颜色也浅，一问，才知德国人独具特色的"冲茶"习惯。

五、非洲茶俗

（一）毛里塔尼亚茶俗

毛里塔尼亚是一个以畜牧业为主的国家，全国领土 2/3 的地区是沙漠，因此素有"沙漠之国"之称。干旱酷热的沙漠气候及其以牛羊肉为主食的生活习惯，使毛里塔尼亚人对茶叶有特别的爱好。他们喜欢喝茶，煮茶、喝茶的方法也别具一格，一般是将茶叶放入小瓷壶或小铜壶里煮饮，煮毕，加入白糖和鲜薄荷叶，然后将茶汁注入酒杯大小的玻璃杯内，茶汁色如咖啡，茶味香甜醇厚，带有薄荷的清凉味，食后许久，茶香和薄荷香还留在咽喉里。毛里塔尼亚人饮茶一般每日三次，每次三杯，逢节日或休息在家，饮茶的次数可多达十次以上。

（二）埃及茶俗

埃及人喜欢喝浓厚醇洌的红茶，不喜欢在茶汤中加牛奶，喜欢加蔗糖。埃及糖茶的制作比较简单，将茶叶放入茶杯用沸水冲沏后，杯子里再加上许多白糖，其比例是一杯茶要加 2/3 容积的白糖，让它充分溶化后，便可以喝了。茶水入嘴后，有黏黏糊糊的感觉，可知糖的浓度有多高了，一般人喝上二三杯后，甜腻得连饭也不想吃了。埃及人从早到晚都喝茶，无论朋友谈心，还是社交集会，都要沏茶，糖茶是埃及人待客的最佳饮料。

（三）利比亚茶俗

利比亚全境 95％的地区是沙漠和半沙漠。绝大多数居民信仰伊斯兰教。利比亚人嗜好饮茶，尤其偏爱绿茶。宾客入室，先以茶或其他饮料招待，主人向客人敬的茶是先在茶叶中配一定量的水，加入新鲜薄荷叶或其他香料，煮好后倒入备好的茶壶里，加入糖，使茶、糖、薄荷溶为一体，香浓味甜，然后斟入茶杯敬给客人，饮后精神清爽。利比亚人把绿色当作生命的突出色彩，不允许受到丝毫侵害。平时互送礼物，切不可是酒烟之类，以免引起主人的不愉快，如果送上一包优质绿茶，主人会如获至宝。

第八章
茶艺基础知识

　　茶艺是研究如何泡好一壶茶的技艺和如何享受一杯茶的艺术，"艺"是指制茶、烹茶、品茶等艺茶之术，即将茶的相关知识艺术化地再现。它是茶文化的外在表现形式，通过茶艺活动，能让茶叶品质之美得到充分体现，也能让茶中蕴含的历史、文化、艺术、哲学等方面的内涵得以表达，一个好的茶艺作品能带来震撼人心的力量。茶艺是一种动态与静态相结合的艺术，它文质并重，意境幽远，生动活泼，优美清雅，是一门综合艺术。因此，要练习好茶艺，不仅要懂得茶自然学科方面的知识，还要练得一定的泡茶技巧，注意相关的礼仪、姿态、语言等方面要素，以茶人之姿去科学、艺术地泡茶，使观赏者得到来自自然、人文、艺术方面的综合享受。

第一节　习茶基本要求

　　作为一名茶艺师或一位习茶者，首先要从仪表、服饰、姿态、礼仪、动作、语言、文学艺术素养等各方面加以注意和修炼。茶艺师在台上表演，其容貌要适当修饰，与茶文化所表达的传统之美相契合；其服饰要与所营造的氛围及所表演的茶艺类型相匹配；其姿态要优雅稳重、潇洒自如；其动作要如行云流水；其礼仪温文尔雅；其心态要平和从容，这样才能让欣赏者感受到茶艺之美、感受到一杯茶中所承载的文化与艺术。而作为一名爱茶人、习茶者也应当以这些要求自己，在生活茶艺中不断实践，日日躬行则会逐渐改变自己的气质，成为一位名副其实的茶人。

一、习茶之仪表要求

　　作为一名茶艺师或习茶者，首先要有一定的仪表美。力求以下方面要求自己。一是整洁大方、无异味。茶乃至清至洁之物，需要洁净的环境与氛围，作为一个泡茶者，首先自己要做到勤洗澡、勤换衣，以干净、清爽的状态去泡茶。二是发型要求前发不附额、侧发不掩耳、后发不及领；不染发，不留怪异发型；茶艺之美表达的是一种传统之美，温婉端庄的形象与茶的气质最为合适。所以茶艺师最好是黑色直发，不建议染发烫发。三是适当修饰仪表，茶艺师可适当修饰仪表，化淡妆，忌浓妆艳抹；一般不配戴金银饰品（除玉镯外）；不洒香水，以恬静素雅的面貌出现最为合适。四是注意不留长指甲，不涂指甲油，能有纤纤素手则更好。最后，茶艺师还要有良好的面部表情，做到目光热情、坦诚，充满自信，面露微笑，给人如沐春风的感觉。

二、习茶之服饰要求

服饰能反映人们的地位、文化水平、文化品位、审美意识、修养程度和生活态度等。茶艺师、习茶者身穿合适的服装能方便其泡茶过程中进行各种动作，此外，在表演时能更充分表现茶艺主题和烘托气氛。近年来，随着茶文化活动的开展，甚至出现了专门的茶人服，茶人服一般多采用棉麻质地的面料，以简约的理念设计，色系清素、式样典雅，充分吸收中国汉服、唐装之美，既适于茶人们悠游自在的茶事着装风格，也适于现代人自然、素朴而个性突出的日常着装，充分体现出中国人文精神中独有的中和之美，承袭了古时人们的悠游心态和旷达志趣，是习茶者或茶艺师不错的选择。但在设计一套主题茶艺或在舞台表演时，茶艺师的服装还需遵循以下原则。

（一）举止大方忌庸俗

虽是舞台艺术，但忌选择夸张、色彩太过艳丽的服饰，尤忌过分杂乱、鲜艳、暴露、透视、短小和紧身的服饰。一般以选择旗袍、唐装等服饰为宜。

（二）衬托表演主题

服饰要为所表达的主题服务，如"唐代宫廷茶礼"表演，服饰应该是唐代宫廷服饰，"白族三道茶"表演，应着白族的民族服装；"禅茶"表演则以禅衣为宜等。

（三）注重细节

服装穿着平整，纽扣要扣好，口袋里不要放东西，否则鼓鼓囊囊影响美观。其次，服装还要注意与发型、配饰、鞋子等物品相搭配，要符合时代特征，要符合一定的事实原则。

三、习茶之姿态要求

姿态是身体呈现的样子。从中国传统的审美角度来看，人们推崇姿态的美高于容貌之美。茶艺表演中的姿态也比容貌重要，需要从坐、立、跪、行等几种基本姿势练起。要做到"坐如钟，站如松，行如风"。

（一）坐姿

坐在椅子或凳子上，必须端坐中央，使身体重心居中，否则会因坐在边沿使椅（凳）子翻倒而失态；双腿膝盖至脚踝并拢，上身挺直，双肩放松；头上顶，下颌微敛，舌抵下颚，鼻尖对肚脐；女性双手搭放在双腿中间，右手放在左手上，男性双手可分搭于左右两腿侧上方。全身放松，思想安定、集中，姿态自然、美观，切忌两腿分开或跷二郎腿还不停抖动、双手搓动或交叉放于胸前、弯腰弓背、低头等。

若坐在沙发上，由于沙发离地较低，端坐使人不适，则女性可正坐，两腿并拢偏向一侧斜伸（坐一段时间累了可换另一侧），双手仍搭在两腿中间；男性可将双手搭在扶手上，两腿可架成二郎腿但不能抖动，且双脚下垂，不能将一腿横搁在另一腿上。

1. 跪坐

日本茶道中称跪坐为"正坐"。当前中国茶道也有这种习茶之姿。即双膝跪于座垫上，双脚背相搭着地，臀部坐在双脚上，腰挺直，双肩放松，向下微收，舌抵上颚，双手搭放于前，女性左手在下，男性反之。

2. 盘腿坐

除正坐外，可以盘腿坐，将双腿向内屈伸相盘，双手分搭于两膝，其他姿势同跪坐。此坐姿在禅茶表演或无我茶会时用到。

3. 单腿跪蹲

右膝与着地的脚呈直角相屈，右膝盖着地，脚尖点地，其余姿势同跪坐。客人坐的桌椅较矮或跪坐、盘腿坐时，主人奉茶则用此姿势。也可视桌椅的高度，采用单腿半蹲式，即左脚向前跨一步，膝微屈，右膝屈于左脚小腿肚上。

（二）站姿

站姿应该双脚并拢，身体挺直，头上顶下颌微收，眼平视，双肩放松。女性双手虎口交叉（右手在左手上），置于小腹上方。男性双脚与肩同宽站立分开，身体挺直，头稍微上昂，上颌微收，眼平视，双肩放松，双手交叉（左手在右手上）。

（三）行姿

女性可以将双手虎口相交叉，右手搭在左手上，放于小腹上方位置，以站姿作为准备。行走时移动双腿，跨步脚印为一直线，上身不可扭动摇摆，保持平稳，双肩放松，头上顶，下颌微收，两眼平视。男性以站姿为准备，行走时双臂随腿的移动可以身体两侧自由摆动，余同女性姿势。转弯时，向右转则右脚先行，反之亦然。出脚不对时可原地多走一步，待调整好后再直角转弯。如果到达客人面前为侧身状态，需转身，正面与客人相对，跨前两步进行各种茶道动作，当要回身走时，应面对客人先退后两步，再侧身转弯，以示对客人的尊敬。

四、习茶之礼仪要求

中国是礼仪之邦，古人认为礼仪是人们立身处世的根本，孔子曰："不学礼，无以立。"茶事活动中，礼仪应当贯穿于始终，宾主之间互敬互重，美观和谐。礼仪是一门综合性较强的行为科学，是指人们在相互交往中，为表示相互尊重、敬意、友好而约定俗成的、共同遵循的行为规范和交往程序。心灵美所包含的内心、精神、思想等均可从恭敬的言语和动作中体现出来。茶艺礼仪中，多采用含蓄、温文、谦逊、诚挚的礼仪动作，不主张太夸张的动作及言语客套。尽量用微笑、眼神、手势、姿势等示意。基本要求是动作自然协调，切忌生硬与随便。讲究调息静气，发乎内心，行礼轻柔又表达清晰。在茶艺表演或茶事活动中，常用到的礼仪有鞠躬礼、伸掌礼、扣指礼、点头礼与注目礼、握手礼、抱拳礼、合十礼（合掌礼）及寓意礼等。茶艺练习及生活茶艺中，应当时时注意这些礼仪的表达，才能融洽氛围，和谐关系，体现茶道中"敬"的精神。

（一）鞠躬礼

茶道表演开始和结束，主副泡时均要行鞠躬礼。鞠躬礼又分为站式和跪式两种，且根据鞠躬的弯腰程度可分为真、行、草三种。"真礼"用于主客之间，"行礼"用于客人之间，"草礼"用于说话前后。

1. 站式鞠躬

"真礼"以站姿为预备，然后将相搭的两手渐渐分开，贴着两大腿下滑，手指尖触至膝盖上沿为止，同时上半身由腰部起倾斜，头、背与腿呈近90°的弓形（切忌只低头不弯腰，或只弯腰不低头），略作停顿，表示对对方真诚的敬意，然后，慢慢直起上身，表示对对方连绵不断的敬意，同时手沿脚上提，恢复原来的站姿。鞠躬要与呼吸相配合，弯腰下倾时作吐气，身直起时作吸气，使人体背中线的督脉和脑中线的任脉进行小周天（小周天本意指地球自转一周，引申意义为内气在体内沿任、督二脉循环一周）的循环。行礼时的速度要尽量与别人保持一致，以免尴尬。"行礼"要领与"真礼"同，仅双手至大腿中部即行，头、背与腿约呈120°的弓形。"草礼"只需将身体向前稍作倾斜，两手搭在大腿根部即可，头、背与腿约呈150°的弓形，余同"真礼"。

2. 跪式鞠躬

"真礼"以跪坐姿为预备，背、颈部保持平直，上半身向前倾斜，同时双手从膝上渐渐滑下，全手掌着地，两手指尖斜相对，身体倾至胸部与膝间只剩一个拳头的空档（切忌只低头不弯腰或只弯腰不低头），身体呈45°前倾，稍作停顿，慢慢直起上身。同样，行礼时动作要与呼吸相配，弯腰时吐气，直身时吸气，速度与他人保持一致。"行礼"方法与"真礼"相似，但两手仅前半掌着地（第二手指关节以上着地即可），身体约呈55°前倾；行"草礼"时仅两手手指着地，身体约呈65°前倾。

（二）伸掌礼

伸掌礼是茶艺表演中用得最多的示意礼。当主泡与助泡之间协同配合时，主人向客人敬奉各种物品时都简用此礼，表示的意思为："请"和"谢谢"。当两人相对时，可伸右手掌对答表示，若侧对时，右侧方伸右掌，左侧方伸左掌对答表示。伸掌姿势就是：四指并拢，虎口分开，手掌略向内凹，侧斜之掌伸于敬奉的物品旁，同时欠身点头，动作要一气呵成。

（三）叩指礼

叩指礼即以手指轻轻叩击茶桌2~3下以示行礼。相传清代乾隆皇帝微服访江南时，有一次乾隆皇帝装扮成仆人，而太监周日清装扮成主人到茶馆去喝茶。乾隆为周日清斟茶、奉茶，周日清诚惶诚恐，想跪下谢主隆恩又怕暴露身份引起不测，在情急之中周日清急中生智，马上用右手食指和中指并拢，指关节弯曲，在桌上作跪拜状轻轻叩击，以后这一礼节便在民间广为流传。目前，按照不成文的习俗，长辈或领导给晚辈或下级斟茶时，晚辈或下级必须用双手指行叩手礼；晚辈或下级为长辈或领导斟茶时，长辈或领导只需用单指行叩手礼。

（四）注目礼和点头礼

注目礼：用眼睛庄重而专注地看着对方；点头礼：向对方点头致意。以上两个礼节一般在向客人敬茶或奉上物品时联合应用；或者在主泡与助泡之间相互帮助和交流时用。

（五）抱拳礼

茶艺表演中，抱拳礼一般为男士表演时用，或在特定的茶艺表演如四川长嘴壶茶艺表演中也常用到。其动作要领为：双臂呈圆弧形提于胸前，右手握成空心拳，左手抱住右手，并向前从胸前往前。

（六）合十礼

合十礼又称"合掌礼"，原是古印度的一种礼仪，后各国佛教徒沿用为日常普通礼节。行礼时，双掌合于胸前，十指并拢，以示虔诚和尊敬。在一些禅茶茶艺中或无我茶会中会用到此礼。

（七）握手礼

握手礼是一种常见的、应用广泛的礼仪，常表示欢迎、再见、感谢之意。在茶事活动中，见面寒暄或道别或认识时会用到此礼。握手礼虽是一种常见的礼节，但有许多值得注意的地方：一是握手的时间，时间不要过短也不要太长，过短则给人冷漠感，过长则又热情过度，所以3~5秒的时间较为合适。二是握手的力度，与人握手时，稍用力，会给人一种非常热情的感觉。三是握手礼还讲究一定的顺序，应为尊者居先，地位高的人先伸手；女士先伸手，男士才伸手。但特殊情况下，如主人与客人之间的握手分两种不同的场合，客人刚到时，主人应先伸手，表示对客人的欢迎，客人离开时，客人先伸手，表示感谢。四是行握手礼时还有一定忌讳，如用左手与人握手；握手时戴墨镜或戴帽子；戴手套与人握手；与异性初次见面时用双手握等。

（八）寓意礼

茶道活动中，自古以来在民间逐步形成了不少带有寓意的礼节。①冲泡时的"凤凰三点头"，即手提水壶高冲低斟反复三次，寓意是向客人三鞠躬以示欢迎；②茶壶放置时壶嘴不能正对客人，否则表示请客人离开；③回转斟水、斟茶、烫壶等动作，右手必须逆时针方向回转，左手则以顺时针方向回转，表示招手"来！来！来！"的意思，欢迎客人来观看，若相反方向操作，则表示挥手"去！去！去！"的意思；④有杯柄的茶杯在奉茶时要将杯柄放置在客人的右手面，所敬茶点要考虑取食方便；⑤斟茶时只能斟七分满，"酒满敬人，茶满欺人"。

了解了各种礼仪后，我们还要好好使用这些礼仪，在茶事活动中，茶艺礼仪的使用可遵循以下原则：①遵守与自律的原则：茶事活动中，每一位参与者都必须自觉遵守礼仪，用礼仪规范自己的言行举止，还要自我要求，自我约束。②敬人与宽容的原则：不可失敬于人，不可伤害他人尊严，更不能侮辱对方人格，敬人之心长存；在茶事活动中既要严于律己，更要宽以待人。更多地容忍他人，不要求全责备。③平等与从俗的原则：对任何参与茶事活动的对象都必须一视同仁，给予同等程度的礼遇，体现"在茶面前人人平等"的原则；必须坚持入乡随俗，与绝大多数人的习惯做法保持一致，不可自以为是。④真诚与适度的原则：言行一致，表里如一，表现出对交往对象的尊敬与友好，注意技巧与规范，把握分寸，认真得体，不卑不亢。

五、习茶之动作要求

茶艺表演时，有一定的动作规范，通过这些动作规范，不仅可以表现行为艺术的美感，而且有助于提升心灵的力量，表演时茶艺师举止雍容，自然令人大去浮躁之心。茶艺表演中基本动作的设定包含一定的科学性与行为美，茶艺动作一方面表达一定的传统文化内涵，另一方面也是为使茶叶冲泡更为合理，其次，茶艺动作的表达使人感觉冲泡者气定神闲、进退有度；观看者能处处会心、如沐春风。

我国较早从事茶艺研究的童启庆教授提出，茶艺动作做到六个字，即"轻盈、连绵、圆融"，"轻盈"是指每个动作熟练轻盈，不涩不滞，准确到位，举重若轻；"连绵"指整套动作流畅自然，连绵不断，犹如行云流水一般；"圆融"指整个茶事过程气定神足，身心合一，茶韵得以呈现。因此，茶艺表演时动作要求如下：①要规范；②要流畅，有如行云流水般；③要轻柔，茶具要轻拿轻放；运行轨迹要是圆弧形，且有高低起伏；手腕活动要灵活；④要具节奏感。

六、习茶之语言要求

茶艺表演或茶事活动中，语言的表达是必不可少的，尤其是在茶艺表演时，恰如其分的解说语能带领观看者进入情境，充分理解茶艺所表达的内涵与文化，有助于表演者与观看者沟通，达到共鸣。茶艺解说语其基本要求与一般的解说语相同，如要使用普通话，注意语音、语调的表达等，同时，茶艺解说时其表达一定要与现场表演的节奏相配合、注重茶艺意境的体现，此外语气一般较轻柔、缓慢。在平常的茶事服务及活动中，茶艺师们则要做到文明用语，常用的问候语"您好"，请求语"请"，感谢语"谢谢"，抱歉语"对不起"，道别语"再见"等。归纳起来，在茶事服务中，应有待客"五声"，即宾客到来时有问候声，落座时有招呼声，得到协助和表扬时有致谢声，麻烦宾客或工作中有失误时有致歉声，宾客离别时有道别声。同时要杜绝"四语"，即不尊重宾客的蔑视语、缺乏耐心的烦躁语、不文明的口头语、自以为是或刁难他人的斗气语。

七、习茶之风度要求

风度，泛指美好的举止姿态。一个人的仪表美仅仅是静态的美，而风度则是一种动态的美，更具感染力。习茶之人，举手投足之间，应有茶人的一种风度，传递一种神韵美。良好风度的养成，还需从以下方面注意：一是要有饱满的精神态度，二是诚恳的待人态度，三是健康的性格特征，四是幽默文雅的谈吐，五是得体的仪态和表情动作。

八、文学艺术素养

要成为一名优秀的茶艺师或习茶者，不仅对茶及茶文化知识要成竹于胸，不断沉淀与积累，同时还要加强其他文学艺术方面的修养。人们常说"茶通六艺，六艺助茶"，茶与其他文学艺术是相通的，经常有机地结合在一起，因此，习茶之外，还可学习一些乐器的演奏，如古筝、古琴、二胡、笛子等，此外，若有功底，还可练习书法、绘画等艺术，在古董及金石古玩的收藏与鉴赏方面积累一定知识，茶与其他文化紧密结合，则更能提高茶的品位。总的来说，作为一名茶艺师或习茶者，是茶文化的传播使者，应当具备众多的素质和能力，即要有端庄的仪容仪态、得体的言谈举止、扎实的专业知识、深厚的文化积淀、独到的审美素质、精湛的表演技能等，同时还要具备心灵美，即具有茶人的思想、情操、意志、道德和行为美，是人的"深层"的美，这种"深层"的美与仪表美、语言美等相和谐，才可造就出茶人完整的美，体现"廉、美、和、敬"的中国茶道思想。

第二节　冲泡技巧

泡好一杯茶是学茶者、爱茶人的一项基本功，一包茶叶在手，如何完美呈现其色、香、味是冲泡者应考虑的目标。茶叶产品丰富多彩，品质风格各异，因此，要泡好每一种茶，实则要有较高的技巧，但总的来说，泡茶无非要考虑到茶叶用量、水的温度、冲泡时间和次数等因素，通过调控这些因素来达到完美地泡好一杯茶的目的。当然，要做到得心应手，还需平时勤加练习，并在实际情况中加以灵活运用。

一、泡茶三要素及注意事项

（一）投茶量及茶叶品质

茶叶审评时，有一定的茶水比例，即 1：50，通常是 3g 茶用 150mL 的水来冲泡，审评时对茶汤的浓度有一定的要求，这样才能让评茶员正确地判断一款茶的色、香、味。日常泡茶中，也必须掌握合适的茶水比例，才能泡出适口的茶汤来，茶叶用量过少，则茶味寡淡，过多，则苦涩，因此，合适的投茶量是在泡茶时应考虑的问题。一般来讲，普通的红茶、绿茶、花茶是1g茶用60～70mL的水冲泡，而乌龙茶习惯浓饮，则是1g茶用20～30mL的水冲泡。此外，还应考虑茶叶品质，不同等级、不同加工工艺的茶，其用量应相应调整，实际应用中，应根据不同茶类、不同加工方法和茶叶等级而定，如揉捻重的茶叶用量少些，如碧螺春等，可1g茶冲70～80mL的水；揉捻轻的如安吉白茶、黄山毛峰等，可1g茶冲40～50mL的水。

（二）水的温度

泡茶水温以能充分激发茶的滋味、香气而不破坏茶叶营养成分为原则。泡茶的开水，一般采用现沸现泡，以刚刚达到100℃的开水泡茶最为适宜。但不同茶类，其泡茶水温应有不同。对于较细嫩的高档红茶、绿茶，宜用80～85℃的开水冲泡；乌龙茶不但需沸水冲泡，还需用沸水淋壶，可使茶香充分发挥。

（三）冲泡时间和次数

茶叶冲泡时间和次数与茶叶种类、泡茶水温、用茶数量和饮茶习惯都有关，一般的红、绿茶，冲泡3min即可；乌龙茶，冲泡时间宜短，第一泡泡45秒至1min，第二泡一分半钟，第三泡2min左右；细嫩名茶，一般2～3min即可。

二、泡茶的基本程序

现有的泡茶方法有杯泡、盖碗泡和壶泡，其基本程序如下。

1. 杯泡程序

备具，备茶，备水，赏茶，置茶，浸润泡，冲泡，奉茶，品茶，续水。

2. 盖碗泡程序

备具，备茶，备水，赏茶，置茶，浸润泡，冲泡，奉茶，品茶，续水。

3. 壶泡程序

备具，备茶，备水，温壶，赏茶，置茶，头泡，温杯，分茶，奉茶，品茶，二泡、三泡。

三、茶具摆放、取用原则

（一）茶具摆放的原则

摆放茶具时应遵循一定的原则，即：注意前后由低到高的层次感；左右对称的平衡感；移动茶具的线条美感；取用方便的实用性与科学性。摆放茶具时干湿要分开，如茶叶筒、茶荷等辅助茶具最好放在另一茶盘中，与茶壶、品茗杯和闻香杯分开。

（二）茶具取用的原则

茶具取用时应遵循的原则："轻"要轻拿轻放，体现茶人对茶具的珍爱；"准"取用或放回原处时要体现准字，在取用时，手依次到达待取用茶具的把持部位，不能犹豫不决，放回茶具时，一定要放回原处，不能多次挪动，更不准拖动；"稳"手要稳，不能左右摇晃。

四、各类茶的冲泡技巧

1. 绿茶冲泡技巧

绿茶是我国生产量最大的一类茶，也是大众消费较多的一类茶。我国绿茶生产历史悠久，形成许多形美质优的名优绿茶，其观赏性特别强，因此绿茶的冲泡一般宜选用玻璃茶具来冲泡，常用的可用玻璃杯或玻璃盖碗，冲泡后其汤色之美和形态之美便跃然眼前。大宗绿茶则也可选用盖碗或瓷壶冲泡。冲泡绿茶时一要注意水温的控制，水温宜低，易呈现绿茶的鲜爽，一般来讲80～95℃的温度较为合适。绿茶冲泡方法常用的有"上投法""中投法"及"下投法"，"上投法"指的是先水后茶，即先将水加到七成满，再投入茶叶，这种方式适合茸毫较多且紧结重实的茶叶，投入水中后，茶叶徐徐下沉，且茶汤不易浑浊。如碧螺春、信阳毛尖等茶适合此种方法冲泡。"下投法"则是先茶后水，即先放入茶叶，再将水加至七成满，此种方式适合自然舒展且揉捻较轻的茶叶，因其不易吸水下沉，故用此法，如安吉白茶、黄山毛峰、太平猴魁等。"中投法"则是先倒入1/2的水入杯中，再放茶叶，再把水加至七成满。这种方法适合介于两者之间的茶，若实在无法确定时，则可先试泡后再决定。

2.黄茶冲泡技巧

黄茶较之绿茶，滋味醇和些，茶具选配可参照绿茶，高档黄茶如君山银针、蒙顶黄芽、霍山黄芽等均由单芽加工制成，可用玻璃茶具冲泡，以便欣赏其茶芽树立在杯中如群笋出土、雀舌含珠的景象。沩山白毛尖、鹿苑毛尖、北港毛尖等是用1芽1叶或2叶的茶青加工而成，属于黄小茶类，也可用玻璃杯泡饮。而广东大叶青、霍山黄大茶、皖西黄大茶等均由1芽3叶或4叶、甚至1芽5叶的粗大新梢加工而成，其茶形外观不雅，且冲泡时要求水温较高，保温时间较长，所以宜用瓷壶冲泡后，斟入茶杯再饮。

3.红茶冲泡技巧

红茶是一种包容性较强的茶，不仅可以清饮还可以做调饮，常见的调饮方式有加入牛奶、玫瑰花、蜂蜜、柠檬等。冲泡红茶时，一般选用成套瓷质茶具，如白底红花瓷、红釉瓷、白瓷或紫砂。茶杯内壁以白色为佳，便于欣赏茶汤色泽。冲泡红茶的温度一般在90～95℃。

4. 黑茶冲泡技巧

冲泡黑茶常可选用紫砂茶具或盖碗，黑茶为后发酵茶，在温润泡时，通常要泡1～3次，即冲入开水后迅速将温润泡之茶汤倒入公道杯中，观察色泽及透明度，若浑浊不透明，则将此泡弃之不用。

(1) 湖南黑茶的冲泡方法

冲泡湖南黑茶宜选择粗犷、大气的茶具。一般用厚壁紫砂壶、陶壶或如意杯冲泡；公道杯以透明玻璃器皿为佳，便于观赏汤色。水温要高，一般用100℃沸水冲泡；也可用沸水润茶后，再用冷水煮沸其滋味更佳。高档砖茶及三尖茶茶水比为1：30左右，粗老砖茶1：20左右。冲泡黑茶时，较嫩的茶多透少闷，粗老茶则多闷少透，粗老茶也可煮饮。根据冲泡器具的不同，又可分为：①功夫泡饮法：取茶为茶壶的2/5左右，用功夫茶具，按功夫茶泡饮方式冲泡饮用。②用如意杯或有盖紫砂壶，取茶5g先用沸水润茶，再加盖浸泡1～2min后即可饮用（可多次加水冲泡）。③传统煮饮法：取茶10～15g（6～8人饮用），用沸水润茶后，再用冷水煮沸，停火滤茶后，分而热饮之。④奶茶饮法：按传统方法煮好茶汤后，按奶、茶汤1：5的比例调制，然后加适量盐，即调成具有西域特色的奶茶，橙红的茶汤与白色的奶充分混合后呈现粉红色，十分漂亮。⑤冷饮法：按杯泡法或煮饮法滤好茶汤后，将茶汤放入冰箱冰镇后饮用，是夏天消暑解渴的佳品。

(2) 普洱茶的冲泡方法

普洱茶冲泡置茶量：茶水比例为（1g：50g），或置茶量为容器容量的2/5左右。或者根据泡茶的器皿和品茗人数的多少而定。如用盖碗冲泡，小盖碗一般为3～5g/3～5人，而若用大盖碗泡则5～10g/5～8人。另外，还应先辨别泡的是紧压茶还是散茶，一般散茶可多投一点，而紧压茶投茶量上可相对略少一点。现在市场上的普洱茶一般茶饼、茶砖等紧压茶居多，所以在泡这类茶的时候要先用茶锥或者茶刀撬成小块，然后可以用紫砂罐放好备用，也可以喝的时候再撬开。

普洱茶叶浸泡时间：视茶叶的情况而不同，一般紧压茶可以稍短些，散茶可以稍长些，投茶量多可以稍短些，投茶量少可以稍长些，刚开始泡可以稍短些，泡久了可以稍长些。也可以根据个人口感而定，常喝浓茶重口感的可多泡一会；反则缩短；另外还可根据水温和冲泡次数而定，水温太高，可缩短浸泡时间，而头几泡一般快冲快泡，后面则可随着冲泡次数的增加而延长冲泡的时间，方可泡出普洱佳味！

普洱冲泡器具选择：①紫砂壶（最佳），由于普洱茶适宜用高温来唤醒茶叶及浸出茶容物，而紫砂壶内部有气孔，所以具有良好的透气性好且保温性好，泡茶不走味，能较好地保存普洱茶的香气和陈味，故选用紫砂壶冲泡为最佳。②盖碗（最常用），由于盖碗不吸味，可泡出茶的真实口感，而且清雅的风格最能反映出普洱茶色彩的美，可以自由地欣赏普洱茶汤的色泽变化，故盖碗为现代茶艺最常用的冲泡器皿，但用盖碗需要多些技巧，否则很烫手。

（3）广西六堡茶冲泡方法

同为黑茶，六堡茶跟普洱茶的冲泡方式大致相同，茶具的选择紫砂、陶瓷为宜，冲泡的水温也是开水为佳。冲泡六堡茶需要选择腹大的紫砂壶，因为六堡茶的浓度高，用腹大的茶壶冲泡，较能避免茶泡得过浓的问题，材质最好是陶壶或紫砂壶。冲泡时，茶叶份量约占壶身的1/5。若是六堡茶砖茶，则需要拨开后，置放约2周后再冲泡，味道较佳。六堡茶可续冲20次以上，因为六堡茶有耐泡的特性，所以冲泡20次以后的六堡茶，还可以用煮茶的方式做最后的利用。由于六堡茶的茶味较不易浸泡出来，所以必须的，也可用滚烫的开水冲泡。第一泡在开水冲入后随即倒出来（湿润泡），用此茶水来烫杯。第二次冲入滚开水，浸泡15秒即倒出茶汤来品尝，也可依个人口感需求斟酌。第二泡以后要立即出汤，以免过浓。第六、七泡以后的茶汤要各自掌握好汤色的浓淡。第十泡左右以后，掌握好汤色的浓淡，可每增加一泡即增加5秒钟，以此类推。

5.白茶冲泡技巧

白茶的冲泡，根据器具的选择，可采用杯泡法、盖碗法、壶泡法、大壶法、煮饮法等。

（1）杯泡法：适合一人独饮，用杯泡法，用200mL透明玻璃杯，取3～5g约90℃开水，先温润闻香，再用开水直接冲泡，冲泡时间根据个人口感自由掌握。

（2）盖碗法：适合二人对饮，取3g白茶投入盖碗，用90℃开水温润闻香，然后像功夫茶泡法，第一泡30～45秒，以后每次适当增加时间，这样能品到白茶的清新口感。

（3）壶泡法：适合三五人雅聚，大肚紫砂壶茶具最佳或大容量飘逸杯，取5～6g白茶投入其中，用约90℃开水洗茶温润闻香，45秒后即可品饮，特点：毫香醇厚。

（4）大壶法：适合群体共饮和长时间饮用，取10～15g白茶投入大瓶瓷壶中，用90～100℃开水直接冲泡，喝完蓄水，白茶具有耐泡、长时间搁置后口感依然淡雅醇香的特点，可从早喝到晚，适合家庭夏天消暑用茶。

（5）煮饮法：适合保健用途，用清水投入10g陈3年以上陈年老白茶，煮至3min至浓汁滤出茶水，待凉到70℃添加大块冰糖或蜂蜜趁热饮用，常用于辅助治疗嗓子发炎、退烧、水土不服，口感醇厚奇特。亦有夏天冰镇后饮用别有一番风味。

白茶产品可分为白毫银针、白牡丹、贡眉、寿眉、新工艺白茶和白茶饼，针对不同的品类，可采取相应的冲泡方法。

（1）白毫银针的泡法。冲泡白毫银针，主要注意事项有二：其一，茶芽纤长细嫩，水温不宜过高，90℃左右即可；其二，这种上好的白茶浑身披满白毫，冲泡时，热水不可直冲茶芽，应当沿杯（或壶）壁入冲，这样做有两个好处，即不会损伤茶芽品相，又不至于因为茶芽大量脱毫令茶汤变浊而影响其汤色的美感。白毫银针茶形虽然纤小细嫩，因为茶芽肥壮丰腴，出汤时间较长，十分耐泡，即便泡至十道，汤色犹在，虽然口味淡了不少，但还是可以从中品到其余韵的。冲泡白毫银针，还有一个秘诀，每回往外分茶汤，不可全倒空，应留汤底约1/3，这样，续过新水之后，茶汤还能沿承原来韵味。

（2）白牡丹的泡法。白牡丹一芽一两叶，旗枪兼具，茶芽细嫩纤巧，茶叶粗犷豪放，水温不可过低，低则茶味难出，水温若是太高，则又会伤及茶芽，若配以玻璃茶具，则其水中倩影尽收眼底。所以，白牡丹的冲泡温度最好控制在90～100℃。

（3）贡眉或寿眉的泡法。寿眉、贡眉皆以茶叶为主，其形粗放，尽显古朴之风，其靓丽之处有三：其茶汤橙黄美艳，其滋味醇厚浓郁，其功效较为卓越。所以，冲泡贡眉寿眉，水温可在100℃以上，而且可以多泡一会，这样，就会充分享受到其最美的部分。

（4）新工艺白茶的泡法：新工艺白茶是白茶家族中的新秀，因其工艺特殊，其味浓醇清甘，此茶以工夫法冲泡为宜。

（5）白茶饼的泡法：白茶饼经压塑而生，较紧实，因存入时间较长，内部自然发酵起变化，茶味醇香独特，只有100℃左右的水温，才能令其尽显本色。

6.青茶冲泡技巧

乌龙茶的品饮特点是重品香，不重品形，先闻其香后尝其味，因此十分讲究冲泡方法。从茶叶的用量、泡茶的水温、泡茶的时间，到泡饮次数和斟茶方法都有一定的要求。

（1）茶叶的用量

冲泡乌龙茶，茶叶的用量比名优茶和大宗花茶、红茶、绿茶要多，以装满紫砂壶容积的1/2为宜，约重10g。

（2）泡茶水温

乌龙茶采摘的原料是成熟的茶枝新梢，对水温要求与细嫩的名优茶有所不同。要求水沸立即冲泡，水温为100℃。水温高，茶汁浸出率高，茶味浓、香气高，更能品饮出乌龙茶特有的韵味。

（3）冲泡的时间和次数

乌龙茶较耐泡，一般泡饮5～6次，仍然余香犹存。泡的时间要由短到长，第一次冲泡，时间短些，随冲泡次数增加，泡的时间相对延长。使每次茶汤浓度基本一致，便于品饮欣赏。

（4）冲泡和斟饮

冲泡乌龙茶有专门的茶具。广东、福建人喜爱用"烹茶四宝"——潮汕风炉、玉书碨、孟臣罐、若琛瓯。潮汕风炉是烧开水用的炭火炉；玉书碨为烧开水的水壶，一般是扁形的薄瓷壶；孟臣罐为紫砂壶；若琛瓯是微型精制的白色小瓷杯。冲泡前先用开水将茶具（茶壶、茶杯、茶盘）淋洗一遍，以保持茶具洁净，有利于提高茶具本身的温度。当壶中置茶以后，沸水沿壶内壁缓缓冲入，在水漫过茶叶时，便立即将水倒出，称之为"洗茶"，洗去茶叶中的浮尘和泡沫，便于品其真味。洗茶后即第二次冲入沸水，水量以溢出壶盖沿为宜，盖上壶盖。冲水的方法应由高到低，且在整个泡饮过程中需经常用沸水淋洗壶身，以保持壶内水温，充分泡出茶叶的香味。

斟茶方法也与泡茶一样讲究，传统的方法是用拇指、食指、中指夹着壶的把手。斟茶时应低行，以防失香散味。茶汤按顺序注入几个小茶杯内，注量不宜过满，以每杯容积的 1/2 为宜，逐渐加至八成满，使每杯茶汤香味均匀。

五、泡茶要领

1.“神”是艺的生命

“神”指茶艺的精神内涵，是茶艺的生命，是贯穿于整个沏泡过程中的连接线。从沏泡者的脸部所显露的神气、光彩、思维活动和心理状态等，可以表现出不同的境界，对他人的感应力也就不同，这反映了沏泡者对茶道的领悟程度。能否成为一名茶道家，“神”是最重要的衡量标准。作为一名初学者，不应只拘泥于沏泡动作的到位与否，更应平时多看文史哲类图书，欣赏艺术表演等，从各个方面努力提高自身的文化修养及领悟能力，才能在不断实践中体会到不可言传、只可意会的茶艺“神”之所在。

2.“美”是艺的核心

欣赏茶的沏泡技艺，应该给人以一种美的享受，包括境美、水美、器美、茶美和艺美，此处重点谈谈艺美。茶的沏泡艺术之美表现为仪表的美与心灵的美。仪表是沏泡者的外表，包括容貌、姿态、风度等；心灵是指沏泡者的内心、精神、思想等，通过沏泡者的设计、动作和眼神表达出来。例如，泡茶前由客人“选点茶”，可用数种花色样品由客人自选，“主从客意”，以表达主人对宾客的尊重，同时也让客人欣赏了茶的外形美；置茶时不用手抓取茶样，是讲文明卫生的表现；冲泡时用“凤凰三点头”的手法，犹如对客人行三鞠躬。另外，敬茶时的手势动作、茶具的放置位置和杯柄的方向、茶点的取食方便等均需处处为客人着想。在整个泡茶的过程中，沏泡者始终要有条不紊地进行各种操作，双手配合忙闲均匀，动作优雅自如，使主客都全神贯注于茶的沏泡及品饮之中，忘却俗务缠身的烦恼，以茶修身养性，陶冶情操。

3.“质”是艺的根本

品茶的目的是欣赏茶的质量，一人静思独饮，数人围坐共饮，乃至大型茶会，人们对茶的色、香、味、形之要求甚高，总希望饮到一杯平时难得一品的好茶，沏泡者千万不可以为自己有青春容貌、华丽服饰、精巧茶具等优势就可以成功。特别是初到一地，由他人提供境、器、水、茶，自己全然陌生，稍一大意，就会有失水准，不一定能泡出好茶来。尤其是在懂茶知茶不多的情况下，更要谦虚谨慎，向他人求教，自己试泡，待掌握了茶性，就能充分发展茶的品质特征。

要泡好一杯茶，应努力以茶配境、以茶配具、以茶配水、以茶配艺，要把前面分述的内容融会贯通地运用。例如，绿茶的主要特点是其碧绿的色泽，有了“干茶绿、汤色绿、叶底绿”的名优茶，在贮存中还要控制多种条件，以保持其“三绿”的特点。沏泡时，能否使“三绿”完美显现，就是茶艺的根本。一般说来，在冲泡前要请客人欣赏干茶样，由于干茶较长时间暴露在空气中，茶样会吸湿还潮，加速了自动氧化，有的还经过鼻嗅、手摸等，使茶的色、香、味、形都起了变化，因此这些小样在观看之后切勿再倒回茶样罐内，应单独放置以作他用。其次，冲泡时尤要注意水温的调整，名茶宜用 85～95℃开水冲泡，并不加盖，避免高温烫熟叶底，不使汤色、叶底泛黄。

4."匀"是艺的功夫

茶汤浓度均匀是沏泡技艺的功力所在。在港台地区常举行泡茶比赛，评分时除了仪表、动作之外，就看同一种茶谁泡得恰好，三道茶的汤色、香气、滋味最接近，实质上就是比"匀"的功夫。将茶的自然科学知识和人文科学知识全融合在茶汤之中。用同一种茶冲泡，要求每杯茶汤的浓度均匀一致，就必须练就凭肉眼能准确控制茶与水的比例，不至于过浓或过淡。一杯茶的茶汤，要求容器上下茶汤浓度均匀，如将一次冲泡改为两次冲泡就会有较好的效果。第一次先转动手腕冲入容器 1/4～1/3 的水量，勿使茶叶漂浮在水面，谓之浸润泡，当茶叶吸水舒展（20～60 秒）后，第二次用"凤凰三点头"的手法冲水入容器，使茶叶上下翻动，达到茶汤均匀的目的。又如，用壶泡茶，在分茶汤时要用巡回分茶法（美称为"关公巡城"），并以最后几滴茶汤点入茶杯中，调节各杯之间的浓度（美称为"韩信点兵"），有的将茶汤先倒入茶盅（亦称茶海、公道杯），待其均匀后再分注入杯。在调节三道茶的"匀"度时，则利用茶的各种物质溶出速度比例的差异，从冲泡时间上调整。

5."巧"是艺的水平

沏泡技艺能否巧妙运用反映沏泡者的水平。初学者，常常是单纯模仿他人的动作，而不能真正领悟到沏泡精髓，就无法因季节、制作工艺、品质特性等的不同来改变茶与水的比例，调整水温和控制时间等。因此，要反复实践、不断总结才能提高，从单纯的模仿转为自我创新。例如，制作冰绿茶时，为了有良好的风味，要用高级绿茶，因条索紧结需较高水温才能泡出，这样就不利于冷却，解决这一矛盾的方法是将条茶切碎，巧用茶条粗细与物质溶出速率的差异这一原理，这样，60℃的开水就能溶出水浸出物，再经两道冷却，几分钟后就能喝到冰绿茶了。在各种茶艺表演中，更要具有随机应变、临场发挥的能力，都得从"巧"字上做文章。

第三节　茶席设计

随着人们生活水平和欣赏水平的提高，人们的审美意识不断增强，对于喝茶氛围的营造更为注重。布置一方美丽的泡茶台，张挂一些书画作品，点缀一些绿色植物，配上优美舒缓的音乐，当是品茗交流的最佳场所。童启庆教授对茶席进行了定义，认为茶席就是泡茶、喝茶的地方，包括泡茶的操作场所、客人的坐席以及所需气氛的环境布置。乔木森老师则专门著作了《茶席设计》一书，全面系统地论述了茶席设计方面的相关知识。本节参考两位老师的著作及相关资料进行介绍，茶席设计是学茶的必修课程，也是茶人应有的修养和能力。

一、茶席设计的定义

乔木森先生在综合前人研究的基础上，认为：茶席设计是指以茶为灵魂，茶具组合为主体，在一定的示茶空间形态中，与其他艺术形式相结合，所共同组成的一个有独立主题的茶道艺术组合整体。茶席既可静态展示，也可动态演示，动态演示时能更完美体现茶的魅力和精神。

二、茶席设计的要素

茶席，是由许多要素组成，设计一个茶席，首先要确定主题，再围绕主题去选择茶品，配置合适的茶具，主茶具确定后，选择什么样的铺垫等因素都需考虑，因此，茶席设计时一般从以下要素去着手。

（一）茶品

茶是茶席设计的物质基础，是茶席设计要表达的对象或要为茶席设计的主题服务，因此，茶品的选择是茶席设计时首要考虑的因素。中国茶产品丰富多彩，其品质特征各有千秋，茶席设计时，必然要考虑茶品的品质特征和人文内涵，有些作品可专门为体现某种茶的品质特征或人文历史而作，有些茶席主题的呈现则需茶来衬托，因此，茶品是茶席设计的灵魂。

（二）茶具组合

茶具组合，是占用茶席空间较大地方的物品，一般会在茶席的主体位置，因此，茶具组合其特征、质地、造型、色彩、体积等会影响整个茶席的整体呈现。所以，在选择茶具组合时，一般应选择成套茶具，其次，茶具本身特征要与所泡茶品性质相契合，同时，茶具本身所具有的文化色彩也可对主题的呈现起到很好的突出或衬托作用。

（三）铺垫

铺垫，是指茶席整体或局部物件摆放下的铺垫物，铺垫的作用包括两个方面：一是为使茶席中的器物不直接接触桌面或地面，以保持器物的清洁；二是以自身的特征和特性，辅助器物共同完成茶席设计的主题。铺垫的选择首先考虑的是其色彩，一般认为素色为上，碎花次之，繁花为下。其次要考虑的是铺垫的质地，目前，可供选择的有棉麻、绸缎、蜡染、手工编织品、化纤、织锦等，也有就地取材，采用树叶、纸、石头等其他质地的物品做铺垫。铺垫的方法有多样，可平铺、对角铺、叠铺、三角铺、立体铺和帘下铺等，不同的方式带来不同的效果，一般叠铺和立体铺比较有层次感，能带来较好的效果。

（四）插花

茶席上放置一盆插花，一方面让人有心旷神怡之感，另一方面插花以其自身的特点以辅助主题的呈现和表达。茶席上的插花要求是东方式插花，应简洁、淡雅、小巧、精致。一两朵花，三两片叶就好，一般以大自然中花、叶、草、蔓、枝等组成，力求野趣。花器可选择碗、盘、缸、筒、篮等。器小而精巧、纯朴，以衬托品茗环境，借以表达主人心情；也可寓意季节，突出茶会主题。茶席设计中花的选择，最好体现时令季节。春季，可用迎春花、牡丹、桃、杏、樱花、蓬蒿菊、紫荆、丁香、玉兰、芍药、石竹、金鱼草、榆叶梅、垂柳、垂丝海棠和紫藤等花卉；夏季，可用荷花、凌霄、紫薇、唐菖蒲、晚香玉、栀子花、白玉兰、三角花、石榴花等花卉；秋季，可用丹桂、菊花、鸡冠花、枫叶、乌柿、雁来红、千日红、一串红、翠菊、九里香、狗尾红、木芙蓉、麦秆菊、火棘等花草；冬季，可用蜡梅、南天竹、银柳、象牙红、仙客来、马蹄莲、冬珊瑚、天竺葵、水仙，五色椒等花卉。

选用花材时还应注意以下几点：不宜选用香气过浓的花，如丁香花，以防花香冲淡混合茶特有的香气；不宜选用色泽过艳过红的花，以防破坏整个茶席清雅的艺术气氛；不宜选用已经盛开的花，以含苞待放的花为宜，使人观赏花的变化，领悟人生哲理。

（五）挂画

在茶席的背景中，可张挂相应的书画作品进行装饰，以增添茶席的人文色彩。茶席挂画中的挂画内容，可以是字，可以是画，也可以字画合一。例如有一定禅意哲理的文字话语，"茶禅一味""一期一会"等；也可以是一些品茶名句名诗，如诗僧皎然的"一饮涤昏寐，情思朗爽满天地；再饮清我神，忽如飞雨洒轻尘；三饮便得道，何须苦心破烦恼"，卢仝的《七碗茶》诗，唐刘贞亮的《茶十德》等。画一般以中国画为主，可选用松、梅、竹、菊，也可画山水田园，当然也可根据主题的需要，自行创作相应的书画作品进行张挂。

（六）相关工艺品

茶席中相关工艺品的摆放往往起到画龙点睛的效果，有助于欣赏者对主题的理解。相关工艺品的选择一般根据主题的需要而搭配，如一副《士兵也爱茶》的茶席作品就摆放了靶心、军帽等物品，使人一下便联想到泡茶者的身份。再如茶席设计《猫冬茶》，其茶席上放置了东北二人转用的道具，很具地域特色。因此，在茶席设计时，相关工艺品能有效地陪衬、烘托茶席的主题，还能在一定的条件下，对茶席主题起到更加深化的作用。所以，对相关工艺品的选择要恰当合理，以收到意想不到的艺术效果。

（七）茶果茶点

茶果茶点通常是为佐茶而设置的，因此，在选配茶果茶点时，要考虑到与所泡茶性味相搭，其选用的规则为"甜配绿，酸配红，瓜子配乌龙"。其次，茶点茶果的选择还应考虑时令季节，力求选用当季的食材，若能再费一番心思去制作，则更添合著情趣。另外，茶点茶果放置在茶席上，其色彩、样式、分量要考虑与茶席相配，一般选用分量小、体积小、制作精细、样式清雅的茶果茶点进行搭配。

（八）焚香

在进行某些题材的茶席设计时，可考虑搭配相应的香品或设置香炉，如创作禅茶类型的茶席时，配备香炉香品则更能体现主题。香品的样式大概有四种：柱香，在香料泥干燥前就涂捏在竹棍或竹丝上，干燥后，成为一根根有竹骨的香品；线香，无骨香品，每一根直接由香料制成，形状比柱香稍细，呈细绳状；盘香，由无骨香料制成的圆形环绕香品；条香，指无骨香料制成的粗条状香品。香炉也有多种造型与质地，可根据需要进行选择。香品在茶席中的放置应遵循不夺香、不抢风、不挡眼的原则。

（九）背景

背景是指为获得某种视觉效果，设定在茶席之后的艺术物态方式。背景的设立，反映了某种人性的内容，它能在一定程度上起着视觉的阻隔作用，使人在心理上能获得某种程度的安全感觉。茶席背景形式，总体有室内背景和室外背景，室内背景形式常有：①以屏风作背景；②以装饰墙面作背景；③以窗作背景；④以博古架作背景；⑤以书画作背景；⑥以织品作背景；⑦以席编作背景；⑧以纸伞作背景。室外背景的形式常有：①以树木为背景；②以竹子为背景；③以假山为背景；④以盆栽植物为背景；⑤以自然景物为背景；⑥以建筑物为背景。

三、茶席设计的题材及技巧

（一）茶席设计的题材

茶席设计是为体现茶的品质特色或与茶相关的人文历史知识而创作的，因此，茶席设计的题材通常包括三个方面，一是以茶品为题材，二是以茶事为题材，三是以茶人为题材。

1. 以茶品为题材

中国茶叶产品丰富多彩，具有不同的品质特征，茶席设计时，可从茶叶的外形、色泽、香气、滋味等品质特征入手，以反映茶的品质之美为目标，呈现丰富多彩的茶世界。如杭州高级茶艺师袁勤迹的作品《龙井问茶》和《九曲红梅》均是反映茶品特色而创作的。

2.以茶事为题材

与茶相关的文化、历史事件均可作为茶席设计的题材，中国几千年茶文化发展史上，有许多与茶相关的人文、历史事件，如茶马古道、神农尝百草的故事等。

3.以茶人为题材

爱茶之人、事茶之人、对茶有贡献之人、以茶的品德做己品德之人，均可称为茶人。因而，以茶人做题材，可从古代茶人、现代茶人及身边的茶人入手创作。古代茶人如皎然、卢仝、陆羽、陆游、苏轼、宋徽宗、乾隆皇帝等均是与茶相关的人士，茶的发展史上他们或推动茶业发展或留下品茗佳话，都可作为创作的题材。吴觉农先生被誉为"当代茶圣"，为新中国茶业的恢复和发展作出了奠基性的贡献；庄晚芳教授提出了中国茶德"廉美和敬"，陈宗懋先生则为中国茶叶界唯一的院士，张天福是百岁老茶人，童启庆、陈文化教授都是茶文化研究的大家，这些现代茶人爱茶事茶的故事是茶席创作难得的题材。

（二）茶席设计的技巧

茶席设计，既是一种物质创造，也是一种艺术创造；既是一种体力劳动，更是一种智力劳动。因此，掌握合适的技巧就显得尤为重要。茶席设计的基本技巧具体体现在以下三个方面。

1.获得灵感

茶席设计是一种创作活动，灵感是创作的源头与基础，有了灵感，创作才有新意，灵感的获得在于积极的思考与悉心揣摩。因此，要获得好的灵感有一定的途径，就茶席设计来说，要善于从茶味体验中去获得灵感，从茶具选择中去发现灵感，从生活百态中去捕捉灵感，从知识积累中去获得灵感。

2.巧妙构思

获得灵感后，还需巧妙构思，一件茶席设计作品，要体现其艺术价值和思想品位，还在于其内涵及表现形式。因此，首先在内涵上要立意高远、思想深刻，传达一定的审美观和价值观，不能仅作肤浅的表达。其次，在形式上也要有创新，具体可体现在器具选择、服饰搭配、相关工艺品的配置、背景音乐的选择及物品的摆放等，一件新的作品一定要超越前人，带来新的思考与震撼方为成功的作品。

3.成功命题

茶席的成功命题，是对主题高度的鲜明概括。它以精炼、简洁的文字，或作含蓄表达，或作诗意传递。使人一看命题即可基本感知艺术作品的大致内容，或迅速感悟其中的思想，并同时获得由感知和领悟带来的快乐和满足。因此，茶席设计作品的命题是需要花心思去凝练的。

第九章
茶　道

不仅中国讲究茶道，日本、韩国及英国等其他国家也有自己独特的茶道。

谈到中国的茶文化，儒释道三家都与茶有着深厚的渊源。应该说，儒释道，是中国茶文化根基。在历史上，儒释道三家既分别地作用于茶文化，又融贯地共同作用于茶文化。

中国茶文化里包容了儒、释、道三家的文化精神，中国茶文化的形成是儒、释、道三家互相渗透综合作用的结果，它是由三教合一的文化所造就的。中国茶文化最大限度地包容了儒释道的思想精华，融汇了三家的基本原则，从而体现出"大道"的中国精神。

道家与茶文化的渊源看似浅薄，但实质上是最为久远而深刻的。道家的自然观，是中国人精神生活及观念的源头。道家讲"自然"，道是自己如此的，自然而然的。道无所不在，茶道只是"自然"大道的一部分。茶的天然性质使道家的信徒们欲从自然之道中求得长生不死的仙道，茶文化正是在这一点上，与道教发生了原始的结合。"自然"的理念致使道家淡泊超逸，它与茶的自然属性极其吻合，从而确立了茶文化虚静恬淡的本性。

茶文化的核心思想应归之于儒家学说。儒家茶文化讲"以茶可行道"，是"以茶利仁"之道。儒家茶文化首先注重的是"以茶可雅志"的人格思想，儒家茶人从"洁性不可污"的茶性中吸取了灵感，应用到人格思想中。因为他们认为饮茶可自省、思审己，而只有清醒地看待自己，才能正确地对待他人，所以"以茶表敬意"成为"以茶可雅志"的延续，"中和"精神始终贯穿其中。

佛教禅宗对茶文化的兴盛与发展起着巨大的推动作用。禅宗在茶的种植、饮茶习俗的推广、饮茶形式传播及美学境界的提升诸方面，贡献巨大。"天下名山僧侣多""自古高僧爱斗茶"，历史上许多名茶出自禅林寺院，而禅宗之于一系列茶礼、茶宴等茶文化形式的建立，具有高超的审美趣味，它对中国茶文化持续地推波助澜。值得一提的是禅宗对茶文化流传国外特别是日本，有不可磨灭的卓著功勋。"吃茶去"的禅机，"茶禅一味"的哲理，都成为茶文化发展史上的思想精蕴。

第一节　自然之道与茶

道教是发源于中国本土文化的产物，产生于春秋战国之时。汉魏以来，史家多以"道家"混淆老、庄之道家与张陵之道教。"哲学"的道家精神与宗教的黄老学说的道教是有别的。老子与庄子皆认为，"道"既是宇宙万物的本源："道生一，一生二，二生三，三生万物。"又是自然的法则或规律：如"道通为一"。"道"既是"常有"，又是"常无"，"道"即是"常有"和"常无"的统一。道家的自然观，一直是田园人精神生活及其观念的源头。

一、自然之道与茶道思想萌芽

道家与茶文化的渊源应是最为久远而深刻的。茶最早发现与利用，是从药用开始的。大家耳熟能详的神农尝百草的传说，被认为是有关茶的最早的文字记载，在道家亦有相关的记载，传说中的茶的老祖宗神农，是太上老君点化而成的徒弟。不去细论传说的真实性，但它与道家精神及其自然观是极其吻合的。在道家看来，人是自然的一部分，人的生存必须顺其自然地利用物的自然属性，"天人合一"的思想就是其体现。这也决定了他们必定会遍尝百草，会最早发现茶的药用功能。道家对生命的热爱，对永恒的渴求，都深深地渗透在其自然观中。

（一）重人贵生的思想

道家认为一切万物，人最为贵。非常重视人的存在，将人作为世界四大之一，《道德经》第二十五章云："故道大，天大，地大，人亦大。域中有四大，而人居其一焉。"故生命是非常珍贵的，死亡非小事，如《太平经》卷七十二说："凡天下人死亡，非小事也，一死，终古不得复见天地日月也，脉骨成涂土。"生命如此珍贵，道家认为人要乐生，"人最善者，莫若常欲乐生，汲汲若渴，乃后可也"。而实现乐生的途径是养生。

茶体现了重人贵生，并且是重人贵生思想的忠诚实践者。《神农本草经》中所载："神农尝百草，日遇七十二毒，得荼（茶）而解之。"茶叶能够拯救中华民族始祖之一的神农，茶重人贵生之功大矣！《礼记·礼运》也载："昔者先王未有宫室，冬则居营窟，夏则居橧巢；未有火化，食草木之实，鸟兽之肉，饮其血，茹其毛。"《淮南子·修务训》也说："古者，民茹草饮水，采树木之实，食蠃（luǒ）蠪（lóng）之肉。"其中"食草木之实"与"茹草饮水，采树木之实"应当包括今天我们所说的茶树嫩芽或者嫩叶。这就说明在神农时代，由于人们的生产力极其低下，在农业产生之前，人们主要靠采集树叶、野草、野果以及原始的狩猎获得食物。文化是一种遍及全世界的现象，现在这是显而易见的，前面的讨论表明，它也是积累性的，一代一代传下来。文化是一种基因沉淀，具有传承性。现在的茶叶原产地基诺族的凉拌茶，云南拉祜族、彝族、白族"烤茶"以及傣族、佤族的"烧茶"就可以说是原始居民食用茶叶历史遗迹之表现。总之，无论生吃还是烧烤茶叶都说明了茶叶与人类密不可分的关系，茶叶是原始人类的重要食物。在长期食用和饮用过程中，茶叶的各种药用价值被不断发现，茶作为药物广为世人所运用。

（二）崇尚自然和本真的思想

茶的生态环境决定了茶的自然属性。茶生于远离尘世人境的深山幽谷，长于竹间松下，餐饮风露清虚之气。茶是属于山林的，自然是其天然本性。

茶在烹饮过程中人们耳目观感听觉对自然的联想，在茶的烹煮品饮过程中，执茶事者的思维联想是很活跃的，而其思维联想是定点投向——即自觉地投向大自然，与大自然的景象、声息相联系、相契合。茗事活动过程，即联想自然、投向自然、体味自然的过程。唐代时兴煎茶，煎茶先以镀煮水，陆羽《茶经》论煮水有"三沸"，而三沸之景象皆自然之喻象。汤候到时，投茶末于汤心，"育华"之后，乳花生起，其薄者，如"枣花漂漂然于环池之上"，又如"回潭曲诸青萍之始生，又如晴天爽朗，有浮云鳞然"。其厚者"焕如积雪，烨若春敷"宋代时流行点茶，以细颈之瓶煮水，三沸汤候不可以目观，而须以耳听，于是听"茶声"，成了感受自然的一个重要契机，而山中之松风声，为茶声的典型声息："泅泅乎如涧松之发清吹"（黄庭坚《煎茶赋》）、"松风忽作泻时声"（苏轼《汲江煎茶》）。由于点茶是在茶盏中进行的，故而乳花所幻之自然景象亦呈现于盏中，宋人茶色贵白，故作白云、白雪之联想："瓯面云烟乳作花"（杨万里诗）、"半瓯香茗浮春雪"（郭祥正诗）、"紫玉瓯心雪涛起"（范仲淹诗）等，一盏在手，则自然即在手中了。

茶境亦宜在自然中。古人烹茶着意选择山中水涯、松傍岩畔的幽野环境，走向自然，深入自然。"杉松近晚移茶灶"（许浑诗）、"竹下忘言对紫茶"（钱起诗）。"每到烟岚深处点"（邵雍诗）及陆龟蒙的"笔床茶灶泛舟于笠泽太湖"，都是精心设计、着意将茶融入大自然中。

茶文化的自然观，还表现在制茶方面。唐宋时制茶是将茶叶蒸捣而制成饼茶团茶，且烹点时又研成粉末，这就破坏了茶叶的原生自然形态，而明代时尚炒茶法，保全了茶叶的天然形色，最得茶的自然之妙理。明代朱权《茶谱》曰："然天地生物，各遂其性，莫若叶茶，烹而啜之，以遂其自然之性也"。明代田艺衡在《煮泉小品》中也认为团茶"总不若今天芽茶也，盖天然者自胜耳。""茶以火作者为次，日晒者为上，亦更近自然。"此种新奇之举，更是在茶事中标榜自然了。

道家茶文化的崇尚自然，使古代茶文化带上了鲜明的隐逸文化特色。道家出自隐士，道家的创始人老子、庄子都是隐者。司马迁说过："老子，隐君子也。"而"庄周哲学是隐士思想的，茶隐是以自然观为理论基础的"。

与茶中自然理蕴紧密相关的是茶中有"真"意。真，也是老庄哲学的一个重要范畴，与"自然""天"等概念意义相近。《庄子》曰："真者，所以受于天也，自然不可易也。"真，也是一种道之极境。

在茶文化发展过程中，真的哲学理蕴是逐渐阐发的。初时的真，是单一、纯粹的意思，即不掺杂的茶，西晋博物学家张华（232—300年）《博物志》中的"真茶"，晋代刘琨《与兄子南兖州刺史演书》中的"真茶"，都是此意。真茶，大概是针对当时流行的"茶粥"而言的。这种对"真"的要求，即隐含有纯素、守真等理义，但隐而未发。到唐代，"真"作为一种道意理蕴在茶文化中被明确揭示出来的是中唐代诗僧皎然，其《饮茶歌·诮崔石使君》有云："孰知茶道全尔真，唯有丹丘得如此。"这是中国茶文化史上第一次指出"茶道"概念，而皎然将茶道的要旨归纳为"全而真"。这里的"真"，即道家的自然天性。宋人对于茶文化的"真"，也有所阐发。宋代黄儒《品茶要录》序曰："然士大夫间好珍藏精试之具，非会雅好真，未尝辄出。"这里的"好真"，是指一种崇尚自然的精神志趣。苏轼《和钱安道寄惠建茶》中有"啜过始知真味永"，其中的"真味"，也即是玄妙的自然之味，是茶味、道味兼而有之的。至明代，茶中"真"的理蕴被茶学家阐发得更明白了。明代文震亨《长物志》中称明代炒茶法："然简便异常，天趣悉备，可谓尽茶之真味矣。""真"就是"天趣"，就是自然。明人的小壶饮茗，亦饶真趣，冯可宾《岕茶笺》曰："茶壶，窑器为上，锡次之。茶杯汝、官、哥、定，如未可多得，则适意者为佳耳。或问茶壶毕竟宜大宜小？茶壶以小为贵，每一客，壶一把，任其自斟自饮，方为得趣。"这里的"得趣"，即随意"自斟自饮"、自然而然的意味。明代茶人反对于茶中置果等礼俗，《煮泉小品》中说："今人荐茶，类下茶果，此尤近俗，纵是佳者，能损真味，亦宜去之。"一拘于礼，便失其真。《庄子·渔父》有云："礼者，世俗之所为也；真者，所以受于天也，自然不可易也。故圣人法天贵真，不拘于俗。"明代茶人的以"下茶果"为近俗，是含寓了"法天贵真"思想的。明代人特别讲究茶的真香、真色、真味，而"一经点染，便失其真"（张源《茶录》）。"杂以诸香，失其自然之性，夺其真味"（朱权《茶谱》），这里的"真"，便体现了"不欲杂""纯粹而不杂""纯素""抱一"等老庄理义。袁宏道《瓶史》曰："夫茶有真味，非甘苦也。"这里的真味，即"自"味，即朴素自然之味。朴素，故天下莫能与之争美，而追甘逐苦，皆失本真。

二、乐生精神与茶

贵生、养生，是老庄及道教的基本思想。茶文化的养生思想，与道家的修炼密切相关。老庄及道教的修炼可分为内炼和外炼，内炼即通过导引调息等方法，对整个身心神气进行调节，使达到最佳状态；外炼即通过炼服丹药而达到养生长生。

（一）道家的养生文化与茶

道家养生术主要包括守一、存思、胎息、吐纳、内丹、导引、服食、起居等，可以简单地归为几大类，如静功、动功、摄食等，这些都与茶有着千丝万缕的联系。

"凡所修行，先定心气。心气定则神凝，神凝则心安，心安则气升，气升则境空，境空则清静，清静则无物，无物则命全，命全则道生，道生则绝相，绝相则觉明，觉明则神通"、"修道者，先守静以制动，复存神以安心，互相为用，则藏府气血之循环，可以缓和而得养，免至急促失调浮躁不宁之弊，自可长生"。道家认为能守一者谓之真人，"纯素之道，唯神是守，守而勿失，与神为一"。道家静功养生术需要除去各种尘世俗虑，使精神达到一个境界，怡情养性，开发人体的潜能，延年益寿，增色美容，强身健体。饮茶则非常有助于道家静功养生术的修炼，可以调气息、和阴阳、提精神、活跃思维、体道悟道、增添功力和道行，使奉道者进入清虚之境而得到心灵的净化，神清气爽，从而激发修道的毅力与悟性。历史上不乏仙真高道以茶助修道。金代"北七真"之一马钰就专门写诗赞美以茶助修道的奇妙作用，《长思仁·茶》正是此种茶诗："一枪茶，二枪茶，休献机心名利家，无眠未作差。无为茶，自然茶，天赐休心与道家，无眠功行加。"马钰认为茶是上天对道家修道的恩赐，茶可提神，增强功力和道行，实现在修道过程中的无为而无不为，所以茶对道家来说是"无为茶""自然茶"，是养生增功茶。

"导引除百病，延年益寿要术也"。饮茶不仅是静功养生术的增功茶，更有助于道家动功养生术的修炼。道家动功养生术主要是导引术，也就是类似于现在的软体健身操，还包括按摩和武术等。从医疗意义来说，茶可以充分调动人类的内在因素，兴奋中枢神经，增强运动能力，促进锻炼，增强体质，保持朝气，焕发精神，这将会很好地促进导引锻炼的效果。饮茶可以降血脂，对导引养生术更是有着事半功倍之效。可以说，茶是一种令人精神焕发、充满运动活力的天然饮料。

"若夫仙人，以药物养身，以术数延命，使内疾不生，外患不入，虽久视不死，而旧身不改，苟有其道，无以为难也"。"食药者，与天相配，日月并列"。道家通过服用特定的食物或药物来求得长生成仙的方法，早在战国时期就已形成并流传，曾在魏晋和唐代两度成为养生的主要方法。茶是道家服食的重要内容，茶为药用，在我国已有 2700 年的历史，东汉的《神农本草经》，唐代陈藏器的《本草拾遗》，明代顾元庆《茶谱》等史书，均详细记载了茶的药用功效。

（二）道家的养生精神与茶的和谐发展

道家与茶从一开始就是和谐发展的，历代真仙高道为此作出了积极的贡献。道家创始人老子为中国茶文化注入了重人贵生的养生哲学理念。战国时期道家思想代表人物庄子，进一步完善了中国茶文化中的养生思想。相传道教创始人张道陵将茶与养生艺术化，入蜀传道时亲创了"龙壶茶艺"，形成了当今四川青城派长嘴壶茶艺雏形。唐代诗人皎然在《饮茶歌诮崔石使君》写道："孰知茶道全尔真，唯有丹丘得如此。"认为道家人物丹丘子是中国深谙"茶道"的第一人，将茶之养生功能概括为："一饮涤昏寐，情来朗爽满天地；再饮清我神，忽如飞雨洒轻尘；三饮便得道，何须苦心破烦恼。"与此有异曲同工之妙的便是深受道家学说影响，具有魏晋隐逸士风的唐代卢仝之不朽名作《走笔谢孟谏议寄新茶》，俗称"七碗茶"诗，进一步艺术化地描述了茶之养生功效。许逊，东晋著名道士，道教四大天师之一，在浙江磐安玉山传授茶叶精制之法，用茶叶治病救人，后被尊为"真君大帝"、"茶神"，世代祀之，更是以茶养生、治病救人的典范，而许逊种植茶树所在的磐安玉山古茶场则被国务院公布为第六批全国重点文物保护单位，成为了"中国茶文化的活化石"。可以说，道家与中国茶文化在历史上是以"养生"之形象一道走来的。

历代真仙高道不仅以茶养生、乐生，而且他们还将其居住之地打造成为养生之仙境乐园。道家称仙人、真人所居住的名山为洞天福地，道家有十大洞天，三十六小洞天，七十二福地。这些洞天福地，其实都是我国一些风景十分秀丽的名川大山。岂不知，高山云雾正是产茶的好处所，道家以茶养生，栽茶、品茶为生活之乐趣。道家众多的洞天福地就在中国产茶区，甚至一些大山本身就是中国的名茶产地，如盛产大红袍、武夷岩茶的道家名山武夷山，早在唐代即享盛名的秘制"洞天贡茶"产地青城山，盛产名茶的武当山等。

文化资源是人们从事文化生产或文化活动中所利用或可资利用的各种资源。它包括一切有文化价值的自然资源和社会资源。文化资源是文化产业发展的重要的战略条件，道家与茶的养生文化，作为一种文化资源，还是一种资本，越来越起到重要的作用，成为茶文化产业发展的重要经济增长点。享誉全国并具有表演、观赏、健身、艺术等价值的四川青城山长嘴壶茶艺，就是道家与茶文化综合发展的一个例证。此外，道家文化圣地武当山更是将道家与茶推到一个高潮，当地人先后创制出"武当银剑"、"武当针井"等湖北名茶，尤其是挖掘整理于武当内家36功法之一的太极乾坤球功而研制成的武当功夫茶，是一种地地道道的武当太极养生茶，更是独树一帜。各种名目繁多的道家茶礼、道家茶道、道家茶艺层出不穷，用事实证明着道家与茶的养生文化是茶产业发展的巨大推动力量，道家与茶的结合充分体现了道家贵生、养生、乐生的思想。

道教的养生长生思想，对茶泉的选择产生了深刻地影响。古人择泉以山泉为上，且以矿物质丰富的泉水为上。唐人李华有《云母泉诗》，认为云母泉不仅"气染茶瓯馨"，而且"饮液尽眉寿，餐和体皆平。琼浆驻容发，甘露莹心灵"。并在诗"序"中欲以云母泉茶来"扶寿"，来"究无生之学"。《遵生八笺》"论泉水"条中，认为丹液朱砂泉"可点茗"："水中有丹者，不唯其味异常，而能延年却疾，须名山大川诸仙翁修炼之所有之。"古代茶泉还特重雨水、雪、露等，除其甘冷轻淳的特质外，还与"天一生水"的观念有关，认为天降之水，都是"灵水"，是"仙饮"，饮之可以养生扶寿。古人储水养水，将水瓮置于阴庭之中，"使承星露之气，则英灵不散，神气常存"。（张源《茶录》）这也是道家思想的产物。茶文化的养生思想，也明显地体现在茶文学中比较普遍的茶、药同境共咏之中，茶与药被视为同一义列。释家也好饮茶兼弄药，而释家并无养生、长生之思想，乃是为了博取士大夫青睐而表现的一种老庄化的高趣雅致。热爱生命，贵生养生，是道家赋予中国茶文化的宝贵思想。

第二节　中和思想与茶

"中和"是中国儒家哲学的核心思想，同时又与道家和佛教思想相通，对中国茶道产生着深刻的影响。儒家文化的精髓，主要体现在"中庸之道"、"中和"哲学或"中"的境界上。儒家茶人及其文化也无不体现了这种精神。

一、儒家的"中和"哲学

儒家经典著作之一《中庸》第一章解释道："喜怒哀乐之未发，谓之中；发而皆中节，谓之和。中也者，天下之大本也；和也者，天下之达道也。致中和，天地位焉，万物育焉。"揭示了"中"与"和"的内在本质及其关系。

"中和"是儒家中庸思想的核心部分，朱熹《中庸章句》注释："中者，不偏不倚，无过不及之名。庸，平常也。"此中之"庸"言之平常，却难以真正落实，但它是中国人的人生大道。

孔子甚至把中庸作为一种君子人格。《中庸》第二章："仲尼曰：君子中庸，小人反中庸。君子之中庸也，君子而时中；小人之反中庸也，小人而无忌惮也。"有中庸这种善德的人格，处世为人处处得乎中道，恰如其分，可见它是一种不偏不倚的高贵的君子人格。因此中庸之道仍是修身之道，是处世做人的态度与方法。只有保持中庸精神，中言中行，"允执其中"，不走极端，避免"过"与"不及"的片面和偏激，才能把握住"度"，才能达成社会的和谐。《论语》中所说的"子温而厉，威而不猛，恭而安"，及其"毋意、毋必、毋固、毋我"，都指的是对这种中庸之度的把握。

"和"在儒家哲学中有相当丰富的内涵，它不但蕴含了儒家的道德理想，也体现了儒家的艺术情调、美学境界。从文字发生及演化角度看，在殷代的甲骨文中，就有了"和"这个字，据郭沫若考证，"和"之本义为乐器，系一种古乐器的形象，后引申为和声之义，和古"乐"字的演化相似。这无疑使"和"字之义由标示具体之物变成一种具有精神意义的审美认识。"中和"作为美学观念，它也是阴阳五行思想发展到一定阶段的产物。孔子及其后儒，把"中和"思想推及到社会各个领域。儒家提出的礼序人伦，乐移风俗，也就是音和——心和——政和的逻辑。

二、中庸、和谐与茶道

茶之为物，最为高贵醇厚，而茶人茶事也须相应的纯洁平和。可以说在漫长的茶文化历史中，中庸之道及中和精神一直是儒家茶人自觉贯彻并追求的某种哲理境界和审美情趣；这在诸多的文化典籍如《尔雅》《礼记》《晏子春秋》《华阳国志》《桐君录》《博物志》《凡将篇》等内容中，都有所体现；而在《茶经》等茶文化专著中，也同样贯注了这种精神。

实际上，我们在上文所讲儒家茶文化注重人格思想，所谓高雅、淡洁、雅志、廉俭等等，都是儒家茶人将中庸、和谐引入茶文化的前提准备，只有好的人格才能实现中庸之道，高度的个人修养才能导致社会的完美和谐。因此，儒家茶人认为饮茶可自省、审己，清醒看待自己，正确对待他人等，也都是中和思想的基本条件，它和"中和"原则组成了一条完整的思想逻辑链。通过饮茶，营造一个强化人与人之间和睦相处的和谐的空间，这简直是一种绝妙的想法，然而它却代表了儒家茶文化真实的理想。儒家是入世的，然而又是以一种平和、儒雅、谦恭的形象入世的，而茶文化这种特殊的文化形态，却比其他任何形态的文化都更能具体而实在地造就这种精神和形象。

（一）中庸之道与茶道

儒家茶文化代表着一种中庸、和谐、积极入世的儒家精神，其蕴含的宽容平和与绝不强加于人的心态，恰恰是人类的个体之间、社群之间、文化之间、宗教之间、种族之间、性别之间、地域之间、语言之间，乃至天、地、人、物、我之间的相处之道；相互尊重，共存共生，这恰恰又正是最具有现代意识的宇宙伦理、社群伦理和人道原则。刘贞亮提出的"以茶可行道"，实质上就是指中庸之道。因为"以茶利礼仁""以茶表敬意""以茶可雅志"，终究是为"以茶行道"而开路的。

《朱子语类》录有几则朱熹对茶的中庸之德与中和之理的认识。兹录于下：

先生因吃茶罢，曰："物之甘者，吃过必酸；苦者吃过却甘。茶本苦物，吃过却甘。"问："此理如何？"曰："也是一个道理。如始于忧勤，终于逸乐，理而后和。盖礼本天下之至严，行之各得其分，则至和。又如'家人嗃嗃，悔厉吉；妇子嘻嘻，终吝'都是此理。"

另一则是：

建茶如"中庸之为德"，江茶如伯夷叔齐。又曰："南轩集云：'草茶如草泽高人，腊茶如台阁胜士。'似他之说，则俗了建茶，却不如适间之说两全也。"《朱子语类卷第一百三十八·杂类》。

朱子以"中庸之德"说茶，又以中和之理喻茶，表明他对儒家学说的深透思考已达于如此具体之物事。当然，这也同时说明了朱熹对茶的认识及对茶文化的爱好及其独特的品位，如把建茶比之于"中庸之为德"，恐在茶文化史上也是极为的罕见的"物"与"思"的巧妙结合，它给茶文化史留下了至为宝贵的史料。

"中庸之为德"这句话出于《论语·雍也》："中庸之为德也，其至矣乎！民鲜久矣。"应该说，中庸思想在孔子和后代儒家那里，占有极其重要的位置。

"中"在易经里是个十分重要的概念。易经的卜卦，非常注意"位"和"时"；位是阴爻阳爻在卦里所居的地位，每一卦里的地位，以二和五为正位，二居下卦之中，五居上卦之中，卦爻的地位是以"中"为贵。"时"则是卦爻在变易时所有的适当之时，"时"的表现在于位，即是卦爻在变易时，常有一个位，所谓适当之时，即是卦爻居在中位时，因此称为时中。"子曰……君子之中庸也，君子而时中"，足见以时中解释中庸，本是孔子的思想。

陆羽的《茶经》就吸取了儒家的经典《易经》的"中"的思想，在他所制的器具上也有所反映。如煮茶的风炉，"风炉以铜铁铸之，如古鼎形。厚三分，缘阔九分，令六分虚中"。炉有三足，足间三窗，中有三格，它以"六分虚中"充分体现了《易经》"中"的基本原则。它是利用易学象数所严格规定的尺寸来实践其设计思想的。风炉一足上铸有"坎上巽下离于中"的铭文，同样显示出"中"的原则和儒家阴阳五行思想的糅合。陆羽以此表达茶事即煮茶过程中的风助火，火熟水，水煮茶，三者相生相助，以茶协调五行，以达到一种和谐的时中平衡态。

陆羽处于"盛唐"时代，此时期和谐安定正是人们向往的理想社会状态，像陆羽这样熟读儒家经典又深具儒家情怀的人，决不会只把这种向往之情留给自己，他要通过茶道（而不是别的方式）来宣扬这种儒家的和谐理想，把它带给人间。从其所创之"馥"（锅）是以"方其耳以令正也；广其缘以务远也；长其脐以守中也"为指导思想这点来看，陆羽所具"守中"即儒家的"时中"精神，正是代表了儒家的治国理想。

所谓"时中"，也就是什么时候该做什么就恰到好处地做什么。因此这一中庸之道，仍

是修身之道，是处世做人的态度与方法。在修身律己的过程中，只有保持中庸精神，中言中行，"允执其中"，不走极端，避免"过"与"不及"的片面和偏激，才能把握住"度"，才能造成社会的和谐。《论语》中所说的"子温而厉，威而不猛，恭而安"，及其"毋意、毋必、毋固、毋我"都指的是这种中庸之度的把握。

（二）中和哲学与茶道

"中"与"和"是有着内在关系的。《中庸》第一章对此就有很好的解释："喜怒哀乐之未发，谓之中；发而皆中节，谓之和。中也者，天下之大本也；和也者，天下之达道也。致中和，天地位焉，万物育焉。"

情未发即心未动，心未动则是心的天然状态；也就是说，心不为任何情欲所激动而有所偏倚，故能常正，常居中。心在中正状态，则天理显赫。朱熹的《中庸章句》注曰："中者，不偏不倚，无过不及之名。庸，平常也。"

茶道以"和"为最高境界，亦充分说明了茶人对儒家和谐或中和哲学的深切把握。无论是宋徽宗的"致清导和"，还是陆羽的谐调五行的"中"道之和，还是斐汶的"其功致和"，还是刘贞亮的"以茶可行道"之和，都无疑是以儒家的"中和"与和谐精神作为中国的"茶道"精神。

美学家、诗人宗白华曾谈到欧阳修的审美观，指出欧阳修曾主张"闲和严静趣远"的高逸境界。我们认为这是完全不同于道家那种虚静超逸境界的，因为它的着重点在一个"和"字。欧阳修提出的和是"闲和"，这完全是一种高逸的艺术境界了。用不着过分夸张，我们似乎很难找到一个比"闲""和"更能体现儒家茶文化精神的字眼了。"闲"指儒士文人的闲雅之境，茶文化毕竟是要有闲暇、悠闲之时光和心境的文化种类，但要从优闲之中体现出"和"的境界，却是较为不易的，然而它却是儒家的理想。

中国历史上，无论煮茶法、点茶法、泡茶法，都讲究"精华均分"。好的东西，共同创造，也共同享受。从自然观念讲，饮茶环境要协合自然，程式、技巧等茶艺手段，既要与自然环境协调，也要与人事、茶人个性相符。青灯古刹中，体会茶的苦寂；琴台书房里体会茶的雅韵；花间月下宜用点花茶之法；民间俗饮要有欢乐与亲情。从社会观说，整个社会要多一些理解，多一些友谊。茶壶里可装着天下宇宙，壶中看天，可以小见大。

"和实生物"与"物一无文""声一无听"，强调了不同物的统一、合一，从不同的角度突出了同一个规律。但他们的"一"是有前提条件的，并非任何不同或对立之物合在一起就能产生"和"。"物一无文""声一无听"正是认为相同之物的简单相加不会有"文"和"声"的产生。这充分表明审美有其自身的内在规律。在不同或对立物的谐调变化中，才能产生美与发展、美与新、美与多样化关系的事物。

（三）礼乐文化与茶道

孔子为保证社会的和谐提出了一个"礼"字，同时又用"乐"的情感审美方面来强化"礼"的各种关系，也就是音和——心和——政和的逻辑。从哲学理论上，《礼记·中庸》已达到这样的认识：人的修养能达到中和境界，就会产生"天地位焉，万物育焉"的效果。到了战国时期，经子思、荀子和《乐记》等儒家学者及文献的提高与发挥，审美上的中和准则便进一步成熟。当然，它与政治的结合也更为密切。以礼节欲、以理治情的观点，体现了艺术服从政治、情为理制准则。"中和"的审美观是中华民族文化的一大发明，它决定了整个民族的思维特色，而美学之和与政治之和的结合，就是其思维特色之一。它毕竟使中华文明保存并延续了几千年之久。

中和思想及其美学境界，渗透在儒家茶文化的方方面面，它彰显出儒家茶人对真、善、美的精神追求。不仅陆羽、宋徽宗、刘贞亮、斐汶这一层面的茶专家，以中和原理阐述茶道，以中和精神从事茶事活动，而且像朱熹、欧阳修这样的大儒也一直以"中和"喻茶，其超逸的美学境界，又给儒家学者文人添了一道风景线。在此，我们要进一步深入到另一个层面即非儒家的一般文人所具备的"中和"境界，如晁补之这样的非儒、非道又即儒即道的文人。

由于儒家把"中和"的道德境界和艺术境界统一起来，而这个统一，对儒家茶人来说，首先是保持自己高洁的情操，然后在茶事活动中才能体现出那种高逸的中和美学境界。因此，无论是煮茶过程，茶具茶器的使用，还是品饮过程，茶事礼仪的动作要领，都要不失儒家端庄典雅的风韵，此为中庸之所谓"发而中节"，符合规范。因而儒家的茶道，比道家的"自然之道"更为讲究，因为它被视为一种修身的过程，陶冶心性的方式，体验天理的途径，格物致知的方法。过于轻慢随意，必定一无所得。

"中和"境界，来自于人与自然的统一。茶道本身就是一种人文与自然结合的至高的艺术。它要反映自然的四时有序，万物和一，这是儒家茶人对自然珍品的信念与理想。因此，茶道内在地要求一种艺术氛围，而这种氛围首先要求茶人对茶器的选择，在茶器中融贯美的追求，以符中和境界。因而无论是宫廷的金碧茶器，还是民间的石铫瓷釜，儒家茶人都力求其形态的真实、朴素，既不过于夸张，又不失端庄。此即中和之道。

至于煮茶过程，就如苏廙《十六汤品》所说："火绩已储，水性乃尽，如斗中米，如称上鱼，高低适平，无过不及为度"。最后这句本身即为中庸之德。他接着又从理论上加以总结："盖一而不偏杂者也，天得一以清，地得一以宁，汤得一可建汤勋。"这里"一"是来自道家的观念，但其实质是落实在儒家中庸之德、中和境界的平衡、适度，"中节"的思想上。"一"是"发而中节"，动以得礼（理）的抽象化。"一"在形态上表现为整体，在功能上表现为连贯。结构与功能的统一，也就是时空的统一。所以茶事从煮到品，都要纳入应有程序之中，要有一定的规范、节度。形态上要表现出整体感，过程中表现出连贯性。宋徽宗甚至花了不少篇幅来展开动作的要领，如从手指到手臂，从手腕到竹筅使用以及力度大小都作了规范。

由此，茶事过程的进行，变为一种艺术的观照活动，以获得天然真趣，亦即欧阳修说的"趣远"，所以整个过程的艺术化，就使茶事升华为精神领域的东西。如果说，儒家茶道旨在以茶修德，那么，这个"德"是与艺术地"品"互为前提的。德高之人，虚怀若谷，纯而不杂，"品"的感受力更敏锐，艺术境界更高，反之，"品"本身，就是不断提升道德境界的途径。因其"品"之时际，得山川灵气之启迪，得茶性"和"气之熏陶，同时也得人性中和之根的复苏，也得到了道德力量的扩充。因其如此，茶品比之于人品，正是大自然的伟力与人性之伟力的比照。

陆羽主张茶艺要美，技术要精，连煮茶的沫饽都用枣花、青萍、浮云、积雪来形容。皎然是个和尚，但是个被儒化了的和尚，他主张饮茶可以伴明月、花香、琴韵。唐代《宫乐图》，表现的是宫中妇女品茶、饮馔、音乐相结合的情景，是从悠扬的音乐、祥和的气氛中体现乐感。明人在自然山水间饮茶，求得自然的美感和乐趣。在斋中品茗，相伴琴、书、花、石，求得怡然雅兴。甚至于洞房中夫妻对斟，有欢快但无俗媚，更不可能有猥亵之感。著名女词人李清照与丈夫赵明诚都是著名茶人，常以茶对诗，夫妻和乐，以至香茗洒襟，仍不失雅韵，传为佳话。至于民间茶坊、茶楼、茶馆，欢快的气氛更浓重些。以禅宗的德山棒来看，这些茗饮方式好像都没有什么深刻的思想，但在正常人看，七情六欲皆出乎天然，食

于自然者即为道。儒家看来，天地宇宙和人类社会都必须处在情感性的群体和谐关系之中，不必超越实际时空去追求灵魂的不朽，体用不二，体不高于用，道即在伦常日用、工商耕稼之中。"天行健"，自然不停地运动，人也是生生不息。日常的生活，有艰难，也有快乐，才合自然之道、自然之理。饮茶不像饮酒，平时愁肠百转，喝昏了发泄一通，狂欢乱舞。茶人也不像苦行僧，平时无欢乐，无精神，苦苦坐禅，才有一时的开悟和明朗。茶人们一杯一饮都有乐感。"有朋自远方来不亦乐乎"？以茶交友不亦乐乎？佳茗雅器不亦乐乎？以茶敬客不亦乐乎？居家小斟不亦乐乎？并非中国人不知艰难没有"忧患意识"，而是执着于终生的追求，诚心诚意地对待生活，"反身而诚，乐莫大焉"。合于自然，合于天性，穷神达化，便可以在一饮一食当中都得到快乐。

茶道一是备茶茗饮之道，即备茶茗饮之技艺和规范；二是思想内涵，即通过饮茶陶冶情操，修身养性，把思想升华到富有哲理的、关于世界人生本体依据的"道"的境界，也可以说是在一定的社会条件下，依照当时社会所提倡的道德、伦理、哲学，通过沏茶、赏茶、饮茶，达到修身养性，陶冶情操，增进和谐，学习理法，品味和参悟人生，实现精神上的享受和人格的升华。就"道"的内涵而言，"茶道"应是第二含义，第一种含义应是"艺道"，归"茶艺"，为妥。

中国传统的"道"是人生追求的境界。儒家茶道也是一门"境界之学"、"内圣"之学。以茶励志、以茶修身、以茶悟道的"内圣"过程，正是儒家之格物、致知、诚意、正心和修身的过程。

第三节　禅宗思想与茶

饮茶之风在中国的盛行，与佛教有着密切的关系：佛教僧人坐禅饮茶，推广了茶文化；寺院种茶、制茶，在茶的制作、品酌方面多有创造；以茶供佛、寺院茶礼体现了茶与禅的密不可分；以茶参禅，更是赋予了茶深刻的思想内涵，将茶引入了参禅开悟的精神领域。茶不仅是僧人解渴提神的饮料，还成为其日常修行的一部分；而禅则赋予了茶深刻的哲理禅思。如果说陆羽《茶经》的问世令茶由饮而艺，禅与茶的融合则更进一步，令茶由艺而道，最终茶禅一味，形成了一种新的文化——"禅茶文化"。追溯禅茶文化形成的历史，我们会发现茶与禅两种文化的融合是经历了漫长且逐层深入的过程。

一、禅的含义和历史

禅是佛教各宗派通用的一种修持方法，是一种通过凝心静坐、灭却一切妄想杂念而达到静定状态，从而获得智慧的一种宗教体验。佛教对禅的解释："禅是禅那的简称，汉译为静虑，是静中思虑的意思。"也就是说佛教修行者，对人生的诸多问题要达到最高认识境界，必须经过静静思虑。中国的禅宗，早在魏晋南北朝时就已经存在了。《中国通史纲要》中记载："魏宣武帝时来自南天竺的菩提达摩大师从南朝来北朝后，大讲禅法，主张静坐修心，破除妄想，以求得心灵上的解脱。反对南方佛教名僧那种混杂佛学和空洞地讲经。"达摩大师在河南嵩山少林寺创立禅宗，先是在北方流行，后来又传到了南方。直至盛唐时期，禅宗六祖慧能把禅宗发扬光大，在南方大行禅宗之风，主张直指人心见性成佛，而且一花开五叶，形成了禅宗五家宗派：临济、曹洞、法眼、云门、沩仰。"菩提本无树，明镜亦非台。本来无一物，何处惹尘埃？"就已经说明了六祖慧能大师对自然变化的认识、对世界观的剖析以及生命中的一切因果关系的认识。

唐朝时期，佛教的兴盛，使佛教各宗派也逐渐趋于完善。禅宗也有着它的传播与形式，应运而生的禅堂，也就在此时成立。喜欢禅修和热衷禅学者，每天在禅堂中打坐静参。禅宗静虑有一句口头禅，主要以"谁是我？我是谁？是谁念佛？念佛者是谁？"的依据，静虑生命观、世界观、宇宙观、人生观的认识。打坐参禅虽然延续成了形式，但是也产生出了一种佛教的重要文化。这种文化，随着历史的前进，社会的发展，不断革新和充实。

二、禅与茶结合的过程

茶文化与禅文化，本是两种完全不同的文化形态，却能长时间地相互浸润，达到一种深长悠远的精神境界，终成"禅茶一味"。

（一）禅的修行方式和茶的品饮

如果说茶作为嗜好品，所印证的只是一般人热爱茶饮料的原因，那么喝茶过程中，人与茶的"交汇"；参禅悟道过程中，人与佛的"相通"，则可以为禅与茶的结合，形成"禅茶"。

茶的功能主要体现在以下几个方面：第一，茶可以用作药物来治疗疾病。从现代医学角度来说，茶中含有大量的茶多酚，对人体有药效作用；第二，可以消食止渴，当饮食后腹中饱胀，饮用浓茶，可以祛烦除腻，利于消化，同时又解渴、明目；第三，饮茶可令人清醒少睡，令人头脑保持清明的状态，甚至振奋精神，令人保持兴奋，从而驱除睡意。另外，茶还有强心功能，茶的苦味对心脏有好处，这在阴阳五行和真言密教中都有说明。茶的功能如此之多，对于居住在深山或幽谷之中静坐清修的僧人来讲，茶是一种不可替代的饮品。

参禅的最基本方法，即获得精神体验的最有效的方法是习禅者的坐禅或称"禅那"，这无论在早期禅还是后来的南宗禅体系内，都是一个不可动摇的方法。而饮茶，古往今来，除了在舟车劳顿中的解渴外，真正具备"饮"之风度的行为通常都在安坐的环境下进行，这在中日等国茶道中尤为显著，或者强调寂静或者强调闲适，茶与禅的另外一个契合点即是"安心"。

在中国古代的历史上，佛教大兴也是茶俗兴起之时，禅宗到了顶峰的唐宋之际，茶文化也发展到了极致，可以说，禅门中的饮茶之风和全社会是顺时顺势的。因此，饮茶不但对悟道有益，更可以帮助打坐，而禅宗的大盛，无疑又反过来推动了饮茶的习俗。

（二）佛门植茶的传统

蔡镇楚《茶禅论》中指出：①茶禅联姻，首先是由于茶的本质特征和审美趣味所决定的；②在于饮茶的心理机制和生理功能；③在于禅门僧侣饮茶之习与文人生活方式的共通之处。笔者在综合各种文献中对这个问题的探讨后，就茶叶的特质、中国禅宗的精神内涵以及中国文人的情怀三个方面来探讨茶与禅结合的原因。

佛教僧侣种植茶古已有之，佛教传入中国，也同时是饮茶习俗开始涌现文字记载的年代，不论僧俗，人人都开始饮茶。佛教以其独特的"僧团"制度行世，由一群出家人组成特殊的宗教团体，与社会其他人群区分开来。相当一部分出家人离开了喧闹的人群，到山林里兴建寺院，从事宗教活动，这些寺院坐落在云山雾罩的地带，拥有丰沛的雨水，温暖的气候，植被繁茂，甚至还有野生茶树，这都为种茶提供了物质条件。

据《蜀中广记》记载，西汉时，甘露大师吴理真已在蒙山种植茶树："昔普惠大师生于西汉，姓吴氏，挂锡蒙顶之上清峰中，凿井一口，植茶数株，此旧碑图经所载为蒙山茶之始矣。"《陇蜀余闻》记载："蒙山在名山县西十五里，有五峰，最高者曰上清峰。其巅一石大如数间屋，有茶七株，生石上，无缝罅，相传为甘露大师手植。"唐代大诗人白居易曾留下了"琴里知闻唯渌水，茶中故旧是蒙山"。的绝句。江西的庐山云雾茶，自东汉年间便有之，据《庐山志》记载，东汉时，庐山佛教寺院多达三百余座，僧侣云集，"山僧艰于日给，取诸崖壁间，撮土种茶……然山峻高寒，丛极纤弱，历冬必用茅苫之，届端阳始采，焙成呼为云雾茶"。东晋庐山东林寺名僧慧远，曾用自种、自采、自制的庐山云雾茶招待诗人陶渊明，吟诗饮茶，叙事论经。类似这样的典故实在太多。佛教寺院从植茶始，进而推动制茶技术，再形成名茶。

茶事活动是寺院生活的重要一项，清规中对于"茶"这一关键词的重视达到了无以复加的程度。自唐代以来，寺院专设有"茶堂"，供禅僧交流辩论，招待施主宾客，一起品茶。法堂西北角设置有"茶鼓"，每天按时敲击以召集僧众饮茶。禅僧坐禅时，每焚完一炷香，就要饮茶，以便消除疲劳、提神益思，称作"打茶"。在诸寮舍司专事烧水煮茶、献茶待客的僧职，称为"茶头"，有的寺院门前还有"施茶僧"，为来往游人惠施茶水，佛教寺院的茶，则统称为"寺院茶"。按丛林规则，众僧每天要在佛前、祖前、灵前供茶，叫"奠茶"；按照受戒年限先后饮茶叫"戒腊茶"；平时全寺众僧饮茶叫"普茶"；新住持晋山时，也有点茶、点汤的仪式，还有专以茶汤开筵的，谓之"茶汤会"。饮茶成为禅僧日常生活中不可缺少的重要内容，也成为佛事活动中不可分割的一部分，在一些重要场合，如佛教节日、朝廷御赐法衣、名号时，往往要举行盛大的茶宴，茶宴也有一套固定和较为讲究的仪式。

三、禅茶一味的内涵

"禅茶一味"它几乎成了现今茶文化、茶道的一句口头禅。中国的茶文化是以儒家精神为基础接受了禅宗文化，而禅宗文化又找到了最好的载体，又接受了茶文化。"一茶一禅，两种文化，有别有同，非一非异；一物一心，两种法数，有相无相，不即不离；一啜一饮，甘露润心，一酬一和，心心相印。"当茶进入禅理，似乎变得玄奥，原本人们还认识的茶，自从被"禅"介入，人们突然对茶恭敬有加，茶开始变得崇高了。现在，就让我们静下心来面对这四个字，慢慢从玄奥中走出来，以禅的智慧来慢慢品味这四个字——禅茶学者陈云君先生说："茶禅一味简单地说就是当人们在有心、用心饮茶时静无所思，但在静中，一时个人的人生况味都在空、有之中渐近渐远，渐远渐近……茶是茶，禅是禅，因为有心、用心，茶也是禅，禅也是茶。"

（一）禅茶一味要义

有禅门公案这样说，有僧问："请师直示西来意。"马祖道一说："我今日无心情，汝去西堂问取智藏。"僧到西堂问，西堂以手指云："我今日头痛，不能为汝说得，汝去问海兄。"僧去问怀海禅师，怀海云："到我这里却不会。"有僧问禅，要么被法师借故推托，要么说不会，均说明了"禅不可说"。

"禅茶一味"是禅宗提倡与万物融为一体具有代表性的法语，意指"直心是道的道理"或"明心见性、顿悟成佛"的禅法宗旨。唯以心如虚空，心头一切障碍和壁垒在当下消融瓦解。将"禅茶一味"佛法的真谛融化到自己的生命之中，才是其真正要义，这就是"禅茶一味"的智慧所在。随着禅理的发展，在禅境中进一步把审美情感和禅悟之境结合起来，禅悦被抬升到本体的地位。于是，"禅茶一味"的美学精神也就形成了，这种美体现在茶美、水美、禅美、境美融为一体，体现为和谐、自然、空灵、苍凉等诸多方面。

禅是一种境界。"禅茶一味"之"禅"也是一种心悟，"茶"是物质的灵芽，"一味"就是心与茶、心与心的相通。但在"无文字之禅，在面对受众时必以语言文字为初步"这样的意义中，以茶为载体来行禅之道。"禅茶一味"完全是禅门参禅悟道之事。从古至今，僧人生活实乃无茶不可。所以，禅师们论禅涉及的茶事，在茶人眼里则以此抬高茶身价。只有当茶和禅结合时才能有"儒、释、道"三教合一的思想精华体现，才能真实地反映中华文化的核心思想，才能使茶泡出更富哲理性的滋味来，真正符合儒家主正气、道家主清气、佛家主和气、茶家主雅气的禅茶文化中心思想。"禅茶一味"千古度人的不二法门。如"会得此意，方能说茶禅一味，禅茶一味。略言之：茶禅一味，当以吃茶品味禅意，由禅意体会平常，于平常证得清净；禅茶一味，当以禅意演练茶艺，由艺进升茶道，于茶道证悟禅道"。

（二）"禅茶一味"的脉络

佛教僧众坐禅饮茶的文字记载可追溯到晋代，在《晋书·艺术传》"饮茶篇"中，敦煌人单道开在后赵都城邺城（今河北临漳西南）昭德寺修行，除"日服镇守药"外，"时复饮茶（荼）苏一二升而已"。僧人单道开以茶禅修之先例，开启了僧人把茶和禅相合的大门。而在东晋时期，庐山东林寺有"虎溪三笑"公案，世人给予"虎溪聚三人，三人三笑语；莲池开一叶，一叶一如来。"的高度评价。当时有道家代表人物陆修静、儒家代表人物陶渊明、佛家代表人物慧远法师，这三位被公认的大师级人物，雅集东林寺品茗论禅、说道、弘儒，完成了一次儒、释、道三教人物在东林寺的以茶聚会。

唐代封演所著《封氏闻见记·饮茶篇》，记载："开元中，泰山灵岩寺有降魔师大兴禅教，学禅务于不寐，又不夕食，皆许其饮茶。人自怀挟，到处煮饮。从此转相仿效，逐成风俗。"根据封演描述，唐开元年中泰山降魔大师大兴禅宗，规定坐禅时不能打瞌睡，而且"又不夕食"（过午不食），不能吃晚饭，饿了"皆许饮茶"，靠饮茶去瞌睡和补充体内营养。而恰恰是这种以茶禅修方式，由此兴起了寺院的饮茶之风，并直接推动了大唐茶文化的发展。自此以后，茶事活动堂而皇之地走进山门。

中唐时期，继降魔大师认可僧人饮茶成为修持内容之后，高僧百丈怀海禅师将饮茶列入佛门清规。身为禅宗南岳怀让一系的传人怀海，他实行僧人农禅制度，提出"一日不作，一日不食"口号。《百丈清规》对于禅茶文化的贡献是将僧人植茶、制茶纳入农禅内容，将僧人饮茶纳入寺院茶礼，使僧人饮茶之礼成为了佛门常态化和制度化，较降魔大师又进了一步。正因怀海禅师这一贡献，使茶事活动真正从制度上成为与禅宗教义相关的行为。

《百丈清规·法器章》载：寺庙除了有"法鼓"之外，还设有"茶鼓"。茶鼓的打法为"茶鼓长击一通"。有些寺庙还设有专用茶室叫"茶寮"。除了便于僧人饮茶之外，还是待客的场所。明人许次纾《茶疏·茶所》云："小斋之外，别置茶寮。……寮前置一几，以顿茶注茶盂，为临时供具。"一般茶寮派一二僧负责，称寮主、副寮，也有叫茶头或茶僧的。嗜茶的僧人一般叫茶僧，茶僧不是职务，仅言其嗜茶之切。寺院重要茶事活动一般都在茶寮内举行，如茶汤会等。

僧人饮茶成为制度并被纳入法律强制施行是在元代。元代皇帝命令和尚们重新编刊《百丈清规》，遍行天下丛林。明洪武十五年太祖皇帝"圣旨榜例"，"诸山僧人不入清规者，以法绳之"。《百丈清规》对于佛门茶礼的发展和巩固起到决定性作用。

茶文化史上一次大飞跃发端于从谂禅师，人称他为"赵州古佛"。他常与四方来学者道以"吃茶去"，因而形成一桩禅门"公案"，成为中国历史上著名茶文化典故。有关该公案，《古尊宿语录》《指月录》《五灯会元》等都有记载，不再详尽说明。从谂禅师这三声颇有回味的"吃茶去！"被世人看成是"赵州禅关"，因茶能清心、涤心，易于进入禅的明心见性真实境界，见到自己的本来面目，故对中国禅宗茶道的形成产生了重大的影响。"赵州禅茶"提升了佛教茶文化乃至中华茶文化的文化内涵，是"禅茶一味"肇始的标志，是禅茶文化形成的标志，同时也标志着佛教"禅宗茶道"的正式形成，也为中国茶道的形成奠定了基础。

因而"吃茶去"作为禅的"悟道"方式，构成了"茶禅一味"的至高智慧境界。"吃茶去"作为佛门直指人心的启示，渡化多少迷人，赢得了历代高僧的赞叹！毕竟是赵州禅师的一句"吃茶去"，为后世参禅悟道开了不二法门。

唐代后，禅书中关于禅茶的记载诸多，尤其是在历代法师的语录里时有出现，但不足以引起世人关注，如陆羽《茶经·七之事》记载的武康小山寺释法瑶"饭所饮茶"，八公山沙门昙济设茶奉敬刘宋皇子等。

"禅茶一味"这四个字，是最简单、最通俗的语言，但它却催生出中国禅茶文化中的一朵奇葩，而且，无论禅味还是茶味正在不断的散发，内涵在不断地扩展、充实和延伸。"禅茶一味"的实质，是要我们以禅的智慧之光照亮生活的道路、转化人性的缺陷，这不仅是茶文化史上永恒的主题，更是当今时代促进社会和谐、提高大众生活品质、引导人们走出心灵迷惘的应机妙方。

第四节 各国茶道

一、日本茶道

日本茶道是在"日常茶饭事"的基础上发展起来的，它将日常生活行为与宗教、哲学、伦理和美学熔为一炉，成为一门综合性的文化艺术活动。它不仅仅是物质享受，而且通过茶会，学习茶礼，陶冶性情，培养人的审美观和道德观念。

（一）日本茶道的起源

日本茶道源于中国茶文化。日本的饮茶始于我国唐朝时期，最澄和尚带回茶籽，公元805年，来中国留学的最澄和尚将茶籽带回日本，种在京都比睿山东麓，日吉神社旁。与最澄和尚同一时期来中国留学的空海和尚、都永忠和尚将饮茶的生活习惯带回了日本。公元815年4月，嵯峨天皇出游经过位于京都西北的崇福寺和梵释寺，两寺相接，由都永忠和尚掌管，天皇升堂礼佛后，都永忠和尚亲自煎茶奉献天皇品饮，这次品茶给天皇留下了深刻的印象。于是在宫廷内的东北角开辟了茶园，设立造茶所，开启了日本古代饮茶文化。日本茶道在宋朝时期逐渐普及，荣西禅师于宋孝宗乾道四年（1168年）及孝宗淳熙十四年（1187年）两次来中国，潜心钻研禅学，亲身体验茶文化，宋光宗绍熙二年（1191年）回国后，不仅带回茶的种籽，还把在中国寺院里饮茶的规矩和方法带回日本，并于公元15世纪确立了日本茶道的基本理念。千百年来日本茶道在吸收中国茶文化的基础上，充分融入了本民族的艺术形式，成为了日本的国粹之一。日本茶道深受本国人民的喜爱，而且越来越显示出其旺盛的生命力，积极地向世界各地传播。

（二）日本茶道的历史

日本茶道的发展历程大致经历了奈良、平安时代；镰仓、室町、安土、桃山时代；江户时代和现代时期共四个时期，日本茶道由形成到成熟经历了千百年的岁月。

1.奈良、平安时代

据日本文献《奥仪抄》记载，日本天平元年（唐玄宗开元十七年，公元729年）四月，朝廷召集百僧到禁廷讲《大般若经》时，曾有赐茶之事，据此可推测日本人饮茶始于奈良时代（公元710—794年）初期。据《日吉神道密记》记载，公元805年，从中国留学归来的最澄带回了茶籽，种在了日吉神社的旁边，成为日本最古老的茶园。至今在京都比睿山的东麓还立有《日吉茶园之碑》，其周围仍生长着一些茶树。与最澄从中国同船回国的弘法大师空海，在日本弘仁五年（公元814年）闰七月二十八日上献《梵字悉昙子母并释义》等书所撰的《空海奉献表》中，有"茶汤坐来"等字样。《日本后记》弘仁六年（公元815年）夏四月癸卯记事中，记有嵯峨天皇巡幸近江国，过崇福寺，大僧都永忠亲自煎茶供奉的事。都永忠在宝龟初（公元770年左右）入唐，到延历二十四年（公元805年）回国，在中国生活了三十多年。嵯峨天皇又令在畿内、近江、丹波、播磨各国种植茶树，每年都要上贡。《拾芥抄》中更近一步说，在当时的首都，一条、正亲町、猪熊和大宫的万一町等地也设有官营的茶园，种植茶树以供朝廷之用。日本当时是如何饮茶的？从与都永忠同时代的几部汉诗集中可以发现，日本当时的饮茶法与中国唐代流行的饼茶煎饮法完全一样。《经国集》有一首题为《和出云巨太守茶歌》描写了将茶饼放在火上炙烤干燥（独对金炉炙令燥），然后碾成末，汲取清流，点燃兽炭（兽炭须臾炎气盛），待水沸腾起来（盆浮沸，浪花起），加入茶末，放点吴盐，味道就更美了（吴盐和味味更美）。煎好的茶，芳香四溢（煎罢余香处处薰），这是典型的饼茶煎饮法。这一时期的茶文化，是以嵯峨天皇、都永忠、最澄、空海为主体，以弘仁年间（公元810—824年）为中心而展开的，这一段时间构成了日本古代茶文化的黄金时代，学术界称之为"弘仁茶风"。弘仁茶风随嵯峨天皇的退位而衰退，特别是由于宇多天皇在宽平六年（894年），永久停止遣唐使的派遣，加上僧界领袖天台座主良源禁止在六月和十一月的法会中调钵煎茶，于是中日茶文化交流一度中断。但在十世纪初的《延喜式》中，有献濑户烧、备前烧和长门烧茶碗等事的记载，这说明饮茶的风气开始在日本流传。

总之，奈良、平安时期，日本接受、发展中国的茶文化，开始了本国茶文化的发展。饮茶首先在宫廷贵族、僧侣和上层社会中传播并流行，也开始种茶、制茶，在饮茶方法上则仿效唐代的煎茶法。日本虽于九世纪初形成"弘仁茶风"，但以后一度衰退。日本平安时代的茶文化，无论从形式上还是精神上，可以说是完全照搬《茶经》。

2. 镰仓、室町、安土、桃山时代

镰仓时代（公元1192—1333年）初期，处于历史转折点的划时代人物荣西撰写了日本第一部茶书——《吃茶养生记》。荣西两度入宋，第二次入宋，在宋四年零四个月，1191年回国。荣西得禅宗临济宗黄龙派单传心印，他不仅潜心钻研禅学，而且亲身体验了宋朝的饮茶文化及其功效。荣西回国时，在他登陆的第一站——九州平户岛上的富春院，撒下茶籽。荣西在九州的背振山也种了茶，不久繁衍了一山，出现了名为"石上苑"的茶园。他还在九州的圣福寺种了茶。荣西还送给京都拇尾高山寺明惠上人5粒茶籽，明惠将其种植在寺旁。那里的自然条件十分有利于茶的生长，所产茶的味道纯正，由此被后人珍重，人们将拇尾高山茶称作"本茶"，将这之外的茶称为"非茶"。荣西回国的第二年，日本第一个幕府政权——镰仓幕府成立。掌握最高权力的不再是天皇，而是武士集团首领——源氏。政治的中心，也由京都转移到镰仓。建保二年（公元1214年），幕府将军源实朝醉酒，荣西为之献茶一盏，并另献一本誉茶德之书《吃茶养生记》。《吃茶养生记》分上下两卷，用汉文写成，开篇便写道："茶也，末代养生之仙药，人伦延龄之妙术也"。荣西根据自己在中国的体验和见闻，记叙了当时的末茶点饮法。由于此书的问世，日本的饮茶文化不断普及扩大，于是致使三百年后日本茶道的成立。荣西既是日本的禅宗之祖，也是日本的"茶祖"。自荣西渡宋回国再次输入中国茶、茶具和点茶法，茶又风靡了日本僧界、贵族、武士阶级以及平民。茶园

不断扩充，名产地不断增加。荣西之后，日本茶文化的普及分为两大系统，一是禅宗系统，一是律宗系统。禅宗系统包括荣西及其后的拇尾高山寺的明惠上人，律宗系统则有西大寺的叡尊、极乐寺的忍性。饮茶活动以寺院为中心，并且是由寺院普及到民间，这是镰仓时代茶文化的主流。日本文永四年（公元1267年），筑前崇福寺开山者南浦绍明禅师，自宋归国，获赠径山寺茶道具"台子"（茶具架）一式并茶典七部。"台子"后传入大德寺，梦窗疏石国师率先在茶事中使用了台子，开点茶礼仪之先河。此后，台子茶式在日本普及起来。镰仓时代末期，上层武家社会的新趣味、新娱乐"斗茶"开始流行，通过品茶区分茶的产地的斗茶会后来成为室町茶的主流。

室町时代（公元1333—1573年），受宋元点茶道的影响，模仿宋朝的"斗茶"，出现具有游艺性的斗茶热潮。特别是在室町时代前期，豪华的"斗茶"成为日本茶文化的主流。但是，与宋代文人们高雅的斗茶不同，日本斗茶的主角是武士阶层，斗茶是扩大交际、炫耀从中国进口货物、大吃大喝的聚会。到了室町时代的中后期，斗茶内容是更复杂、奖品种类也更多，据记载有茶碗、陶器、扇子、砚台、檀香、蜡烛、鸟器、刀、钱等。比起中国宋代的斗茶来，室町时代的斗茶更富有游艺性，这是由日本文化具有游艺性的特点决定的。摆弄进口货，模仿宋朝人饮茶，是一件风雅之事。当然，在室町时代的斗茶会里，也有一些高雅的茶会。室町时代的斗茶经过形成、鼎盛之后，逐渐向高级化发展，为东山时代的书院茶准备了条件。公元1396年，38岁的室町幕府第三代将军足利义满让位于儿子义持。次年，他在京都的北边兴建了金阁寺。以此为中心，展开了"北山文化"。在他的指令、支持下，小笠原长秀、今川氏赖、伊势满忠协主持完成了武家礼法的古典著述《三义一统大双纸》，这一武家礼法是后来日本茶道礼法的基础，而观阿弥、世阿弥父子草创了能乐。公元1489年，室町幕府第八代将军足利义政隐居京都的东山，在此修建了银阁寺，以此为中心，展开了东山文化。东山文化是继北山文化之后室町文化的又一个繁荣期，是日本中世文化的代表。由娱乐型的斗茶会发展为宗教性的茶道，是在东山时代初步形成的。在第八代将军足利义政建造的东山殿建筑群中，除代表性的银阁寺外，还有一个著名的同仁斋。同仁斋的地面是用榻榻米铺满的，一共用了四张半。这个四张半榻榻米的面积，成为后来日本茶室的标准面积。全室榻榻米的建筑设计，为日本茶道的茶礼形成起了决定性的作用。日本把这种建筑设计称作"书院式建筑"，把在这样的"书院式建筑"里进行的茶文化活动称作"书院茶"。书院茶是在书院式建筑里进行，主客都跪坐，主人在客人前庄重地为客人点茶的茶会。没有品茶比赛的内容，也没有奖品，茶室里绝对安静，主客问茶简明扼要，一扫室町斗茶的杂乱、拜物的风气。日本茶道的点茶程序在"书院茶"时代基本确定下来。书院式建筑的产生使进口的唐宋艺术品与日本式房室融合在一起，并且使立式的禅院茶礼变成了纯日本式的跪坐茶礼。书院茶将外来的中国文化与日本文化结合在一起，在日本茶道史上占有重要的地位。在以东山文化为中心的室町书院茶文化里，起主导作用的是足利义政的文化侍从能阿弥（1397—1471年），他是一位杰出的艺术家，通晓书、画、茶。在能阿弥的指导下，当时所进行的点茶法是一种"极真台子"的茶法。点茶时要穿武士的礼服——狩衣，点茶用具放在极真台子上面，茶具的位置、拿放，动作的顺序，移动的路线，进出茶室的步数都有严格的规定，现行的日本茶道的点茶程序基本上在那时就已经形成了。能阿弥不愧是室町时代的一位划时代的大艺术家，他一生侍奉将军义教、义胜、义政三代，一扫斗茶会的奢靡嘈杂，创造了"书院饰""台子饰"的新茶风，对茶道的形成有重大影响。他推荐村田珠光作足利义政的茶道老师，使得后者得以有机会接触"东山名物"等高水准的艺术品，达成了民间茶风与贵族文化接触的契机，使日本茶道正式成立之前的书院贵族茶和奈良的庶民茶得到了融会、交流，为村田珠光成为日本茶道的开山之祖提供了前提。如果说村田珠光是日本茶道的鼻祖，那么能阿弥就是日本茶道的先驱。

总之，镰仓、室町、安土、桃山时期，日本学习和发扬中华茶文化，民族特色形成，日本茶道完成了初创。

3. 江户时代

由织田信长、丰臣秀吉开创的统一全国的事业，到了其继承者德川家康那里终于大功告成。公元1603年，德川家康在江户建立幕府，至1868年明治维新，持续了260多年。千利休被迫自杀后，其第二子少庵继续复兴利休的茶道。少庵之子千宗旦继承其父，终生不仕，专心茶道。千宗旦去世后，他的第三子江岭宗左承袭了他的茶室不审庵，开辟了表千家流派；他的第四子仙叟宗室承袭了他退隐时代的茶室今日庵，开辟了里千家流派；他的第二子一翁宗守在京都的武者小路建立了官休庵，开辟了武士者路流派茶道。此称三千家，四百年来，三千家是日本茶道的栋梁与中枢。除了三千家之外，继承千利休茶道的还有千利休的七个大弟子。他们是：蒲生化乡、细川三斋、濑田扫部、芝山监物、高山右近、牧村具部、古田织部，被称为"利休七哲"。其中的古田织部（1544—1615年）是一位卓有成就的大茶人，他将千利休的市井平民茶法改造成武士风格的茶法。古田织部的弟子很多，其中最杰出的是小掘远州（1579—1647年）。小掘远州是一位多才多艺的茶人，他一生设计建筑了许多茶室，其中便有被称为日本庭园艺术的最高代表——桂离宫。片桐石州（1605—1673年）接替小掘远州作了江户幕府第四代将军秀纲的茶道师范，他对武士茶道作了具体的规定。石州流派的茶道在当时十分流行，后继者很多。其中著名的有松平不昧（1751—1818年）、井伊直弼（1815—1860年）。千利休去世后，由他的子孙和弟子们分别继承了他的茶道，400年来形成了许多流派。主要有：里千家流派、表千家流派、武者小路流派、远州流派、薮内流派、宗偏流派、松尾流派、织部流派、庸轩流派、不昧流派等。由村田珠光奠其基，中经武野绍鸥的发展，至千利休而集大成的日本茶道又称抹茶道，抹茶道是日本茶道的主流。抹茶道是在宋元点茶道的影响下形成的。在日本抹茶道形成之时，也正是中国的泡茶道形成并流行之时。在中国明清时代泡茶道的影响下，日本茶人又参考抹茶道的一些礼仪规范，形成了日本人所称之的煎茶道。公认的"煎茶道始祖"是中国去日僧隐元隆琦（1592—1673年），他把中国当时流行的壶泡茶艺传入日本。经过"煎茶道中兴之祖"柴山元昭（1675—1763年）的努力，煎茶道在日本立住了脚。后又经田中鹤翁、小川可进两人使得煎茶确立茶道的地位。

江户时期，是日本茶道的灿烂辉煌时期，日本吸收、消化中国茶文化后终于形成了具有本民族特色的日本抹茶道和煎茶道。

4. 现代时期

日本的现代是指1868年明治维新以来。日本的茶在安土、桃山、江户盛极一时之后，于明治维新初期一度衰落，但不久又进入稳定的发展期。20世纪80年代以来，中日间的茶文化交流频繁，包括日本茶文化向中国的回传。日本茶道的许多流派均到中国进行交流，日本里千家流派茶道家千宗室多次带领日本茶道代表团到中国访问，第100次访问中国时，时任总书记江泽民在人民大会堂接见了千宗室。千宗室以论文"《茶经》与日本茶道的历史意义"获南开大学哲学博士。日本茶道丹月流家元丹下明月多次到中国访问并表演。日本当代著名的茶文化学者布目潮风、沧泽行洋不仅对中华茶文化有着精深的研究，并且到中国进行实地考察。

（三）日本茶道的精神

"和、敬、清、寂"是日本茶道的基本精神，要求人们通过茶室中的饮茶进行自我思想的反省，彼此思想沟通，于清寂之中去掉自己内心的尘垢和彼此的芥蒂，以达到和敬的目的。日本的茶道有烦琐的规程，如茶叶要碾得精细，茶具要擦得干净，插花要根据季节和来宾的名望、地位、辈分、年龄和文化教养等来选择。主持人的动作要规范敏捷，既要有舞蹈般的节奏感和飘逸感，又要准确到位。凡此种种都表示对来宾的尊重，体现"和、敬"的精神。

（四）日本茶道的流派

日本茶道的流派有很多，现今日本比较著名的茶道流派大多和千利休有着深厚的关系，其中以里千家最为有名，势力也最大。自千利休在秀吉的命令下剖腹自杀之后，千家流派便趋于消沉。直到千利休之孙千宗旦时期才再度兴旺起来，因此千宗旦被称为"千家中兴之祖"。到了千宗旦的晚年，他隐居之后，千家流派便开始分裂，最终分裂成三大流派，这就是"三千家"的由来。现今日本茶道的流派有安乐庵流、怡溪派、上田宗个流、有乐流、里千家流、江户千家流、远州流、大口派、表千家流、织部流、萱野流、古石州流、小堀流、堺流、三斋流、清水派、新石州流、石州流、宗旦流、宗徧流、宗和流、镇信流、奈良流、南坊流、野村派、速水流、普斋流、久田流、藤林流、不白流、不昧流、古市流、细川三斋流、堀内流、松尾流、三谷流、武者小路千家流、利休流、薮内流，等等。

下面简单介绍几个代表性的日本茶道流派。

表千家：千家流派之一，始祖为千宗旦的第三子江岭宗左。其总堂茶室就是"不审庵"。表千家为贵族阶级服务，他们继承了千利休传下的茶室和茶庭，保持了正统闲寂茶的风格。

里千家：千家流派之一，始祖为千宗旦的第四子仙叟宗室。里千家实行平民化，他们继承了千宗旦的隐居所"今日庵"。由于今日庵位于不审庵的内侧，所以不审庵被称为表千家，而今日庵则称为里千家。

武者小路千家：千家流派之一，始祖为千宗旦的二儿子一翁宗守。其总堂茶室号称"官休庵"，该流派是"三千家"中最小的一派，以宗守的住地武者小路而命名。

薮内流派：始祖为薮内俭仲。当年薮内俭仲曾和千利休一道师事于武野绍鸥。该流派的座右铭为"正直清净""礼和质朴"。擅长书院茶和小茶室茶。

远州流派：始祖为小堀远州，主要擅长书院茶。

野村派：野村派是三千家之外的流派，因其风格随意性强，更趋向于下层社会人士，并更有助于交流和推出发展，此派是由野村休盛所创。

新石州流派：石州流属于日本茶道"江户诸流派"中"石州流系"，对后世影响颇大，并曾占据过一定地位，尤其是在江户时代，风格独特，别具一格。创始人片桐贞信，片桐本家在江户时代吸收千家系的茶风而建立的流派。

二、韩国茶道

韩国的饮茶史也有数千年的历史。公元7世纪时，饮茶之风已遍及全国，并流行于广大民间，因而韩国的茶文化也就成为韩国传统文化的一部分。

（一）韩国茶道的起源

韩国的茶叶最初是朝鲜三国时期从中国引入，历史上曾盛行。朝鲜王朝中后期茶叶茶开始在朝鲜半岛衰退。在历史上，韩国茶道也曾兴盛一时，源远流长。在我国的宋元时期，全面学习中国茶文化的韩国，以韩国"茶礼"为中心，普遍流传中国宋元时期的"点茶"。约在我国元代中叶后，中华茶文化进一步为韩国理解并接受，而众多"茶房"、"茶店"、茶食、茶席也更为时兴、普及。

（二）韩国茶道的发展历史

1. 新罗统一时代

这个时代在中国，饮茶习惯遍及，中国茶道——煎茶道形成并风行，茶文学隆盛，茶具独立发展，茶字画初起，茶馆萌芽，形成了中华茶文化第一个高峰。

在 6 世纪和 7 世纪，新罗为求佛法前往中国的僧人中，载入《高僧传》的就有近 30 人，他们中的大部分是在中国经过 10 年左右的用心修学，尔后返国传教的。高丽时代金富轼《三国史记·新罗本纪》载："茶自善德王有之。"新罗第二十七代善德女王公元 632—647 年在位。高丽期间普觉国师一然《三国遗事》中收录的金良鉴所撰《驾洛国记》记："每岁时酿醪醴，设以饼、饭、茶、果、庶羞等奠，年年不坠"。这是驾洛国金首露王的第十五代后裔新罗第三十代文武王登基那年（公元 661），首露王庙合祀于新罗宗庙，祭祖时所遵行的礼仪，其中茶作祭奠之用。由此可知，新罗饮茶不会晚于 7 世纪中叶。

在宫廷，新罗大多数国王及王子喜饮茶，茶为祭奠品中重要之物。三十五代景德王（公元 741—765 年在位）每年三月初三集百官于大殿归正门外，置茶会，并用茶赐臣民；在宗教界，与陆羽同时期的僧人忠谈精于茶事，每年三月初三及玄月（夏历九日）初九在庆川的南山三花岭于旷野备茶具向弥勒世尊供茶，忠谈曾煎茶献于景德王；仙界人物花郎饮茶以为练气之用，花郎有四仙人在镜浦台室外以石灶煮茶。曾在大唐为官的新罗学者崔致远有书札称其携中国茶及中药回归桑梓，每获新茶必为文言其喜悦之情，以茶供禅客或遗羽客，或自饮以止渴，或以之忘忧。崔致远自称为道家，但其思想偏向于儒家，被尊为"海东孔子"。

《三国史记·新罗本纪·兴德王三年》载："冬十二月，遣使入唐朝贡，文宗召对麟德殿，宴赐有差。入唐回使大廉持茶种子来，王使命植于地理山。茶自善德王有之，至于此盛焉。前于新罗第二十七代善德女王时，已有茶。唯此时方得流行。"新罗第四十二代兴德王三年（公元 828 年），新罗使者金大廉，于唐土得茶籽，植于地理山。韩国饮茶始兴于 9 世纪初的兴德王时期，并且开始种茶，这时的饮茶风气主要在上层社会和僧侣及文士之间流传，民间也最先风行。

新罗当时的饮茶法是采用唐代风行的饼茶煎饮法，茶经碾、罗成末，在茶釜中煎煮，用勺盛到茶碗中饮用。崔致远在唐时，曾作《谢新茶状》（见《全唐文》）其中有："所宜烹绿乳于金鼎，泛香膏于玉瓯"，所述的就是煎茶法。崔致远为建立双溪寺的新罗国真鉴国师（公元 755—850 年）撰写的碑文中记："复以汉茗为供，以薪爨石釜，为屑煮之曰：'吾未识是味如何？惟濡腹尔！守真忤俗，皆此之类也'。"真鉴国师曾于公元 804—830 年在唐留学，"为屑煮之"乃将茶碾罗成末煎之，且用石釜煎茶。崔致远于唐僖宗时在唐，恰是唐代煎茶法流行之时，故返国后带回大唐的煎茶法。

新罗统一初期，最先引入中国的饮茶习惯，接受中国茶文化，是新罗茶文化萌芽时期，但那时饮茶仅限于王室成员、贵族和僧侣，且用茶祭奠、礼佛。新罗统一后期，是新罗全面输入中国茶文化时期，同时也是茶文化成长时期。饮茶由上层社会、僧侣、文士向民间流传、成长，并开始种茶、制茶。

总之，新罗统一时代，新罗接受、输入中国的茶文化，开始本国茶文化的发展。饮茶首先在宫廷贵族、僧侣和上层社会中流传并风行，也开始种茶、制茶，在饮茶方法上则仿效唐代的煎茶法。

2.高丽王朝时代

这个时代在中国，点茶茶道形成并风行，茶文学和茶具文化日益繁荣，茶馆兴起，茶字画始兴，形成了中华茶文化第二个高峰。

高丽王朝时代，受中国茶文化成长的影响，是朝鲜半岛茶文化和陶瓷文化的隆盛时代。高丽的茶道——茶礼在这个时代形成，茶礼遍及于王室、官员、僧道、平民中。

王室及朝廷茶文化在高丽时代盛行。每年两大节：燃灯会和八关会必行茶礼。燃灯会为仲春二十五日，供释迦。八关会是敬神而设，对五岳神、名山大川神、龙王等在秋季之十一月十五日设祭。由国王出面敬献茶于释迦佛，向诸天神敬祷。太子寿日宴，王子王妃册封日，公主吉期均行茶礼，君王、臣民宴会有茶礼。朝廷的其他各类典礼中亦行茶礼。

高丽以佛教为国教，佛教气氛郁勃，禅宗中兴，禅风大化。中国禅宗茶礼传入高丽成为高丽佛教茶礼的主流。中国唐代怀海禅师制定的《百丈清规》、宋代的《禅苑清规》、元代的《敕修百丈清规》和《禅林备用清规》等传到高丽，高丽的僧人遂效仿中国禅门清规中的茶礼，建立韩国的佛教茶礼。如流传至今的"八正禅茶礼"，它以茶礼为中心，以茶艺为辅助形式。演出者席地而坐，讲究方位与朝向。高丽王朝时代与新罗时代的明显区别不仅以茶供佛，而且僧侣们要将茶礼用于自己的修行。真觉国师便欲参悟赵州"吃茶去"之旨，其《茶偈》曰："呼儿音落松萝雾，煮茗香传石径风。才入白云山下路，已参庵内老师翁。"

除了佛教，儒、道两家对高丽茶文化的影响也较大。高丽末期，由于儒者赵浚、郑梦周和李崇仁等人的不懈努力，接受了朱文公家礼。在须眉冠礼、男女婚礼、丧葬礼、祭奠礼中，均行茶礼。著名茶人、大学者郑梦周《石鼎煎茶》诗云："报国无效老诗人，吃茶成癖无世情；幽斋独卧风雪夜，爱听石鼎松风声。"流传至今的高丽五行献茶礼，核心是祭奠"茶圣炎帝神农氏"，规模宏大，参与人数众多，内涵丰富，是韩国茶礼的主要代表。道家茶礼，焚香、叩拜，然后献茶，其源出于宋。

高丽时代，早期的饮茶要领承袭唐代的煎茶法；中后期，采用风行于两宋的点茶法。宋徽宗宣和六年（1124年），宋朝青鸟使徐兢一行出使高丽，徐兢后来著有《宣和奉使高丽图经》，但图已佚失，惟文流传。其《茶俎》笔记："土产茶，味苦涩弗成进口，惟贵中国腊茶，并龙凤赐团。自锡赍之外，商贾亦通贩。故近来颇喜饮茶，益治茶具，金花乌盏、翡色小瓯、银炉汤鼎，皆窃效中国轨制。"其时以中国团饼茶为贵，茶具、饮法皆仿效中国轨制。宋徽宗时，是中国点茶道的高峰时代，赵佶本人便是点茶高手，亲撰《大观茶论》。高丽接受中国点茶道当不会晚于北宋徽宗时。

高丽时代，是朝鲜半岛茶文化隆盛之时，初期风行煎茶道，中晚期风行点茶道。茶具文化也极盛，并影响日本。高丽在领受、消化中国的茶文化后，最先形成了本民族特色的茶文化，茶礼便是代表。总之，宋元时代，高丽在领受消化中国的茶文化后，最先形成了民族特色的茶文化，茶礼就是代表。高丽时代是朝鲜半岛茶文化的最光辉时代。

3.朝鲜李朝时代

这个时代，在中国明朝后期、清朝前期，弃团饼而用散茶的泡茶道形成并风行，紫砂茶具独领风流。茶文学艺术隆盛，茶馆繁荣，形成了以泡茶道为中心的中华茶文化第三个高峰。清朝中期后，中华茶文化由盛转衰，特别是鸦片战争后，茶文化衰落。

朝鲜李朝时代前期的15、16世纪，受明朝茶文化的影响，饮茶之风颇为流行，散茶壶泡法和撮泡法风行朝鲜。始于新罗统一、兴于高丽时代的韩国茶礼，随着茶礼用具及技艺化的发展，茶礼的形式被固定下来，更趋完整。朝鲜中期后，酒风盛行，又适清军入侵，致使茶文化一度衰落。至朝鲜朝晚期，幸有丁若镛、崔怡、金正喜、草衣巨匠等的热心维持，茶文化渐见光复。

丁若镛（公元 1762—1836 年），号茶山，著名学者，对茶推许备至。著有《东茶记》，乃韩国第一部茶书，惜已散佚。金正喜（公元 1786—1856 年）是与丁若镛同时而齐名的哲学家，亲得清朝考证学泰斗——翁方纲、阮元的引导。他的金石学和书法也达到了极高的水平，对禅宗和佛教有着渊博的知识，有咏茶诗多篇传世，如《留草衣禅师》诗："眼前白吃赵州菜，手里牢拈焚志华。喝后耳门软个渐，东风何处不山家"草衣禅师（1786—1866 年），曾在丁若镛门下进修，经过 40 年的茶生活，融会了禅的玄妙和茶道的精神，著有《东茶颂》和《茶神传》，成为朝鲜茶道精神伟大的总结者，被尊为茶圣。丁若镛的《东茶记》和草衣禅师的《东茶颂》是朝鲜茶道复兴的成果。

在《世宗实录》（公元 1454 年）里记载庆尚道有 6 个地方和全罗道 28 个地方产茶，在《东国舆地胜览》（公元 1530 年）记载庆尚道有 10 个处所及全罗道有 35 个地方产茶，庆尚道有 3 个地方和全罗道 18 个地方产贡茶。高宗二年（公元 1885 年）中国茶二次大规模渡海传入。朝鲜时代产茶遍及朝鲜半岛的南部。

朝鲜李朝时代，中国的泡茶道传入，并被茶礼所采用。但煎茶法和点茶法同时并存。朝鲜茶文化经过领受、消化中国茶文化之后，进入稳定发展时期的，在民间的饮茶风尚走向衰弱后，反而茶精神发展到了高峰时期。朝鲜的茶文化由盛而衰，由衰而复兴。

4. 现今时代

现今时代是指 20 世纪以来，这个时代，韩国茶文化走着一条自力成长的道路。韩国在日据时期，全国 47 所高等女校中的大部分都开设了茶道课，但茶文化成长缓慢。1945 年兴复后，茶文化苏醒，吃茶品茗之风再度隆盛，韩国的茶文化进入再起时代。20 世纪 80 年代，韩国的茶文化又再度复兴、发展，并为此还专门成立了"韩国茶道大学院"，教授茶文化。现今韩国最著名的茶叶产地是全南宝城郡。这一时代，韩国茶人出版了《韩国茶道》（1973 年），建立了茶道大学，创立了多种茶文化团体，后又创办了《茶的天下》杂志。韩国每年定期与亚洲有影响力的茶文化国家进行相关活动的交流，许多学习韩国茶礼文化的外国学者和研究人员也频繁到韩国进行学术交流。

（三）韩国茶道的精神

源于中国的韩国茶道，其宗旨是"和、敬、俭、真"。"和"，即善良之心地；"敬"，即彼此间敬重、礼遇；"俭"，即生活俭朴、清廉；"真"，即心意、心地真诚，人与人之间以诚相待。我国的近邻——韩国，历来通过"茶礼"的形成，向人们宣传、传播茶文化，并有机地引导社会大众消费茶叶。

三、英国茶道（下午茶文化）

英国人讲究的下午茶文化，是英国在 200 多年间不断吸收中国、荷兰等国饮茶风俗，融入本国风土人情，与文化艺术相结合形成的具有固定程序的饮茶礼仪，以茶为媒介，以茶会友，以茶待客，以茶怡情，尽情展示淑女和绅士的风采。但说到茶道，有人可能认为这是只有东方的人才能理解的层面，然而从 18 世纪开始，英国人对茶的深情及依恋程度，已经进入了"茶道"的领域，成就了英国人用茶招待客人的精神文化层次。从最初接触茶到今天，英国人在饮茶的道路上已经走过了 4 个世纪。茶从最初的一种神奇而又充满东方魅力的仙草，逐渐成为英国贵族推崇的奢侈饮料，最后进入寻常英国人的生活，成为英国普通百姓饮食的重要组成部分。

（一）英国茶文化的起源

英国人饮茶，始于 17 世纪中期，1662 年葡萄牙凯瑟琳公主嫁与英国查尔斯二世，饮茶风尚带入皇家。凯瑟琳公主视茶为健美饮料，嗜茶、崇茶而被人称为"饮茶皇后"，由于她的倡导和推动，使饮茶之风在英国王室盛行起来，继而又扩展到王公贵族和贵豪世家及至普通百姓。英国人好饮红茶，特别崇尚汤浓味醇的牛奶红茶和柠檬红茶，伴随而来的还出现了反映西方色彩的茶娘、茶座、茶会以及饮茶舞会等。英国人喝茶，多数在上午 10 时至下午 5 时进行，倘有客人进门通常也只有在这时间段内才有用茶敬客之举。其源始于 18 世纪中期。因英国人重视早餐，轻视午餐，直到晚上 8 时以后才进晚餐。由于早晚两餐之间时间长，使人有疲惫饥饿之感。为此，英国公爵斐德福夫人安娜，就在下午 5 时左右请大家品茗用点以提神充饥，深得赞许。久而久之，午后茶逐渐成为一种风习，一直延续至今。如今在英国的饮食场所，公共娱乐场所等都有供应午后茶的。在英国的火车上，还备有茶篮，内放茶、面包、饼干、红糖、牛奶、柠檬等，供旅客饮午后茶用。午后茶实质上是一餐简化了的茶点，一般只供应一杯茶和一碟糕点，只有招待贵宾时，内容才会丰富。

（二）英国茶文化的发展

1. 17 世纪英国的茶文化

早在 1615 年，英国文献中就有了关于茶的记载，目前学术界对于茶叶究竟何时传入英国，尚无明确定论。一般认为在 17 世纪中叶，或在 17 世纪的某一年茶叶已经出现在英国。但可以肯定的是当时英国人消费的茶叶都来源于中国，最早是从荷兰商人那里转运来的。1637 年，以威廉科腾为首的一批英国商人，组成科腾商团来到广州虎门，企图打开中英直接贸易的大门。据东印度公司对华贸易编年史记载，科腾商团没有卖出一件英国货，只是抛出了 8 万枚西班牙银元采购了一批中国货物。有学者认为，此次科腾商团来华，从广州运出茶叶 112 磅❶，这是中英茶叶贸易的正式开始。但目前尚没有明确的证据，证明这批茶叶曾运回至英国本土。1644 年，英国东印度公司在福建厦门设立代办处，专门收购福建武夷茶，运至爪哇的万丹（位于今印度尼西亚）销售。1664 年，该公司又在澳门设立办事处，董事会用 4 英镑 5 先令购名茶 2 磅 2 盎司❷献给英王。1666 年，东印度公司又以 56 英镑 17 先令购茶 22 磅 12 盎司献给英王。1667 年，英国东印度公司的首份购茶订单寄给爪哇的万丹代办处，命其设法购买最优良的茶叶 100 磅。1669 年，英国人首次从万丹装运二箱茶叶（共计 143 磅 8 盎司）输入英国本土。1670 年，又进口 79 磅 6 盎司。1678 年，英国从万丹转口的中国茶叶已多达 4717 磅。此外，东印度公司还委托在中国设立的办事处，代理购买茶叶，先运至印度的马德拉斯（1996 年改名金奈），再运回英国本土。这一时期，英国商人也开始了自己的茶叶转口贸易，将中国茶叶贩运到美洲地区销售。

1684 年，英国人被赶出爪哇，以爪哇为基地的中英茶叶间接贸易结束。同年，东印度公司向威廉皮特首相建议降低茶税，主张由商人们以一次总付的款项补偿国库税收的损失，茶税从 119％降至 12.5％，茶叶走私无利可图，东印度公司的茶叶贸易业务大增。1688 年，英国东印度公司从英国政府那里正式取得了茶叶贸易的合法资格，开始垄断对中国的茶叶贸

---

❶ 1 磅＝0.45 千克。

❷ 1 盎司＝31.10 克。

易。1689年，英国东印度公司委托厦门商馆代买茶叶，直接输入英国本土。这一年，连从印度马德拉斯转口的茶叶，共达 2.53 万磅。据不完全统计，从 1669 年至 1699 年英国进口茶叶的总量只有 18 万磅多一点。从输入茶叶的种类上看，17 世纪英国进口的茶叶主要是红茶。在 17 世纪中后期，红茶是英国上层阶级追逐的时尚。高昂的茶价使饮茶之风只能在皇室、贵族和富豪阶层中流行。此外，17 世纪英国输入的茶叶数量也十分有限。1678 年之前，英国的茶叶进口量年平均不足 100 磅。从 1669 年至 1699 年，每年输入英国的茶叶平均约为6000 磅。17 世纪英国茶叶进口数量之小，也决定了茶叶不可能在当时的英国广为流传。

2. 18 世纪的英国茶文化

饮茶之风在 18 世纪初期的英国逐渐普及。18 世纪初，茶叶开始由贵族富人的饮料向平民开放，1700 年英国的杂货铺开始出售茶叶就是明证。18 世纪上半期，英国民众对于饮茶已经十分热衷，茶叶消费呈现出逐步上升的趋势。18 世纪中叶以后，饮茶逐渐在英国城乡各阶层中普及，茶叶成为英国人不可缺少的大宗消费品。1750 年前后，英国中产阶级黄油烤面包的惯常早餐中已经少不了茶。甚至伦敦城内，仆人们的早餐也已经基本上是黄油、面包配奶茶了。1755 年，一位到英国旅行的意大利人提到：即使是最普通的女仆每天也必须喝两次茶以显示身份，她们把这个先写入契约中，这个特殊条款的总额与意大利的女仆工资相当。把饮茶作为条件写入工资契约的这种情况，在当时的英国应该较为普遍。到这个世纪末的时期，英国家庭中已经饮茶习以为常了。18 世纪，英国社会上还出现了专门消费茶饮料的茶园，出现了饮茶必需的服饰和器皿，甚至诞生了茶舞这样的艺术形式。到 18 世纪末，英国仅伦敦一地就有大约上千个茶馆，可以说从英格兰的多佛到苏格兰的阿拉丁，茶之芬芳无处不在，茶成为英国的国饮，英国的茶文化也由此形成。

18 世纪英国饮茶之风逐渐普及与茶叶价格的大幅下降不无关系。17 世纪末到 1712 年，茶叶平均每磅维持在 16 先令左右；18 世纪中期时，每磅茶叶的价格为 4～5 先令。18 世纪后期，特别是 1785 年之后，茶价进一步下降，有些茶叶的价格甚至低于 2 先令 6 便士。18世纪英国茶叶价格的大幅度下降是众多因素相互作用的结果。首先，18 世纪英国东印度公司的茶叶进口量猛增，直接导致了茶叶价格的下降；其次，1785 年之前，法国、荷兰、丹麦、瑞典等欧洲国家走私茶叶的涌入也降低了茶叶的价格；第三，1785 年英国减税法的实施，不仅增加了茶叶的进口量，而且更保证了茶叶价格的下降；第四，英国东印度公司船员的私人贸易及私商、散商的贸易也影响了茶叶价格。茶价的逐步下跌，使得许多中产阶级以及部分下层阶级的英国民众都能消费得起。但如果英国人本身对茶没有兴趣的话，那么即使茶叶的价格再低，饮茶之风也难以普及。与同时期的欧洲其他国家相比，茶在英国更受人们的欢迎。这一方面与英国王室的推崇有关，18 世纪的英国王室继承了凯瑟琳王后开创的饮茶传统，不为其他饮料所动摇。1702 年，继承王位的安妮又是一位茶叶推崇者，她经常举办茶会，屋内往往饰以屏风，桌上则摆有中国瓷器，以便能够冲出芳香的中国红茶。她还首先在早餐中以茶代替啤酒，进一步促进了饮茶的流行。英国王室饮茶的态度对民间饮茶之风的影响是相当大的。在这样一个讲究传统、重视教养和绅士风度的国家，人们认为饮茶才能表现风度，因此当茶叶价格下跌时，才会出现全民饮茶、饮茶成风的盛况。另一方面，英国人在饮茶的过程中也逐渐感受到了茶叶的益处，如提神、明目、健肾、强脾、健胃、增进记忆等，与使人变得醉醺醺的酒类相比，茶叶自然更受欢迎。英使谒见乾隆纪实一书中就提到，茶叶最大的好处是它的香味使人养成一种喝茶习惯，从此人们就不再喜欢饮发酵的烈性酒了。

3. 19世纪的英国茶文化

19世纪，英国成功实现了茶叶输入格局的多元化。茶叶的来源国由中国一国扩展至印度、锡兰（今斯里兰卡）等国。华茶输英经历了一个恢复、极盛、衰落的过程，而印度、锡兰茶对英输出则迅速上升。

19世纪初，中英茶叶贸易额又开始回升。1834年之前，东印度公司是英国政府授权的唯一具有茶叶经营权的公司，茶叶也是东印度公司对华贸易最主要的进口商品，一般占其货物总值的85％以上，甚至达90％以上。除东印度公司外，英国国内的许多散商也积极从事茶叶走私贸易。1833年，由散商经营的查顿混合茶在英国已经成为风行的名牌茶。当年，有人告发东印度公司的茶价竟比欧洲其他国家私商的定价要高，并以此责问国会和政府。经过激烈的辩论，1834年东印度公司特许的专利权被取消，中英茶叶贸易迈上了一个新台阶。1834年，英国从广州运出的商品，茶叶居首位，达3200万磅，国内约翰公司经常积存茶叶5000万磅，一天可售出120万磅之多。1836年后，中英关系开始恶化，1840年中英鸦片战争爆发，这一切导致了华茶对英国的输入额暂时下降。1838—1842年间华茶输英年平均出口量为4235.03万磅，比1834—1837年间年均下降了1600万磅之多。鸦片战争后的20年里，中英茶叶贸易的发展特别迅速。1844年华茶输英7047.65万磅，至1860年这一数字上升为12138.81万磅。故有些学者将19世纪四五十年代称为华茶出口的黄金时期。19世纪60年代以后，华茶输英开始出现转折。1868—1885年间，华茶出口英国的数额一直在100万担❶上下波动，其中大多数年份在100万担以上，没有什么增长。这与华茶在四五十年代连续翻番的增长速度相比是迥异的。1885年以后，输英华茶出口额趋于下降。1886年输英华茶的出口额为94.9537万担，1891年则下降为41.1284万担，6年之内下降了一半多，1892年以后又下降为30万担左右。1885年以后的英国茶叶市场上，华茶只是作为一种充数之物。许多伦敦茶商承认他们已不再销售华茶，在伦敦杂货店中也买不到华茶。华茶的主要用途是与印度茶掺和，以便利用其低价来扯抵印度茶的较高价格，同时利用其清淡气味，减轻印度茶的强烈气味。这种混合茶是当时英国销售最好的饮料，而且是以印度茶的名义在英国各地出售的。华茶在英国市场上下降到如此地位，其衰落程度可知。

与此同时印度茶、锡兰茶输如英国的数量迅速上升。18世纪末到19世纪20年代，英国人一直致力于尝试种植茶叶，马葛尔尼离开中国时就曾将中国茶叶种子带到印度加尔各答种植，但以失败告终。1823年，罗勃布鲁斯在印度的阿萨姆（Assam）发现了自然的野生茶树，经过反复实验，1834年终于在印度成功培育出红茶。同一时期，在印度的大吉岭（Darjeeling）也取得了红茶种植上的成功。1886年之后，印度茶逐渐占据了英国的英叶市场。除印度外，锡兰也成为19世纪英国茶叶的主要供应国。锡兰于1867年成为产茶国，1877年输英茶叶1800磅，此后每年有所增加。1880年锡兰仅有茶园13个，1882年增加为56个，1886年扩展到900个，占地72万亩，每亩可产茶80斤。这些茶园生产的茶叶主要出口到英国。

茶叶输入的多元化确保了英国可以获得更多质优价廉的茶叶，在19世纪茶叶成为英国人每天生活的必需品，此时英国的茶叶消费量几乎是欧洲其他国家的总和。饮茶习俗变得更加普及，普通英国人早晨起床饮茶一次，称为床茶；上午饮一次，称为晨茶；午后饮一次，称为午后茶；晚餐后再饮一次，称为晚茶。到了19世纪末，人们甚至将茶和英国看成是一个整体，认为英国如果没有茶就失去了国家和人民存在的意义，这当然有点夸张，但是不可

---

❶ 1担＝50千克。

否认的是，茶对英国的影响力与日俱增。

1879年后，英国较重要的铁路沿线都有供茶设备，小至简单的茶盘，大至华丽的茶车或茶室，应有尽有。许多人家都设有专门的茶室，而市面上出现的大量关于泡茶、品茶、举办茶会等方面的茶文化书籍，也为民众学习茶艺、提高茶文化素养提供了条件，这对普及茶文化，使红茶为全民一致的国饮起到了促进推动作用。工业革命所发明的各种新奇机器，不仅广泛应用于茶叶的加工，甚至也应用到饮茶上来。如，为方便喝早茶，英国高步林公司发明了一种称为茶婆子（TeasMade）的专门饮茶工具。它是由一个小钟、一盏小台灯和一把烧开水的小壶共同组成。只要头天晚上预先在茶壶中注入水，并且把茶叶放入茶杯中，到预定时间壶中的水便会烧开，随后小壶会自动往茶杯中倾入开水，茶冲泡好后，小钟闹铃便会鸣叫不停，台灯也自动打开，静静等待主人享用美味的早茶。由于这种工具很具有实用价值，到现在很多英国家庭还保留和珍藏着茶婆子。

19世纪英国茶文化的最大成就，或许是下午茶的形成并迅速蔚然成风。下午茶形成于19世纪40年代，当时英国饮食的特点是重视早餐，忽视午餐，晚餐要到20时进行。漫长的下午，饥饿难耐。对于富裕的贵夫人们，更是沉闷乏味。一天，斐德福公爵的夫人安娜用几片烤面包、奶油和茶来消磨漫长的午后时光。这一尝试令公爵夫人觉得茶和点心的搭配完美无比，非常舒心可口。后来，她就邀请几位知心好友伴随茶与精致的点心，谈天说地。没想到，这种消遣方式不久就在英国贵族社交圈中蔚为风尚，名媛仕女趋之若鹜。喝茶成了女性进行社交活动冠冕堂皇的理由。有了它，夫人小姐们就可以穿上华丽的服装，聚集在一起，说长道短，炫耀和攀比，而不必受到社会道德的谴责。女主人则亲自操作，展示她银制的茶匙，精美的中国茶具，花色繁多的点心和优雅的服务。不久，很多男性也开始成为下午茶的忠实拥护者，因为他们发现请朋友喝一次下午茶花不了多少钱。只要几壶红茶，加上一些专门配合下午茶的精致点心——小小的无硬皮的三明治、热奶油土司、司控、小奶酥和一些可口小蛋糕就足以让人有宾至如归的感觉了。因此，人们无论是招待邻居、朋友，或是商界朋友聚会议事，下午茶都是人们首选的方式。

4. 20世纪以来的英国茶文化

20世纪初至第二次世界大战，英国的饮茶之风长盛不衰。从第二次世界大战的居民生活用品配给中可以看出当时英国饮茶之风的盛行。1939年9月3日英国对德宣战，纳粹潜艇猖狂一时，英国商船航行海上，时常要冒被击沉的危险，故只有人民生活的绝对必需品才准予运输。即使这样，在居民每月的配给中还包括1包茶叶。第二次世界大战后，英国人的生活习惯有了许多改变，饮茶习俗也不例外。年轻人带来了欧洲大陆和美国的一些生活习惯，鸡尾酒和咖啡渐渐流行起来。外出到茶室喝茶的习俗日渐衰落，过去的休息喝茶（Tea break）也渐渐被休息喝咖啡（CoffeeBreak）所代替。年轻一代逐渐放弃传统的饮茶习惯，这对英国的饮茶传统和茶文化的打击是显而易见的。虽然如此，英国的人均茶叶年消费量仍居世界第二位，茶饮仍是人们消费量最大的饮料，稳居英国国饮的地位。近年来，人们对健康的茶饮料又产生新一轮的兴趣，喜饮茶的英国人仍大有人在。

英国传统的饮茶方式为热饮，20世纪以来热饮仍是英国最为流行的饮茶方式。与中国人一样，英国人冲泡热茶，很讲究烧水，必须用生水现烧，不用落滚水再烧泡茶，因为烧久的水，会影响茶味。冲泡前，先用水烫壶，再投入适量的茶叶，冲泡时间又有细茶、粗茶之分。大致为细茶冲泡时间短，粗茶冲泡时间长。热饮茶又分加奶茶和不加奶茶两种。加奶茶，通常先倒奶入杯，再冲入热茶，这样可以省掉搅拌。不加奶茶的种类很多，多往茶水中

添加糖、水果等。如皇家红茶的冲泡方法为：先泡好一杯热红茶倒入茶杯，在杯上摆一小匙，匙上置一块方糖。将白兰地淋在糖上使之吸收，并将其点燃。将方糖在燃烧中溶解，待白兰地的酒精完全挥发之后将小匙放入茶杯中搅匀。水果茶的冲泡方法为：在炉子上将水煮沸，加入桃或橙类浓缩果汁，并搅拌均匀。放入茶包略加搅拌，见到茶汤泛红为止，不可过长或过短。将苹果、柳丁、柠檬等水果切丁，倒入水中煮沸。

冷饮是 20 世纪新出现的饮茶方式，冷饮中最为流行的是冰茶。相传，冰茶是 1904 年在圣多鲁伊斯召开的世界博览会上，一位来自印度的茶叶宣传人推行普及到英国的。冰茶的做法很简单，首先冲泡好茶水，茶水宜浓不宜淡，再将冰块放入红浓的茶汁中，再加入牛奶和糖即可。这种茶香甜可口，大都在夏季饮用。冰淇淋奶茶也是一种时尚的冷饮方式，调制冰淇淋奶茶时，要先冲泡好一杯红茶，加入蜂蜜，搅拌均匀后待其自然冷却。然后倒入半杯冰块并加入一球香草冰淇淋。注意不宜口味过重或颜色过深，以免破坏红茶的色泽及香味。最后将牛奶倒入。速度不可过快，手势要轻盈，使液体呈现层次感，并避免破坏冰淇淋外观的完整。

除了冲泡散条形茶叶外，英国人对茶叶本身也进行了改造，首先发明了袋泡茶。袋泡茶又称速溶茶，它是在密封的袋子里装上粉碎后的茶叶，泡茶时连袋一起放入热水杯中，一小袋只泡一杯茶。由于茶叶很碎，在热水里不能放很长时间，否则茶叶会变味。袋泡茶的发明不仅使人们饮茶更为方便快捷，而且也促进了茶叶来源的多样化，如英国的早茶多精选印度阿萨姆、斯里兰卡、肯尼亚等地红茶调制而成（比例为 40％斯里兰卡茶、30％肯尼亚茶、30％阿萨姆茶），集斯里兰卡茶的口感、阿萨姆茶的浓度和肯尼亚茶的色泽于一体。若非使用袋泡茶，则很难实现这种效果。如今，英国人饮用最多的便是袋泡茶。英国也以品类繁多的袋泡茶而驰名全球，如伦敦的一家著名的香草茶叶公司经过改良成功地推出草本和果味袋泡茶，成为现代饮茶的时尚。

（三）英国茶文化的内涵及影响

英国的茶文化浓郁深厚，通过饮茶传递着信息、文化及人们之间友好的情谊。饮茶增强了人们之间的沟通与理解。英国人饮茶时所遵循的礼仪正体现了英国文化的鲜明的特点之一讲礼貌、注重绅士风度。这一文化特点在饮茶、品茶时得到了彰显，而饮茶又将他们注重礼仪的习惯发扬光大。英国人比较注意服装和仪态，这在饮茶中也得到了体现。英国人的性格内敛含蓄不是很张扬，这和茶叶的特点很相像，茶叶初次喝起来，似乎没有那么美味，但是越品越有味道，回味悠长。英国人将茶叶融入他们的文化，而形成独特的英国茶文化。

参考文献

［1］ 王岳飞.科学饮茶之谈谈茶保健功效［J］.茶博览,2014（9）：80-81.
［2］ 屠幼英主编.茶与健康.西安：世界图书出版社,2011.
［3］ 朱永兴,Herve Huang 主编.茶与健康［M］.北京：中国农业科学技术出版社,2004.
［4］ 徐明.茶艺与茶文化.北京：中国经济出版社,2012.
［5］ 罗军.图说中国茶典.上海：中国纺织出版社,2010.
［6］ 赵艳红.茶文化简明教程.北京交通大学出版社,2013.
［7］ 鄢向荣.茶艺与茶道.天津：天津大学出版社 2013.
［8］ 龚雪.浅谈中国茶具发展［J］.贵州茶叶,2013,41（3）：9-11.
［9］ 杨冰.紫砂壶= Purple Clay Pot［M］.合肥：黄山书社,2012.
［10］ 古月.紫砂壶集成［M］.长沙：湖南美术出版社,2010.
［11］ 刘振清.紫砂壶［M］.合肥：黄山书社,2011.
［12］ 韩其楼.紫砂壶的评价,鉴赏与选用［J］荣宝斋,2012(9):232-239.
［13］ 胡付照.紫砂壶养壶文化研究［J］.中国茶叶,2010(4):34-37.
［14］ 宋广生.别买偏红紫砂壶,可能涂了色素和鞋油,危害健康［N］.健康时报,2009-06-08（6）.
［15］ 宋珊.中国古代茶文化及其审美意蕴.山东大学硕士学位论文.2011.
［16］ 侯萍.中国古代茶赋初探.华东交通大学硕士学位论文.2013.
［17］ 杨东峰.唐代茶诗与文士意趣.南昌大学硕士学位论文.2010.
［18］ 岳晓灿.宋代咏茶诗词的审美研究.南京师范大学硕士学位论文.2012.
［19］ 张稳.宋代茶词研究.山东大学硕士学位论文.2013.
［20］ 高文文.茶事生活与茶文化创作——元曲研究的又一视角.南昌大学硕士学位论文.2013.
［21］ 陈伟明,肖英云.从元诗看元代的茶文化.农业考古,2007(2):118-127.
［22］ 林玉洁.明代茶诗与明代文人的精神生活.中南大学硕士学位论文.2012.
［23］ 周春兰.茶文化在明清小说中的审美价值——以《红楼梦》为个案.南昌大学硕士学位论文.2008.
［24］ 高芸希.茶文化与中国书画创作精神的契合关系.南昌大学硕士学位论文.2009.
［25］ 周军,常华玉.解读茶文学的奇葩——茶联［J］.科技创新导报,2010(31):239-240.
［26］ 赵国雄.茶谚——茶俗文化的一种体现.广东农业,2008(3):25-26.
［27］ 孙晓燕.宋代茶画艺术研究.山西档案,2014(2):116-120.
［28］ 陈文化编.中国茶文化典籍选读.南昌市：江西教育出版社,2008.
［29］ 于欣力,傅泊寒编著.中国茶诗研究.昆明：云南大学出版社,2008.
［30］ 塞缪尔·亨廷顿,劳伦斯·哈里森主编.文化的重要作用［M］.北京：新华出版社,2002.
［31］ 钟斐.茶事活动中的礼仪.农业考古,2013(5):87-91.
［32］ 江用闻,童启庆主编.茶艺技师培训教材.北京：金盾出版社,2008.
［33］ 贾丙娟.浅析茶艺师应具备的基本素养.贵州茶叶,2008（1）：26-27.
［34］ 王玲著.中国茶文化.北京：九州出版社,2009.

吴澎，女，博士，副教授，硕士生导师，山东农业大学"1512 工程"人员，中英专业主任。中国食文化研究会专家委员会委员，山东食品科技学会理事，美国 AACC（谷物化学家协会）会员，中国农学会会员，泰安市饮食文化协会副会长，泰安市茶叶行业协会副会长，泰安作协会员。美国堪萨斯州立大学访问学者，英国皇家农业大学长期聘请访问学者。多家国际核心期刊特邀编辑及期刊审稿人，国内多家期刊论文的审稿专家及期刊特邀撰稿人。出版多部食品专业教材及畅销书。

黄晓琴，女，湖南衡阳人，2003 年于浙江大学茶学系获硕士学位，2009 年于山东农业大学茶学系获博士学位。现为山东农业大学园艺学院茶学系副教授，茶学系主任，中国茶叶流通协会茶文化教育教师委员会委员，泰山茶产业技术创新战略联盟秘书长，泰安市第五批科技特派员。主持及参与国家、省部级课题 10 余项，发表论文 20 多篇，主讲校级精品课程《茶文化学》等。2010 年指导学生参加"首届全国大学生茶艺技能大赛"获得团体赛二等奖和个人赛二等奖；2013 年指导学生参加泰安市首届茶艺表演大赛获金奖；2014 年指导学生参加"第二届全国大学生茶艺技能大赛"获得一等奖 2 项，二等奖 2 项。

夏远志，三千茶农茶业有限公司总经理，三千茶农职业技术培训学校校长，茶叶专家，常年从事各类茶的种植、制作、生产、加工、销售。致力于中国茶行业的推广和改革创新。